Wissenschaftliche Taschenbücher

Texte und Studien

Das Neutron

Akademie-Verlag · Berlin

WTB Wissenschaftliche Taschenbücher

Eine Auswahl lieferbarer Bände:

JOACHIM AUTH / DIETMAR GENZOW
KLAUS H. HERRMANN
Photoelektrische Erscheinungen

HANS BANDEMER
ANDREAS BELLMANN
WOLFHART JUNG / KLAUS RICHTER
Optimale Versuchsplanung

FRANK BEICHELT
Prophylaktische Erneuerung von Systemen

JOACHIM BELLACH / PETER FRANKEN
ELKE WARMUTH / WALTER WARMUTH
Maß, Integral und bedingter Erwartungswert

WOLFRAM BRAUER
HANS-WALDEMAR STREITWOLF
Theoretische Grundlagen der Halbleiterphysik

SIEGFRIED BREHMER
Einführung in die Maßtheorie

SIEGFRIED BREHMER
Hilbert-Räume und Spektralmaße

JOHN CUNNINGHAM
Vektoren

GEORG DAUTCOURT
Relativistische Astrophysik

K. CH. DELOKAROV
Relativitätstheorie und Materialismus

WERNER DÜCK
Diskrete Optimierung

HANNELORE FISCHER
JOACHIM PIEHLER
Modellsysteme der Operationsforschung

GOTTFRIED FRITZSCHE
Grundlagen und Entwurf passiver Analogzweipole
Netzwerke I
Entwurf passiver Analogvierpole
Netzwerke II

HERBERT GOERING
Asymptotische Methoden zur Lösung von Differentialgleichungen

HERBERT GOERING
Elementare Methoden zur Lösung von Differentialgleichungsproblemen

EDUARD HERLT / NIKOLAUS SALIÉ
Spezielle Relativitätstheorie

HELMUT HESS
Der elektrische Durchschlag in Gasen

V. I. KARPMAN
Nichtlineare Wellen in dispersiven Medien

ULRICH KAUSMANN
KLAUS LOMMATZSCH
FRANTIŠEK NOŽIČKA
Lineare parametrische Optimierung

A. R. KESSEL
Akustische Kernresonanz

KONRAD KREHER
Festkörperphysik

DIETER KRESS
Theoretische Grundlagen der Signal- und Informationsübertragung

DIETER LEUSCHNER
Grundbegriffe der Thermodynamik

V S. LETOCHOW
Laserspektroskopie

DIERCK-EKKEHARD LIEBSCHER
Relativitätstheorie mit Zirkel und Lineal

WOLFGANG MEILING
Digitalrechner in der elektronischen Meßtechnik
Teil 1 Meßmethodik
Teil 2 Gerätetechnik und Anwendungen

L. I. MIROSCHNITSCHENKO
Kosmische Strahlung im interplanetaren Raum

PETER PAUFLER
GUSTAV E. R. SCHULZE
Physikalische Grundlagen mechanischer Festkörpereigenschaften
Teil I und II

ULRICH RÖSEBERG
Quantenmechanik und Philosophie

ALBRECHT ROST
Messung dielektrischer Stoffeigenschaften

J. V DAČKOV
Wahrscheinlichkeit und Struktur

E. M SAWIZKI
Perspektiven der Metallforschung

WOLFGANG SCHÄFER
Theoretische Grundlagen der Stabilität technischer Systeme

ERNST SCHMUTZER
Symmetrien und Erhaltungssätze der Physik

VOLKMAR SCHURICHT
Kernexplosionen für friedliche Zwecke

NORBERT SIEBER
HANS-PETER LEIDHOLD
Einführung in die Datenverarbeitung

GERHARD WUNSCH
Zellulare Systeme

Festkörperphysik
Entwicklungstendenzen und Anwendungsmöglichkeiten

Die Schöpfer der physikalischen Optik
Eine Artikelsammlung

HANS-GEORG SCHÖPF
Von Kirchhoff bis Planck

HORST MELCHER
Albert Einstein wider Vorurteile und Denkgewohnheiten

RENATE WAHSNER
Mensch und Kosmos
Die copernicanische Wende

HELMUT FRIEMEL / JOSEF BROCK
Grundlagen der Immunologie

EBERHARD HOFMANN
Funktionelle Biochemie des Menschen
Band 1 und 2

LOTHAR JÄGER
Grundlagen der Klinischen Immunologie

KARLHEINZ LOHS
DIETER MARTINETZ
Entgiftung – Mittel, Methoden und Probleme

JOACHIM NITSCHMANN
Entwicklung bei Mensch und Tier

STEPHAN SCHNITZLER
Pharmakologische Aspekte von Immunreaktionen

DIETER SPAAR
HELMUT KLEINHEMPEL
HANS JOACHIM MÜLLER
KLAUS NAUMANN
Bakteriosen der Kulturpflanzen

Eberhard Teuscher
Pharmakognosie
Teil I–III

Michael Theile
Siegfried Scherneck
Zellgenetik

Heinrich Bremer
Klaus-Peter Wendlandt
Heterogene Katalyse

Peter Birner
Hans-Jörg Hofmann
Cornelius Weiss
MO-theoretische Methoden in der organischen Chemie

Günther Eppert
Einführung in die Schnelle Flüssigchromatographie

Gerhard Geiseler / Heinz Seidel
Die Wasserstoffbrückenbindung

Helmut Hrapia
Einführung in die Chromatographie

Hans Luppa
Grundlagen der Histochemie
Teil I und II

Dieter Onken
Antibiotika – Chemie und Anwendung

Burkart Philipp
Gerhard Reinisch
Grundlagen der makromolekularen Chemie

Horst Remane / Rainer Herzschuh
Massenspektrometrie in der organischen Chemie

Adolf Zschunke
Kernmagnetische Resonanzspektroskopie in der organischen Chemie

Vorschau auf die nächsten Bände:

Heinrich Arnold
Physikalische Chemie der Halbleiter

Horst-Heino von Borzeszkowski
Renate Wahsner
Newton und Voltaire

Werner Döpke
Dynamische Aspekte der Stereochemie organischer Verbindungen

Gottfried Fritzsche
Entwurf aktiver Analogsysteme
Netzwerke III

Falko H. Herrmann
Marina Herrmann
Das Hämoglobin des Menschen

Gerhard Jackisch
Johann Heinrich Lamberts „Cosmologische Briefe“ mit Beiträgen zur Frühgeschichte der Kosmologie

Hasso Meinert
Fluorchemie

Volker Nollau
Semi-Markovsche Prozesse

Robert Rompe
Hans-Jürgen Treder
Über Physik – Studien zu ihrer Stellung in Wissenschaft und Gesellschaft

Rainer Sinz
Chronopsychophysiologie, Chronobiologie und Chronomedizin

Hubertus Stolz
Supraleitung

WTB

BAND 214

Das Neutron

Eine Artikelsammlung

Herausgegeben von

B. M. Kedrow

Mit 11 Abbildungen

AKADEMIE-VERLAG · BERLIN

Reihe TEXTE UND STUDIEN

Verantwortlicher Herausgeber dieses Bandes:
Prof. Dr. sc. nat. Roland Reif
Technische Universität Dresden
Sektion Physik

Übersetzung aus dem Russischen
und aus englischen und französischen Originalarbeiten:
Dipl.-Physiker Peter Mädler
Prof. Dr. sc. nat. Roland Reif
Technische Universität Dresden
Sektion Physik

Titel der Originalausgabe:
Нейтрон
Предыстория, Открытие, Последствия

Ответственный редактор
академик
Б. М. Кедров

1979
Erschienen im Akademie-Verlag,
DDR-108 Berlin, Leipziger Str. 3—4
Lektor: Renate Trautmann

Lizenznummer: 202 · 100/441/79
Herstellung: VEB Druckhaus „Maxim Gorki", 74 Altenburg
Bestellnummer: 762 386 2 (7214) · LSV 1174
Printed in GDR
DDR 12,50 M

Inhaltsverzeichnis

Anhang

Vorwort zur deutschen Ausgabe

Der vorliegende Sammelband vermittelt in drei Teilen ein lebendiges Bild der historischen Entwicklung, die im Jahre 1932 zur Entdeckung des Neutrons und als deren unmittelbare Folgeerscheinung zu einem enormen Aufschwung der experimentellen und theoretischen Kernphysik führte.

Im ersten Abschnitt schildern namhafte Wissenschaftler, deren Arbeiten diesen fundamentalen Erkenntnisfortschritt mit bewirkten, aus persönlicher Sicht die entscheidenden Experimente zum Nachweis des Neutrons. Künstliche Radioaktivität und Kernspaltung erscheinen als frühe Ergebnisse einer systematischen Untersuchung der Neutron-Kern-Wechselwirkung, eines Arbeitsgebietes, das sich in der Folgezeit als sehr fruchtbar erwies. Deutlicher als in gängigen Darstellungen der Anfangsperiode der Kernphysik erkennt man den Beitrag, den die aufstrebende sowjetische Kernphysik zur Begründung des Neutron-Proton-Modells für den Kernaufbau und zu ersten Ansätzen für eine Theorie der Kernkräfte geleistet hat. Im zweiten Teil werden die wissenschaftshistorischen und methodologischen Aspekte der Entdeckungsgeschichte des Neutrons analysiert. In überzeugender Weise geben diese Abhandlungen sowjetischer Wissenschaftshistoriker einen Einblick, wie die Idee des Neutrons, in Spekulationen und Hypothesen seit langem vorgebildet, auf verschlungenen Wegen zur gesicherten Erkenntnis wurde. Darüberhinaus wird vor dem Leser das weit verzweigte Geflecht der Konsequenzen ausgebreitet, die aus dieser Entdeckung für die kernphysikalische Grundlagenforschung, für andere naturwissenschaftliche Disziplinen sowie für vielfältige technische Anwendungen bis hin zur friedlichen Nutzung der Kernenergie erwuchsen. Der Band wird durch einen Anhang ergänzt, der in Auszügen die wichtigsten, heute zum Teil nur schwer zugänglichen Originalarbeiten zum behandelten Problemkreis enthält.

Das Buch wendet sich also an einen breiten Interessentenkreis. In ihm werden sowohl Physiker als auch Wissenschaftshistoriker, Lehrer und Studenten mit Gewinn blättern. Es kann dazu beitragen, einen wesentlichen Zweig der gegenwärtigen Entwicklung von Naturwissenschaft und Technik aus historischer Sicht zu begreifen. Natürlich hätte es den Rahmen eines Taschenbuches gesprengt, wenn sich der Herausgeber, Akademiemitglied B. M. Kedrow, das Ziel gestellt hätte, die mit der Existenz des Neutrons verbundenen wissenschaftlichen und technischen Problemstellungen oder Resultate bis in die jüngste Zeit zu verfolgen. Viele Anstrengungen und Erfolge von Neutronenphysik und Kerntechnik, die den gegenwärtigen Stand auf diesen Gebieten bestimmen, können deshalb nicht vollständig sichtbar werden. Aber der erfaßte Ausschnitt der Entwicklung macht bereits deutlich, daß die Entdeckung des Neutrons und ihre Folgen ein herausragendes Beispiel für die Schöpferkraft des Menschen, seine Fähigkeit, die Natur zu erkennen und wissenschaftliche Ergebnisse zu seinem Wohle zu nutzen, darstellt. Möge dieser Band dazu beitragen, unseren Willen zu verstärken, einen unheilvollen Mißbrauch der Früchte der Wissenschaft zu verhindern.

Dresden, Juli 1978 R. Reif

Vorwort

Dieser Sammelband ist der Entdeckung des Neutrons, ihrer Vorgeschichte und den Auswirkungen, zu denen sie führte, gewidmet. Er wurde anläßlich der vierzigjährigen Wiederkehr jener drei bemerkenswerten Jahre in der Geschichte der Kernphysik zusammengestellt, die der Entdeckung des Neutrons folgten.

Der Band besteht aus zwei Teilen. Teil 1 enthält Erinnerungen der Wissenschaftler, die an jenen bedeutungsvollen Ereignissen beteiligt waren. Der Entdecker des Neutrons J. Chadwick berichtet über Versuche zum Nachweis des Neutrons, die in den zwanziger Jahren im Cavendish-Laboratorium unter Leitung von E. Rutherford durchgeführt wurden. Der Autor der ersten Arbeiten über die Neutron-Proton-Struktur der Atomkerne, D. D. Iwanenko, schildert die stürmische Entwicklung der theoretischen Physik, die sich Anfang der dreißiger Jahre unter dem Eindruck der Entdeckung des Neutrons vollzog. Einer der Pioniere der Neutronenphysik, E. Amaldi, erinnert sich an seine gemeinsam mit E. Fermi während der „römischen" Periode Mitte der dreißiger Jahre durchgeführten Arbeiten. W. Gerlach stellt die Suche nach transuranen Elementen und die Entdeckung der Uranspaltung gegen Ende der dreißiger Jahre dar, wobei er an vielen Stellen bis dahin nicht publizierten Schriftverkehr zwischen O. Hahn und L. Meitner mit einfließen läßt. Diese Erinnerungen und Dokumente, die den unvergänglichen Reiz lebendiger Zeugnisse aufweisen, helfen dem Leser, sich eine zutreffende Vorstellung von jener Epoche zu machen, in der die moderne Kernphysik entstand und viele Entdeckungen von sich reden machten, die eine außerordentlich wichtige Bedeutung für die gesamte darauffolgende Entwicklung von Wissenschaft und Technik hatten.

Im Teil 2 des Sammelbandes wird die Entdeckungsgeschichte des Neutrons zusammen mit den sich daran anschließenden Ereignissen als Grundlage für wissenschaftshistorische und methodologische Untersuchungen genommen. Welche Lehren können wir dabei aus der Geschichte ziehen? Worin besteht ihre Spezifik und was hat sie mit der Entwicklung anderer Wissenschaftsgebiete in anderen Zeitabschnitten gemeinsam? Welche Schlußfolgerungen ergeben sich daraus für Planung, Organisation und Entwicklung der modernen Physik? Den wissenschaftshistorischen Aspekt dieser Probleme behandelt der Beitrag von A. N. Wjalzew. Die methodologischen Aspekte werden im Artikel von B. M. Kedrow dargestellt.

Der Sammelband wird durch einen Anhang ergänzt, der die Übersetzungen aller wichtigen Publikationen enthält. Sie sollen die historische Entwicklung der Idee des Neutrons kennzeichnen. Dieser Anhang ermöglicht es dem Leser, die Atmosphäre schöpferischen Wirkens auf dem Gebiet der Physik nachzuempfinden und in kompakter Form zu verstehen, „wie es gewesen ist".

B. M. Kedrow

TEIL 1

ERINNERUNGEN DER ENTDECKER

J. Chadwick

Die Suche nach dem Neutron[1])

Im Juni 1920 hielt E. Rutherford eine Baker-Vorlesung, in der er erstmals seine bereits einige Zeit gehegten Gedanken über die mögliche Existenz eines neutralen Teilchens äußerte, das infolge einer starken Proton-Elektron-Bindung entsteht. Einige Monate nach dieser Vorlesung bot er mir an, die von ihm in Manchester durchgeführten Experimente zur künstlichen Zerlegung von Stickstoff gemeinsam fortzusetzen. Für ein solches Angebot gab es einige, mir äußerst angenehme Beweggründe. Einer davon war die von mir erreichte Vervollkommnung der Szintillationszählmethode, die in einer Verbesserung der optischen Anlage und der Erhöhung der Meßgenauigkeit bestand. Im übrigen wollte Rutherford die Möglichkeit haben, sich während der eintönigen Arbeit im Dunkeln mit jemandem zu unterhalten.

So legte er mir dann auch während der Wartezeiten bis zum Ablesen der Zähler ausführlich seine Ansichten zum Problem der Kernstruktur dar. Insbesondere wies er dabei auf die Schwierigkeit hin, den Aufbau des Kerns zu verstehen, wenn man als einzige existierende Elementarteilchen nur das Proton und das Elektron annimmt. Im Zusammenhang damit deutete er die Notwendigkeit an, das Neutron mit einzubeziehen.

Rutherford, der jegliche Spekulation, die nicht auf Experimenten beruht, ablehnte, gab gern zu, daß vieles

---

[1]) Der deutschen Übersetzung dieses Artikels liegt die autorisierte russische Übersetzung eines auf dem X. Internationalen Kongreß zur Geschichte der Wissenschaft in Ithaka (USA) im August 1962 gehaltenen Vortrages zugrunde: J. Chadwick, Actes du X. Congrès International d'Histoire des Sciences; Ithaka (N. Y.) 1962, Herman, Paris (1964); Bd. 1, S. 159.

davon nur erdacht war, und sprach deshalb – mit Ausnahme privater Unterhaltungen – nur selten darüber. Ich glaube, daß er nach der BAKER-Vorlesung seine Ansichten über die Rolle des Neutrons nur noch einmal öffentlich darlegte. Er wich jedoch nicht von seinen Ideen ab, und auch ich wurde von ihnen ergriffen. In den folgenden Jahren setzten wir von Zeit zu Zeit diese Experimente teilweise gemeinsam fort. Mitunter arbeitete ich allein. Wir hofften, Anzeichen für die Existenz des Neutrons entweder zum Zeitpunkt seiner Bildung oder während der Emission aus dem Atomkern zu finden. Ich möchte lediglich über einige derartige Versuche berichten, die wohl am meisten Aufmerksamkeit verdienen. Andere waren so hoffnungslos und überspitzt, daß man sie leicht der Alchimie hätte zuordnen können.

Sofort nach der erwähnten BAKER-Vorlesung bat RUTHERFORD J. L. GLASSON, mit der Suche von Neutronen bei einer elektrischen Entladung im Wasserstoff zu beginnen. Kurze Zeit später führte J. K. ROBERTS ein ähnliches Experiment durch. Obwohl nicht zu hoffen war, auf diesem Weg Anzeichen für das Neutron zu entdecken, setzten sie die Versuche fort. In diesen Experimenten wurden die üblichen Wasserstoffmengen und Spannungen verwendet.

Es erschien mir nicht sinnlos, den Wasserstoff ungeachtet seiner scheinbaren Stabilität im Normalzustand zu untersuchen. Wenn eine Verbindung von Proton und Elektron überhaupt möglich war, dann konnte sie spontan vor sich gehen, und das so gebildete Neutron konnte wiederum unter dem Einfluß der kosmischen Strahlung zerfallen. Im Jahre 1923 versuchte ich mit RUTHERFORDS Billigung, in einer großen Wasserstoffmenge γ-Strahlung als Resultat der Bildung von Neutronen nachzuweisen. Als Detektor verwendete ich dabei eine Ionisationskammer und einen Zähler.

Einige Jahre später, im Jahre 1928, erfanden GEIGER und MÜLLER ein heute überall als GEIGER-Zähler bekanntes Gerät, das die Möglichkeiten für den Nachweis von

γ-Strahlung außerordentlich erhöhte. GEIGER war so liebenswürdig, mir zwei seiner Zähler und die Anleitung zu ihrer Herstellung zu schicken. Sofort benutzten RUTHERFORD und ich diese Geräte, um das Experiment mit dem Wasserstoff zu wiederholen. Wir wandten alle möglichen Kniffe an, um auch nur die geringsten Spuren des Neutrons zu finden. Mit derselben Methode untersuchten wir sicherheitshalber eine Reihe seltener Gase und anderer uns verfügbarer Elemente in der Hoffnung, irgendwelche Anzeichen für die Existenz des Neutrons zu bemerken. Da viele dieser Experimente vollkommen absurd waren, spreche ich darüber nur ganz allgemein.

Nach dem ersten Versuch dieser Art untersuchte ich die Möglichkeit für die Bildung bzw. die Existenz des Neutrons in einem starken elektrischen Feld. Außerdem wurden Atome mit Protonen bombardiert, wobei insbesondere solche mit großem Atomgewicht verwendet wurden, bei denen die Elektronen am stärksten gebunden sind. Diese Idee kommt unklar in einem Brief an RUTHERFORD zum Ausdruck und wird im Buch von EVE [1] zitiert: „Ich glaube, wir müssen mit der echten Suche des Neutrons beginnen. Ich bin überzeugt, über ein wirksames Arbeitsschema zu verfügen ...“. Ich nahm an, daß man eine Spannung von wenigstens 200000 V zur Beschleunigung der Protonen benötigen würde. Jedoch stand uns nicht der geeignete Transformator zur Verfügung, und trotz des lebendigen Interesses von RUTHERFORD fehlte uns das Geld für die Verwirklichung eines solchen törichten Planes. Die Geldsumme für die Forschung, die man aus Labormitteln erhalten konnte, überstieg damals selten 1000 Pfund Sterling im Jahr und betrug häufig wesentlich weniger. Sie war nicht einmal für die Durchführung der normalen Arbeiten ausreichend. Ein oder zwei Jahre verfolgte ich unbeirrbar mein Ziel. Ich versuchte, in der zwischen anderen Untersuchungen verbleibenden Zeit eine Methode zu entwickeln, zur Ionenbeschleunigung in einem Gasentladungsrohr einen Teslatransformator anzuwenden. Ich hatte keine ausreichenden Erfahrungen, und die Bedingungen zur Durchführung solcher Versuche fehlten. Ich verwendete meine Zeit umsonst, jedoch ohne Laborgelder zu beanspruchen.

Während unserer Arbeiten zur Zerlegung leichter Elemente mit α-Teilchen ließen RUTHERFORD und ich die Möglichkeit der Neutronenemission nicht aus den Augen. Unsere Aufmerksamkeit galt insbesondere den Elementen, die keine Protonen emittierten. Wir suchten schwache Szintillationsergebnisse, die durch im Magnetfeld nicht ablenkbare Strahlung hervorgerufen wurden. Ein einziger spezieller Hinweis auf die Suche des Neutrons bei diesen Arbeiten ist in einem im Jahr 1929, einige Jahre nach den Experimenten, veröffentlichten Artikel zu finden.

Beryllium ist aus zwei Gründen interessant. Erstens spaltet Beryllium bei Beschuß mit α-Teilchen keine Protonen ab, und zweitens galt es als bekannt, daß das Mineral Beryllium eine ungewöhnliche Menge Helium enthält. Damit scheint die Annahme berechtigt zu sein, daß der Zerfall des Berylliumkerns unter Einfluß kosmischer Strahlung in zwei α-Teilchen und ein Neutron vor sich gehen kann. Das ist jedoch falsch.

Diese Substanz weckte über mehrere Jahre mein Interesse. Ich beschoß Beryllium mit α- und β-Teilchen sowie mit γ-Strahlen, wobei ich zur Beobachtung die übliche Szintillationsmethode benutzte. Zur damaligen Zeit war das die einzige Methode, die bei der starken γ-Strahlung der aktiven Radiumisotope breite Anwendung fand. Diese Radiumisotope waren für mich die wichtigste zugängliche Strahlungsquelle. Etwas früher, möglicherweise auch wesentlich früher, versuchte ich, geeignete elektrische Zählmethoden auszuarbeiten. Es gelang mir jedoch nicht. Später, als GREINACHER die Methode des Röhrenverstärkers entwickelt hatte, die im CAVENDISH-Laboratorium WYNN-WILLIAMS anwendete, gelang es mir ebenfalls, eine Poloniumquelle zu erwerben. Diese war zwar schwach, aber für meine Ziele doch ausreichend. Mit CONSTABEL und POLLARD untersuchte ich erneut Beryllium, und während eines kurzen, erregenden

Augenblicks glaubten wir, Anzeichen für das Neutron gefunden zu haben. Danach verschwanden diese Andeutungen jedoch. Ich tappte immer noch im Dunkeln.

Der erste Hinweis auf das Neutron fand sich in der Arbeit H. Websters mit γ-Strahlung, die von ihm in Beryllium bei Bestrahlung mit α-Teilchen angeregt wurde. Über die Möglichkeit der Anregung von γ-Strahlung durch Beschuß leichter Kerne mit α-Teilchen dachte ich mehrere Jahre lang nach. Einen Versuch, dieser Möglichkeit nachzugehen, unternahm L. Bastings; er endete jedoch mit einem Mißerfolg, da das Polonium als Quelle zu schwach und der Detektor – ein Elektroskop – zu unempfindlich waren. Als der Geiger-Zähler aufkam, begann Webster mit der Suche. Seine ersten Experimente waren jedoch nicht sehr hoffnungsvoll, da – wie schon früher – unsere Poloniumquelle nicht ausreichte.

Dieser Mangel wurde durch die Vermittlung von Dr. Feather aus Baltimore und dank der Liebenswürdigkeit von C. F. Burnam und F. West vom Kelly-Hospital beseitigt. Sie schickten mir zuerst über Feather und später mit der Post einige alte Radonröhren, die eine große Menge des von mir benötigten Radium D und seines Produktes Polonium enthielten. Dieses Geschenk war sowohl damals als auch später außerordentlich wertvoll.

Inzwischen gingen Bothe und Becker an die Untersuchung des Problems und veröffentlichten als erste die Resultate. Die interessanteste Beobachtung machte jedoch Webster. Er stellte fest, daß die Strahlung des Berylliums in der Einfallsrichtung der α-Teilchen größeres Durchdringungsvermögen aufwies als die in der entgegengesetzten Richtung. Dieser genau bestätigte Fakt bewegte mich. Man konnte ihn einfach erklären mit der Annahme, daß die Strahlung aus Teilchen besteht, die ihrem Durchdringungsvermögen entsprechend neutral sind. In der Überzeuguung, daß auch ein neutrales Teilchen auf irgendeine Weise Ionisation hervorrufen muß, schlug ich Webster vor, die Strahlen durch eine Wilson-

Kammer zu führen. Wir glaubten beide, daß es sich um ein neutrales Teilchen handele. Zu unserer Enttäuschung wurden jedoch keinerlei Spuren entdeckt. Wir waren sehr niedergeschlagen und wußten nicht, wie wir die Beobachtungen in Einklang bringen sollten.

Der erste Schritt zum Ziel vollzog sich im Juni 1931. Bald darauf verzog WEBSTER von Cambridge nach Bristol. Ich beschloß, mich erneut der Sache anzunehmen. Möglicherweise zu meinem Glück verschoben sich jedoch die Vorbereitungsarbeiten im Zusammenhang mit meinem Arbeitsplatzwechsel im Laboratorium. Eines Morgens las ich in der „Comptes rendus" eine Mitteilung von I. CURIE und JOLIOT über eine noch mehr verwunderliche Eigenschaft der Beryllium-Strahlung — über ihre Fähigkeit, aus wasserstoffhaltigen Stoffen Protonen herauszuschlagen, — eine wahrhaft überraschende Eigenschaft. Einige Minuten später kam FEATHER zu mir, um über diese Mitteilung zu berichten, die ihn ebenso verwundert hatte wie mich. Kurz danach, am gleichen Morgen, sprach ich mit RUTHERFORD. Es war üblich, daß ich stets gegen 11 Uhr zu ihm kommen mußte, um über interessante Neuigkeiten zu berichten und die im Labor durchgeführten Arbeiten zu erörtern. Als ich ihm die Beobachtung von CURIE und JOLIOT sowie ihre Erklärung mitgeteilt hatte, bemerkte ich auf seinem Gesicht wachsende Verwunderung, und dann rief er aus: „Das glaube ich nicht!" Eine solche heftige Reaktion war nicht typisch für ihn, und ich kann mich nicht erinnern, während der ganzen Zeit meiner ständigen Verbindung mit ihm einen ähnlichen Vorfall erlebt zu haben. Ich sage das, um zu unterstreichen, welche elektrisierende Wirkung die Mitteilung von JOLIOT und CURIE hatte. Freilich räumte RUTHERFORD ein, daß man den Beobachtungen Glauben schenken muß; eine ganz andere Sache war die Erklärung.

Es ergab sich, daß ich in der Lage war, mit dem Experiment zu beginnen, da ich eine ausgezeichnete Poloniumquelle aus dem Baltimorer Material fertiggestellt hatte. Unvoreingenommen ging ich an die Arbeit, obwohl sich natürlich meine Gedanken auf das Neutron konzentrierten. Mir war klar, daß man die Beobachtung von JOLIOT und CURIE nicht dem COMPTON-Effekt zuschreiben konnte, mit dem ich bereits nicht nur einmal zu tun hatte. Ich war überzeugt, daß hier etwas Neues, Unbekanntes vorlag. Einige Tage angestrengter Arbeit waren ausreichend, um zu zeigen, daß diese seltsamen Effekte ihren Ursprung in der Existenz eines neutralen Teilchens haben. Mir gelang es auch, seine Masse zu bestimmen. Das Neutron, dessen Existenz RUTHERFORD im Jahre 1920 bereits vermutet hatte, wurde endlich entdeckt.

Ich hoffe, nicht falsch verstanden zu werden, wenn ich diese Geschichte noch mit einem Nachwort versehe. Es besteht wohl keine Notwendigkeit, über meine Befriedigung und Begeisterung zu sprechen, daß die langwierige Suche nach dem Neutron zu guter Letzt von Erfolg gekrönt war. Der entscheidende Schritt wurde jedoch von anderen getan. Darin liegt nichts Außergewöhnliches: Der Fortschritt des Wissens ist im allgemeinen ein Ergebnis der Tätigkeit vieler Köpfe und Hände. Und ungeachtet dessen wurde ich das Gefühl nicht los, das ich das Ziel hätte schneller erreichen müssen. Ich könnte zu meiner Entschuldigung eine Reihe erschwèrender Umstände anführen: unzureichende Ausrüstung u. s. w. Um mit mir ins Reine zu kommen, muß ich trotzdem wenigstens mir selbst eingestehen, daß ich die Eigenschaften des Neutrons, besonders jene, die am augenscheinlichsten von seiner Existenz zeugen, nicht ausreichend tief durchdacht hatte. Ich tröste mich damit, daß es stets komplizierter ist, über einen Gegenstand das erste Wort zu sprechen als das letzte, auch wenn er im Nachhinein noch so offensichtlich erscheint. Diese allgemeine Feststellung ist möglicherweise auch nur eine Entschuldigung.

Literatur

[1] A. S. EVE, Rutherford. Being the life and letters of the Rt. Hon. Lord Rutherford, Cambridge 1939, S. 301.

D. IWANENKO

Die Entwicklung des Atomkernmodells

Ich kann mich noch gut daran erinnern, wie wir Physiker im Jahre 1927 bei Abschluß des Studiums an der Leningrader Universität das unangenehme Gefühl hatten, daß für die Zukunft wahrscheinlich nur zweitrangige Anwendungen verblieben. Schließlich waren die Wellenmechanik bereits begründet und Auswege aus den Schwierigkeiten des BOHRschen Atommodells gewiesen. Jedoch bereits fünf Jahre später begann für die Wissenschaft die Epoche der Kernphysik. Damit hatte unsere Generation wie kaum eine andere das Glück, eine der großartigsten Perioden zu erleben, die die jahrhundertealte Geschichte der Physik je kannte.

Jeder Monat, sogar jede Woche des ereignisreichen Jahres 1932 – des „Jahres der Wunder" – brachte Entdeckungen oder fundamentale Ideen, die eine Entladung der angespannten Situation in der Kernphysik bedeuteten. Gleichzeitig wurde damit die Aufmerksamkeit von der Quantentheorie der Elektronenhülle auf den Atomkern sowie auf die Quantenfeldtheorie und die Theorie der Elementarteilchen gelenkt. In diesem Jahr wurden das Neutron, das Positron, der schwere Wasserstoff und der geomagnetische Effekt der kosmischen Strahlung entdeckt; man baute die ersten Protonenbeschleuniger. Es folgten die Entdeckung der kosmischen Schauer und der künstlichen Radioaktivität. In den Jahren 1932 bis 1934 wurden der Aufbau der Atomkerne erkannt und das erste Modell der Kernkräfte geschaffen.

Vor den Wissenschaftshistorikern steht noch die Aufgabe, eine solche ungewöhnliche Häufung von Ereignissen zu erklären und ihren Einfluß auf die Entwicklung der Physik zu betrachten. Früher besaßen die französische, deutsche und englische Wissenschaft eine führende Stellung. Daher verbleibt nicht nur, die schöpferische

Atmosphäre jener Zeit zu rekonstruieren und die Entdeckungen unter modernen Gesichtspunkten zu analysieren, sowie die Zahl der Arbeiten, die Eigenheiten und die Psychologie des Schöpfertums der Forscher wissenschaftlich zu erfassen, sondern es gilt auch zu verstehen, welche Ursachen zur Bildung neuer wissenschaftlicher Zentren in den USA, der Sowjetunion und später auch in Italien und Japan führten.

Geht man vom Jahr 1932 ab etwa vierzig Jahre in der Geschichte zurück, dann gelangt man zum Ende der Blütezeit der klassischen Physik, einer Zeit, in der Thermodynamik und Elektrodynamik ausgearbeitet waren. Auf diese Jahrzehnte entfallen solche großen Ereignisse wie der Beginn der Quantenphysik, die Aufstellung des Atommodells sowie der speziellen und allgemeinen Relativitätstheorie. Die folgenden vierzig Jahre (1932 bis 1972) sind in erster Linie mit der Kernphysik, dem Bau von Reaktoren, von Atombomben sowie anderen Anwendungen der Atomenergie verbunden, die sich außerordentlich stark in der gesamten menschlichen Zivilisation widerspiegelten. In diesen Jahren begann die Untersuchung von Elementarteilchen in der kosmischen Strahlung und an Beschleunigern. Andererseits verzeichnete die Wissenschaft der fünfziger und sechziger Jahre die epochalen astronomischen Entdeckungen von Radioquellen, Quasaren und Pulsaren. Das Bild des expandierenden Weltalls entstand, und die ersten Sputniks wurden gestartet.

In meinen Erinnerungen beschränke ich mich hauptsächlich auf die Geschichte der Entdeckung des Kernaufbaus und der darauf beruhenden Theorie der Kernkräfte.

1. Aufbau des Atomkerns aus Protonen und Neutronen

Die Theoretiker unserer Zeit kamen auf verschiedenen Wegen zur Kernphysik: über die Anwendungen der Quantenmechanik, über die Theorie kosmischer Strahlen, über Konsultationen mit Optikern zur Hyperfeinstruktur von Spektren oder mit zukünftigen Beschleunigerspezialisten. Mir persönlich standen die Probleme der Gravitation und der Struktur des Raumes immer nahe. Die Theorie des expandierenden Weltalls unseres Professors A. A. Friedmann hinterließ auf mich einen außerordentlich starken Eindruck. Bereits im Jahre 1928 versuchte ich, eine neue, der Dirac-Gleichung angepaßte Matrizengeometrie vorzuschlagen. Das gab den Anstoß zu einer gemeinsamen Arbeit mit meinem früheren Dozenten an der Universität, W. A. Fock. In dieser Arbeit schufen wir die Grundlagen der Theorie der Wechselwirkung von Elektronen und anderen Fermionen mit dem Gravitationsfeld. Diese Ideen wurden bis heute von verschiedenen Seiten weiterentwickelt. Im weiteren äußerten wir in einer Diskussion mit W. A. Ambarzumjan über die diskrete Raum-Zeit-Welt die Hoffnung, das Coulomb-Gesetz für kleine Entfernungnen modifizieren zu können. Dabei verfolgten wir das Ziel, die Endlichkeit der elektromagnetischen Masse des Elektrons zu erhalten. Im gleichen Jahr (1930) veröffentlichte Heisenberg ähnliche Ideen, wobei er hoffte, daß die gitterförmige Struktur des Raumes sich auf das Verhalten der Teilchen im Kern auswirkt und möglicherweise zur Nichterhaltung der Elektronenenergie führt, die sich, wie es damals schien, im β-Zerfall äußert.

Diese Arbeiten sind charakteristisch für die geistige Haltung jener Zeit. Sie bereiteten den Boden, um in den Fragen des Verhaltens von Elektronen bei kleinen Abständen radikale Lösungen zu finden. Da ich mich in den Jahren von 1930 bis 1931 für die Probleme des Kerns interessiert hatte, ist es nicht verwunderlich, daß ich meine Aufmerksamkeit vor allem auf jene Eigenschaften der Elektronen in Systemen geringer Abmessung lenkte, in denen sich aus verschiedener Sicht unverständlich erscheinende Prozesse abspielen. Diese bereiteten den Physikern neue Schwierigkeiten und warfen außerordentlich interessante Fragen auf.

Wie bekannt, war zunächst die Vorstellung verbreitet, daß die Atomkerne aus Protonen und Elektronen aufgebaut sind, da man sich nur aus Protonen bestehende Kerne nicht vorstellen konnte (die Massenzahlen sind etwa doppelt so groß wie die Ladungszahlen). Der β-Zerfall, der auf den ersten Blick dem Entstehen von Protonen bei der Kernspaltung ähnlich ist, sprach überzeugend zugunsten dieses Modells. Es schien außerdem offensichtlich zu sein, daß im Kern α-Teilchen existieren, die aus vier Protonen und einem Elektronenpaar bestehen. Die Theorie des α-Zerfalls als quantenmechanischer Tunneleffekt bekräftigte das Vorhandensein irgendwelcher unbekannter, kurzreichweitiger Kräfte in Kernen, indem sie half, eine Potentialbarriere zu konstruieren.

Genauere Betrachtungen zeigten jedoch, daß das (p-e)-Modell nicht mit der Quantenmechanik vereinbar ist, da sich die „Kernelektronen" anomal verhalten. Das Experiment zeigte, daß Kerne mit geradzahligem Atomgewicht A ganzzahligen und Kerne mit ungeradem A halbzahligen Spin besitzen. Das entsprach in keiner Weise der angenommenen Gesamtzahl von Protonen und Elektronen, die ja Teilchen mit halbzahligem Spin sind. Wie die Beobachtungen des Bandenspektrums von Stickstoff durch RASETTI überzeugend bewiesen, gehorchen Kerne mit geradzahligem Atomgewicht der BOSE-Statistik. Das Protonen-Elektronen-Modell jedoch führte für das Hauptisotop von Stickstoff ^{14}N(14p + 7e) zur FERMI-DIRAC-Statistik. Bei dieser Analyse spielte das EHRENFEST-OPPENHEIMER-Theorem eine Rolle. Es besagt, daß ein Fermionensystem mit ungerader (gerader) Teilchenzahl der FERMI-DIRAC-(BOSE)-Statistik genügt. Dieses Theorem wurde von neuem analysiert und bis in die unmittelbare Vergangenheit ständig präzisiert (HAAG, BARUT u. a.). Die sich an dem ^{14}N-Beispiel zuspitzende Situation erhielt die Bezeichnung „Stickstoffkatastrophe". Im weiteren stellte sich heraus, daß die magnetischen Momente der Kerne, speziell des Stickstoffs, in der Größenordnung des „Kernmagnetons" des Protons und nicht etwa in der des wesentlich größeren, die Atomhülle charakterisierenden BOHRschen Magnetons für das Elektron liegen. Ein großes Rätsel stellte der β-Zerfall durch sein kontinuierliches Elektronenspektrum mit einer nur mühsam bestimmten Grenzenergie dar. Die Versuche, ihn als Tunneleffekt zu erklären, hatten keinen Erfolg.

Die tiefgreifenden Schwierigkeiten bei der Interpretation der Kerne, die zu einer eigenartigen Krisensituation geführt hatten, waren natürlich allen bekannt, die sich zu diesen Problemen Gedanken machten. Die Ideen eines Artikels von BOHR, KRAMERS und SLATER aus dem Jahre 1924 aufgreifend, versuchte NIELS BOHR für Elektronen mit (nach damaligen Maßstäben) hoher Energie eine neue „Superquantentheorie" aufzubauen, die eine Nichterhaltung der Energie zuläßt, wie man sie im β-Zerfall zu beobachten glaubte.

Eine andere Untersuchungsrichtung war mit den bereits erwähnten Ideen einer diskreten Raum-Zeit-Struktur verbunden.

Das offensichtliche Fehlen von Spin, Statistik und Magnetismus bei den „Kernelektronen" führte allmählich zu der Ansicht, daß im Kern keine Elektronen vorhanden sind. Dafür sprach auch eine vorläufige Abschätzung der Kernkräfte, die sich in den Massendefekten und den Reaktionsenergien äußerten. Diese Kräfte übertrafen wesentlich jene Wechselwirkungen, die die Stabilität der durch seine Ruhenergie (nur eine halbe Million Elektronenvolt) charakterisierten Struktur des Elektrons gewährleisten. Bekanntlich sind jedoch in der Atomhülle die Bindungsenergie und die Energie der Übergänge sehr klein im Vergleich zur Ruhenergie des Elektrons. Genauso ist die Bindungsenergie der Protonen (und auch Neutronen) im Kern klein, verglichen mit ihren Ruhenergien.

Ein anderes, ähnliches Argument für das Fehlen von Elektronen in Kernen folgt aus der Abschätzung ihrer Energie bei Bewegung in so kleinen Gebieten (mit Hilfe der Unschärferelation) bzw. aus einem Vergleich der

De-Broglie-Wellenlänge des Elektrons mit den Kernabmessungen. Angesichts der Paarbildung, beispielsweise bei Bestrahlung eines Elektrons mit γ-Strahlen, begann sich außerdem allmählich der Begriff des „individuellen" Fehlers bei der Bestimmung der Koordinate des Elektrons herauszubilden, was seinerseits darauf hinwies, daß ein Kernelektron nicht als individuelles Teilchen interpretiert werden kann.

Die Überzeugung, daß sich hinter der De-Broglieschen Analogie zwischen Photonen und Teilchen ein tiefer Sinn verbirgt, brachte Ambarzumjan und mich (1931) zu dem Vorschlag, den β-Zerfall als Ausstrahlung von Teilchen zu betrachten, die vorher nicht in fertiger Form existierten, ähnlich wie das bei der Emission von Photonen durch Atome der Fall ist. Die Möglichkeit der Entstehung und Vernichtung von Elektronen ähnlich der von Photonen wurde im Prinzip vom Formalismus der zweiten Quantisierung des Elektronenfeldes (Jordan) vorgezeichnet, wenn man diesen Apparat nicht nur als Hilfsformalismus betrachtet, wie es damals oft getan wurde. Diese Schlußfolgerungen wurden unserer Ansicht nach durch die Hypothese der Diracschen Löcher gefestigt, obwohl diese Hypothese keineswegs allgemein anerkannt war.

Ähnliche prinzipielle, von einigen empirischen Beziehungen gestützte Überlegungen und die Möglichkeit, sich mit einem Schlag der „Stickstoffkatastrophe" und anderer analoger Schwierigkeiten zu entledigen, brachten mich schließlich relativ kurz nach der (Ende Februar publizierten) Entdeckung des Neutrons, genauer im März und April 1932, zu der Hypothese über die Zusammensetzung der Atomkerne aus Protonen und Neutronen unter Ausschluß von Elektronen. Obwohl viele entweder dieser Hypothese keine Bedeutung beimaßen, weil sie sie als verfrüht ansahen, oder gegen sie argumentierten (Weisskopf), spielte gerade die geringe Überzeugungskraft ihrer Beweisgründe für mich eine bestätigende Rolle.

Später wurden die gleichen Argumente gegen das Vorhandensein von Positronen und anderen Leptonen im Kern angeführt. Gleichzeitig gibt es keine Einwände gegen die Existenz von Baryonen wie Λ-Teilchen in Kernen. Derartige Hyperkerne wurden erst wesentlich später von den polnischen Physikern DANYSZ und PNIEWSKI entdeckt. Die oben angeführten Argumente werden in dieser oder jener Form bis heute in den Lehrbüchern der Kernphysik dargelegt, da sie den prinzipiellen Charakter des (p-n)-Modells der Atomkerne bestätigten.

Wesentliche Punkte des (p-n)-Modells waren die Anerkennung des elementaren Charakters von Proton und Neutron sowie die Interpretation des β-Zerfalls als Entstehung von Teilchen. Das stand im Gegensatz sowohl zu den ursprünglichen Ideen von RUTHERFORD als auch zu den bereits nach der Entdeckung des Neutrons ausgesprochenen Ansichten von HEISENBERG und BOHR. Das Neutron durfte man sich keinesfalls aus einem Proton und einem Elektron zusammengesetzt denken (ebensowenig das Proton aus Neutron und Positron). Ähnliche Vorstellungen hätten den Hauptteil der alten Schwierigkeiten mit „Kernelektronen" nicht gelöst.

Die Notiz über die Zusammensetzung der Atomkerne aus Protonen und Neutronen, die mir die Priorität sicherte, wurde von mir sowohl direkt als auch in einer Kopie über P. L. KAPIZA an die englische Zeitschrift „Nature" geschickt, die eine kurze Druckzeit hatte. Bekanntlich bewahrt das Gedächtnis mit photographischer Genauigkeit alle Einzelheiten derartiger Ereignisse, wenn sich ihre Bedeutung später bestätigt.

Der erste sowjetische Wissenschaftler, der die Möglichkeiten des neuen Modells zu schätzen wußte, war E. N. GAPON. Als Chemiker war er in der Quantentheorie des MENDELEJEWschen Periodensystems, das auf der gesetzmäßigen Verteilung der Elektronen auf die Niveaus unter Berücksichtigung des PAULI-Prinzips beruht, gut bewanderte, und wie BECK versuchte auch er, die Protonen und „Kernelektronen" auf Niveaus aufzuteilen. GAPON hatte sich davon überzeugt, daß das alte Proton-Elektron-Modell solche Probleme nicht löst. Deshalb war seine Freude angesichts der neuen Möglichkeiten verständlich.

Der erste positive Widerhall kam aus Frankreich von LOUIS DE-BROGLIE und seinem älteren Bruder, dem bekannten Spezialisten für γ-Strahlen, MAURICE DE-BROGLIE, der meinen Artikel über das Modell an die „Berichte" der Französischen Akademie der Wissenschaften einreichte. Die Grundlagen des (p-n)-Modells wurden außerdem 1932 in einem Artikel einer Charkower Zeitschrift, die in westeuropäischen Sprachen erschien, sowie in einem Vortrag auf der Leningrader Konferenz 1933 dargelegt.

Es wäre trotzdem falsch, anzunehmen, daß das Proton-Neutron-Modell der Atomkerne bei all seiner heutigen Überzeugungskraft unverzüglich von der allgemeinen wissenschaftlichen Meinung anerkannt wurde. In den Jahren 1932 und 1933 gab es im Gegenteil lebhafte Diskussionen um dieses Modell. Es entstand eine Reihe anderer Vorstellungen, die zwar die Existenz von Neutronen in Kernen berücksichtigten, jedoch nicht den Versuch unternahmen, das Problem der „Kernelektronen" zu lösen. F. PERRIN und AUGER schlugen vor, leichte Kerne aus Protonen und Neutronen aufzubauen und bei schwereren Kernen, mit ^{40}K beginnend, Elektronen einzubeziehen ($^{40}_{19}$K ist das leichteste natürliche radioaktive Isotop). DIRAC unterstützte dieses Modell. Bald darauf nahmen jedoch die Autoren selber davon Abstand, insbesondere F. PERRIN in seinem zweiten Artikel und auf der Leningrader Konferenz 1933.

Von sehr großer Bedeutung für die Anerkennung des Proton-Neutron-Modells waren die Artikel von HEISENBERG. Nach einem Versuch im Jahre 1930, das Problem der Kernelektronen mit Hilfe einer diskreten Raum-Zeit zu erklären, wandte sich HEISENBERG 1932 wieder dem Atomkern zu. Er veröffentlichte eine Serie von drei Arbeiten und trat im Oktober 1933 auf dem 7. Solvay-Kongreß in Brüssel auf. Außerdem schrieb er 1935 einen Artikel für einen Sammelband zu Ehren von Zeeman. Obwohl Heisenberg die Proton-Neutron-Struktur der Atomkerne anerkannte, nahm er ziemlich lange an, daß das Neutron kein Elementarteilchen ist, sondern in sich ein Elektron enthält. Den β-Zerfall brachte er mit der Emission eines solchen Elektrons in Verbindung. Es muß unterstrichen werden, daß Heisenberg zwischen einer derartigen Interpretation und der Anerkennung des Neutrons als Elementarteilchen schwankte und mehrmals zu dieser Frage zurückkehrte. Trotz allem vermochte er die Vorstellung eines „zusammengesetzten" Neutrons für die richtige Vermutung auszunutzen, daß zwischen Protonen und Neutronen sowie einem Neutronenpaar Austauschkräfte existieren. Diese Vermutung entstand in Analogie zur Quantenchemie, wo der Austausch eines (realen) Elektrons zwischen einem Atom und einem Ion des Wasserstoffs zu einer molekularen Austauschbindung führt. An gleicher Stelle wies Heisenberg übrigens auch auf den spezifischen Charakter der Austauschkräfte im Kern hin. Die Theorie der Austauschkräfte wurde danach von Majorana weiterentwickelt, und sie bildet heute einen festen Bestandteil der Kernphysik. Indem Heisenberg die Betonung auf die Äquivalenz einiger Eigenschaften von Proton und Neutron legte, schlug er andererseits vor, diese als zwei Zustände ein und desselben Teilchens — des Nukleons — zu betrachten, das zwei Werte eines neuen inneren Freiheitsgrades — des Isospins — aufweisen kann.

Die Bedeutung dieses fundamentalen Vorschlages offenbarte sich erst viel später mit der Entdeckung des π-Mesons und neuer stark wechselwirkender Teilchen mit Isospin, der Hadronen (Baryonen und Mesonen), sowie der Entdeckung anderer innerer Freiheitsgrade, der Hyperladung und des unitären Spins.

Bei der endgültigen Anerkennung des Proton-Neutron-Modells der Atomkerne war meiner Ansicht nach wichtig, daß Blackett und Occhialini (Ende 1932 oder Anfang 1933) die Bildung und Annihilation von Elektronen und Positronen in der kosmischen Strahlung nachwiesen, da ein Beispiel für die Entstehung von Teilchen mit von Null verschiedener Masse gegeben war. Diese Entdeckung stützte sich auf unsere Interpretation des β-Zerfalls, wie die Autoren in ihrem Artikel vermerkten.

Man kann nicht umhin, sich des tiefen Eindrucks zu erinnern, den diese Arbeit hinterließ. Wohl kaum eine Entdeckung oder eine neue Idee unserer Zeit wirkte auf ähnliche Weise. Es wurde klar, daß die Physik in die neue Epoche einer relativistischen Quantentheorie der Elementarteilchen eintritt, daß sich die Vorhersage über die Positronenlöcher erfüllt und das neue Kernmodell endgültig bewiesen ist. Im Leningrader Physikalisch-Technischen Institut lag mehrere Tage lang die Arbeit fast darnieder. Alle waren von den neuen Perspektiven befangen. Die Physiker richteten an Blackett ein Telegramm folgenden Wortlauts: „Wir gratulieren zur Entdeckung neuer Teilchen, der Bestätigung der alten Idee der Löcher.“ Als ich im Jahre 1937 Blackett auf einer Konferenz in Venedig traf, begann er von dem Telegramm aus dem Jahre 1933 zu sprechen, dessen Text er, wie sich herausstellte, noch auswendig wußte.

2. *Schalenstruktur des Kerns. Entwicklung der sowjetischen Kernphysik*

In den Diskussionen mit E. N. Gapon, der extra nach Leningrad gekommen war, entstanden Ideen, wie man die Protonen und Neutronen auf Niveaus und Schalen aufteilen kann. Sie basierten auf einer Analogie zu den Elektronenniveaus der Atome, die das Mendelejewsche Periodensystem aufbauen. In einer bald darauf veröffentlichten gemeinsamen Arbeit mußten wir es riskieren, die sich aufdrängende Annahme fallenzulassen, daß im Kern scheinbar fertige α-Teilchen vorhanden sind. Als

Theoretiker bestand ich natürlich darauf, daß die Kernniveaus, die durch das Feld der Kernkräfte festgelegt werden, und die atomaren Niveaus, die hauptsächlich vom COULOMB-Feld des Kerns bestimmt sind, nicht übereinstimmen können. Die Größen waren jedoch damals vollkommen unbekannt. Trotzdem versuchten wir in der gegebenen Situation die Nukleonen auf *s*, *p*, *d* ...-Niveaus zu verteilen, indem wir abgeschlossene Schalen im Zentralfeld suchten.

Nach dem einfachsten Heliumkern, der mit seinen zwei Protonen und zwei Neutronen ein α-Teilchen darstellt und zugleich einer abgeschlossenen *s*-Schale aus zwei Elektronen entspricht, entstand die Frage nach den nächsten Niveaus und der nächstliegenden aufgefüllten Schale, die wir bei dem Kern $^{16}_{8}O$ (oder $^{20}_{10}N$) vermuteten. Damit hatten wir die ersten beiden magischen Zahlen 2 und 8 erfaßt. Wir bemerkten außerdem richtig, daß ein Zusammenhang zwischen abgeschlossenen Schalen und der Struktur im Verlauf des Massendefekts besteht. Gleichzeitig äußerte BARTLETT analoge Ideen. Sie wurden später von ELSASSER und vielen anderen, darunter I. P. SELINOW und dann meinen Mitarbeitern N. N. KOLESNIKOW und S. I. LARIN, weiterentwickelt. Letzteren gelang es, die Serie der heutzutage allgemein anerkannten magischen Zahlen 2, 8, 20, 50, 82, 126 fortzusetzen und auf eine Reihe weniger wichtiger Unterschalen hinzuweisen.

Da überzeugende Belege für das Schalenmodell fehlten, rückte durch seine Erfolge bei der Theorie der Spaltung (J. I. FRENKEL, NIELS BOHR u. a.) das Tröpfchenmodell der Kerne in den Vordergrund des Interesses. Die Schalenvorstellungen erlebten ihre Wiedergeburt 1948 auf der Grundlage des Materials von MARIA GOEPPERT-MAYER und einer Gruppe deutscher Physiker, die die magischen Zahlen bestätigten und sie sorgfältig analysierten. Die moderne Beschreibung der Kerne als Systeme aus Protonen und Neutronen berücksichtigt sowohl die Haupttendenz zur Bildung von Niveaus und Schalen, als auch andere Umstände wie Deformationen und Tröpfcheneffekte, die sich in Kerneigenschaften klar äußern.

Einige Worte über E. N. GAPON und J. I. FRENKEL.

JEWGENI NIKITITSCH GAPON, ein bedeutender Physiko-Chemiker und Mitarbeiter von I. A. KABLUKOW, leitete lange Zeit einen Lehrstuhl an der TIMIRJASEW-Landwirtschaftsakademie in Moskau. Wir waren Landsleute und kannten uns aus der Poltawaer Schulzeit. Etwa ein Jahr lang fand unsere Freundschaft auf dem Gebiet der Kernphysik ihre Fortsetzung. Nach dem Krieg arbeiteten wir gemeinsam in der „TIMIRJASEWKA“ an dem Problem der Nutzung radioaktiver Isotope in der Chromatographie bei Anwendung auf Pflanzen. GAPON war ein origineller Mensch mit weitem Gesichtsfeld, dessen wissenschaftliche Leistungen mit einer tiefen Kenntnis der indischen Philosophie verbunden waren. Seine durch ein schweres Leben untergrabene Gesundheit setzte seiner Tätigkeit früh ein Ende.

JAKOW ILJITSCH FRENKEL, einen Theoretiker mit den verschiedensten Interessen, die von der Theorie der Flüssigkeiten bis hin zur Kerntheorie reichten, lernte ich bereits als Student auf Konferenzen kennen. Ich erinnere mich mit Dankbarkeit an seine Hilfe bei der Aufnahme einer Aspirantur und seine ständige Unterstützung. Auf dem Gebiet der Kernphysik begann er 1936 zu arbeiten wobei er statistische und thermodynamische Begriffe einsetzte. Nach der Entdeckung der Kernspaltung des Urans gab er eine erste klare Interpretation dieses Prozesses. FRENKEL erfaßte die Rolle der abstoßenden COULOMB- und der anziehenden Kernkräfte, indem er den Kern als deformierbares, geladenes Tröpfchen ansah. Auf dieser Grundlage wurde die spontane Spaltung vorausgesagt, die von den Schülern I. W. KURTSCHATOW — FLEROW und PETRSHAK — entdeckt wurde. BOHR und WHEELER, die die Untersuchung der Spaltung gleichzeitig mit FRENKEL begonnen hatten, verweisen in ihrem klassisch gewordenen Artikel auf ein Manuskript von FRENKEL, das dieser ihnen zugesandt hatte.

In der zweiten Hälfte der dreißiger Jahre wandte sich BOHR dem Kern zu, nachdem er erfolglos versucht hatte, das Problem der Existenz von Elektronen im Kern im Sinne seines Atommodells aus dem Jahr 1913 zu lösen, das heißt durch eine neue Theorie, die durch Nichterhaltung der Energie charakterisiert ist. Im Zusammenhang damit sei es erlaubt, eine Reihe von Ideen BOHRS zu erwähnen, die die Physik vom richtigen Weg weggeführt hätten. Außer der Idee der möglichen Nichterhaltung der Energie in Atomen und Kernen müssen hier die Einwände gegen die DIRACsche Löchertheorie, die skeptische Haltung zum Neutrino und der Unglaube an die Mesonentheorie genannt werden. Meiner Meinung nach lagen die Ursachen für die aufgezählten Mißerfolge BOHRS hauptsächlich darin, daß er die Möglichkeiten der im Entstehen begriffenen Quantenelektrodynamik und der Elementarteilchentheorie, der Vorhersagen von Teilchenerzeugung und -vernichtung und der sich eröffnenden Möglichkeit, die Kernkräfte durch ein mit Masse behaftetes Teilchen zu realisieren, ignorierte. Schließlich muß man auch zu einer Reihe philosophischer Aussagen BOHRS skeptisch Stellung nehmen, in denen er eine mehr unbewußte Evolution von HUME zu KANT durchmachte. Nicht ganz klare Formulierungen seiner philosophischen Ansichten erschweren ihre Klassifizierung. Auf alle Fälle darf man sich nicht mit der Meinung einverstanden erklären, BOHR hätte bei der Interpretation der Quantenmechanik vollständig auf materialistischen Positionen gestanden. Im Gegenteil, obwohl BOHR in vieler Hinsicht der Dialektik nahestand, zeigte er in den letzten Jahren ausgeprägte kantianische Züge in seinen Äußerungen über die Notwendigkeit einer „allgemeinen Sprache". So zum Beispiel in einem Artikel aus Anlaß des hundertjährigen Geburtstags MAX PLANCKS (Berlin, DDR, 1958).

BOHR besuchte mehrmals unser Land, hielt Vorlesungen und nahm an Seminaren und Konferenzen teil. Während seines ersten Aufenthalts in der Sowjetunion im

Jahre 1934 hinterließ der bildhafte, instinktiv und durch Wiederholungen das Wesen des Problems dramatisch herausstellende Stil seines Vortrages im Seminar des Leningrader Physikalisch-Technischen Institutes einen tiefen Eindruck. Kurz vor seinem Tode, 1961, besuchte Bohr die Moskauer Universität, wo er im überfüllten Physikhörsaal mit Ovationen begrüßt wurde. Unserer Bitte entsprechend, hinterließ er an der Tafel des theoretischen Kabinetts mit Kreide eine Inschrift (neben Aussprüchen, die bereits 1956 Dirac und 1959 Yukawa niedergeschrieben hatten). Nach langem Überlegen schrieb Bohr: „Contraria non contradictoria sed complementa sunt" („Gegensätze sind keine Widersprüche, sondern ergänzen einander").

Es seien die Übersetzungen der anderen Inschriften angeführt. Dirac: „Ein physikalisches Gesetz muß mathematische Schönheit aufweisen". Yukawa: „Die Natur ist ihrem Wesen nach einfach". Wheeler: „Eine Theorie der Teilchen, die nur die Teilchen (ohne Gravitation) berücksichtigt, ist außerstande, die Teilchen zu erklären".

Die wachsende Bedeutung der Kernphysik regte an, im Leningrader Physikalisch-Technischen Institut eine spezielle Abteilung unter der Leitung von I. W. Kurtschatow aufzubauen. In der Anordnung des Instituts Nr. 64 vom 15. Dezmber 1932 wurden der kernphysikalischen Gruppe zehn Mitarbeiter sowie zwei Konsultanten aus dem Radium-Institut zugeordnet. In einem speziellen Punkt der Anordnung wurde ich mit der Organisation des Kernphysikseminars beauftragt.

Damit war das Leningrader Physikalisch-Technische Institut (LPTI), dem es bereits Ende der zwanziger und Anfang der dreißiger Jahre gelungen war, sich zu einem der führenden Zentren der sowjetischen Physik vorzuarbeiten, gleichzeitig die Grundzelle der Kernphysik in unserem Land. Das war natürlich kein Zufall.

Bald danach war das kernphysikalische Seminar zu einem Allunionsforum geworden, in dem alle neuen Entdeckungen und theoretischen Ideen geboren und zum ersten Mal vorgetragen wurden.

Die wichtigste Maßnahme, die der Atmosphäre des Seminars entsprang, war die Organisation der I. Sowjetischen Kernphysikkonferenz. Sie wurde vom LPTI für die Zeit vom 24.—30. September 1933 einberufen. Man kann die wissenschaftliche und organisatorische Bedeutung dieser Konferenz, die das gesamte Aktiv der sowjetischen Kernphysiker und eine Reihe der bedeutendsten ausländischen Wissenschaftler vereinte, nicht hoch genug einschätzen.

Es ist notwendig, kurz bei dieser Konferenz zu verweilen. Wie der 7. Solvay-Kongreß Ende 1933 in Brüssel bestätigte sie endgültig das Proton-Neutron-Modell des Kerns und lenkte die Gedanken auf die Schaffung einer Feldtheorie der Kernkräfte. In der Sprache der Konferenzprotokolle hatten beide Konferenzen die Darlegung verschiedener Kernmodelle „angehört", worauf man „beschloß", das Proton-Neutron-Modell als einziges Modell anzuerkennen, da es allen Experimenten gerecht wurde und sich mit den Grundprinzipien der Theorie vereinbaren ließ. Die spätere Entwicklung der Physik bestätigte diese Schlußfolgerung.

Die Kernphysikkonferenz wurde im Konferenzsaal der Akademie der Wissenschaften mit einem Vortrag von Joliot über das Neutron eröffnet. Seine großartigen Fotografien von Teilchenspuren wurden mit Applaus aufgenommen. Als Physiker mit großem Weitblick hinterließ er sofort einen starken Eindruck und erwies sich als vitaler, bezaubernder Mensch. Seine schwielenübersäten Experimentatorenhände blieben einem im Gedächtnis haften. Mit dieser Begegnung begann unsere langjährige Bekanntschaft.

Für theoretische Diskussionen herrschten auf der Konferenz günstige Bedingungen. Neben den wichtigsten ausländischen Referenten Dirac und F. Perrin nahmen an ihr G. Beck und V. Weisskopf sowie viele sowjetische Theoretiker teil. W. A. Fock polemisierte mit Dirac über

Schwierigkeiten bei der Interpretation unendlicher Dichte in der Löchertheorie. Ausführlich wurden verschiedene Kernmodelle, das Problem des Elementarteilchencharakters von Proton und Neutron, die Grundlagen des Schalenmodells, Streuung von γ-Strahlen und andere aktuelle Probleme erörtert. Experimentelle Fragen wurden in den Vorträgen von Joliot, Skobelzyn, Rasetti, Frisch, Leipunski und Sinelnikow beleuchtet. Es gelang, schnell einen Sammelband der Vorträge und Diskussionsreden dieser Konferenz herauszugeben, der für die Charakterisierung der damaligen Situation heute sehr wertvoll ist.

3. Feldtheorie der Kernkräfte

Während ich von Anfang an den Elementarteilchencharakter von Proton und Neutron anerkannte, begann ich nach der Lösung des Problems der Kernkräfte in Analogie zu den fundamentalen Coulombschen (und anderen elektromagnetischen) Kräften zwischen punktförmigen Teilchen zu suchen, die nach der Quantenelektrodynamik über den Austausch von virtuellen Photonen realisiert werden. Im Zusammenhang damit erörterten wir in Analogie zur Greenschen Funktion der Laplace-Poisson-Gleichung r^{-1} die Formel $e^{-k_0 r} r^{-1}$ (Greensche Funktion der statischen Klein-Gordon-Gleichung), da diese den kurzreichweitigen Charakter der Kernkräfte gut wiedergibt. Diese, wie sich noch herausstellte, fruchtbringende Idee, hätte auf das spätere Yukawa-Gesetz geführt. Es enthielt bei uns die Elektronenmasse oder die Masse eines Elektron-Positron-Paares, da noch keinerlei Vorgefühl eines neuen, schwereren Teilchens — des Mesons — existierte. Diese Idee wurde leider abgelehnt: Es schien, daß in die Kernkräfte irgendwie Elektronen und Positronen einbezogen werden müßten; diese Teilchen mit dem Spin 1/2 erfüllen jedoch die Klein-Gordon-Gleichung nicht. Nebenbei bemerkt, entstand der Gedanke von einem Kernpotential der Form $e^{-k_0 r} r^{-1}$ $(k_0 = mc/h)$ in Gesprächen mit dem Astronomen W. A.

AMBARZUMJAN in Analogie zur SEELIGERschen Verallgemeinerung des NEWTON-Potentials für Kräfte kurzer Reichweite.

Das Bestreben, ein Feldmodell der Kernkräfte nach Möglichkeit in vollständiger Analogie zu den COULOMB- (und anderen elektromagnetischen) Kräften aufzubauen, wurde durch die erfolgreiche Theorie des β-Zerfalls von FERMI unterstützt. Nach dieser Theorie emittiert ein Neutron beim β-Zerfall ein Teilchenpaar: ein Elektron und ein (elektronisches) Antineutrino. Ein Proton wandelt sich in ein Neutron um, indem es dieses Paar absorbiert. Beim Positronzerfall emittiert ein Proton ein Paar realer Teilchen, ein Positron und ein Neutrino, wobei es in ein Neutron übergeht.

Die Idee, eine Theorie der Kernkräfte auf der Basis des β-Zerfalls aufzubauen, festigte sich in Gesprächen mit I. E. TAMM, der auf ähnliche Gedanken gekommen war. Ich erinnere mich an die tagelangen Diskussionen mit TAMM während seines Besuches in Leningrad, als sich herausstellte, daß wir beide von verschiedenen Seiten herangingen, Kernkräfte in Analogie zu den elektromagnetischen Kräften zu konstruieren. Die Form des Kernpotentials $V \approx (g^2/\hbar c)\, r^{-5}$, folgte bereits aus allgemeinen Dimensionsbetrachtungen. Dabei ist g die FERMI-Konstante der Kopplung eines Nukleons an das Feld eines Paares. Sie spielt die Rolle einer „Ladung". Die Grundideen einer Feldtheorie der Leptonenpaarkräfte sind in zwei Artikeln dargelegt, die wir 1934 in der gleichen Nummer der Zeitschrift „Nature" mit Hinweisen auf die gemeinsame Diskussion veröffentlichten.

Die vollständige mathematische Ableitung wurde in späteren Publikationen im Jahre 1936 von I. E. TAMM und mir gemeinsam mit A. A. SOKOLOW gegeben, wiederum mit gegenseitigen Hinweisen auf die Artikel aus dem Jahr 1934.

Insgesamt ließen die Arbeiten zur Feldtheorie der Kernkräfte keinen Zweifel daran, daß Teilchen mit einer endlichen Ruhmasse in der Lage sind, ein Kraftfeld zu erzeugen, und daß Leptonenpaarkräfte die Hauptmerkmale der Kernwechselwirkung richtig widerspiegeln. Damit war ein bedeutender Fortschritt gegenüber der bisherigen phänomenologischen Behandlung erreicht. Gleichzeitig wurde klar, daß leptonische β-Kräfte infolge ihrer äußerst geringen Stärke, die mit der kleinen Fermi-Konstanten g zusammenhängt, nicht die Hauptkomponenten sein können. Das bedeutet anschaulich: Weil die Wahrscheinlichkeit für einen realen β-Zerfall klein ist, wird die Intensität der Wechselwirkung über virtuelle Leptonen ebenfalls verschwindend gering.

Die Analyse dieser Schwierigkeiten wurde in den Jahren 1934 bis 1937 in verschiedenen Richtungen weitergeführt. Erstens bestanden weiterhin bestimmte Zweifel an der Anwendbarkeit der relativistischen Quantenmechanik auf Elektronen hoher Energien in der Größenordnung der Kernenergie. Zweitens wurde unter dem Einfluß einiger ungenauer Experimente zum β-Zerfall vorgeschlagen, die Fermi-Kopplung zu verallgemeinern, indem man Ableitungen der Wellenfunktionen der emittierten Teilchen einführte (Konopinski, Uhlenbeck).

Die Reaktion auf das Feldmodell der Kernkräfte kam schnell und war günstig. Heisenberg unterstützte es im Jahr 1935 in einem programmatischen Artikel, den er für einen Sammelband zu Ehren des siebzigsten Geburtstags von Zeeman schrieb. Die Vorlesungen von Heisenberg in England, in denen er offensichtlich selber den gleichen Ideen nahekam, blieben jedoch unveröffentlicht, obwohl sie mitunter in der Literatur als private Mitteilung erwähnt werden. Den größten Eindruck machte die Einführung der Wechselwirkung unter Beteiligung von Teilchen, die eine endliche Ruhmasse aufweisen, sowie die Möglichkeit, die erforderliche kurze Reichweite der Kräfte zu erhalten.

Es sei kurz gezeigt, daß man die Abhängigkeit r^{-5} der Paarkräfte aus allgemeinen Überlegungen gewinnen kann, wenn man die Dimensionen berücksichtigt und beachtet, daß das Wechselwirkungspotential in zweiter Ordnung proportional zu g^2 sein muß (ähnlich dem COULOMB-Gesetz, bei dem im Zähler das Produkt von Ladungen e_1e_2 steht). Außerdem haben im statischen Fall die Massen der wechselwirkenden Teilchen keinen Einfluß, und der kinematische Faktor $(m/\varepsilon)^{1/2}$ ist im Grenzfall niedriger Energien ($\varepsilon \sim mc^2$) gleich 1. Hieraus erhält man bis auf einen konstanten Faktor den gesuchten Ausdruck der Wechselwirkungsenergien zwischen einem Fermionenpaar als

$$V \sim \frac{g^2}{\hbar c} r^{-5}$$

(analog dazu haben wir in der Elektrostatik das COULOMB-Gesetz e_1e_2/r, im Fall der Gravitation das NEWTON-Gesetz $k(m_1m_2/r)$ und für die Wechselwirkung über ein Photonenpaar $V \sim r^{-7}$).

Eine ausführliche Ableitung der fundamentalen Abhängigkeit r^{-5} haben wir in unserem gemeinsamen Artikel mit A. A. SOKOLOW gegeben, in dem gleichzeitig mit anderen Autoren im HAMILTON-Operator der Wechselwirkung Ableitungen der Wellenfunktionen berücksichtigt worden sind.

Kürzlich untersuchte FEINBERG (1968–1972) die Kräfte zwischen zwei Elektronen oder zwei Baryonen, die durch ein masseloses Neutrinopaar übertragen werden. Er erhielt unter Anwendung der Dispersionstheorie wiederum das Gesetz $V \sim r^{-5}$. Diese Theorie verknüpft das Wechselwirkungspotential mit den FEYNMANschen Streuamplituden und einem Propagator, der, anschaulich gesprochen, die Ausbreitung der die Wechselwirkung übertragenden virtuellen Teilchen beschreibt. Auf diese Weise wurde klar, daß das Grundgesetz $V \sim r^{-5}$ für Paarkräfte im niederenergetischen Grenzfall universellen Charakter hat, wenn die Streuamplituden in niedrigster Ordnung nicht verschwinden.

Die Arbeit zu den Paarkräften forsetzend, betrachtete TAMM alle fünf möglichen Varianten des β-Zerfalls – den skalaren, vektoriellen, tensoriellen, pseudoskalaren und pseudovektoriellen – und sagte die Existenz nichtzentraler Kräfte voraus. Von uns und auch anderen Autoren wurden nicht nur Elektron-Neutrino-Kräfte untersucht, sondern auch andere leptonische Paarkäfte (Elektron-Positron- sowie Neutrino-Neutrino-Kräfte). KEMMER gab eine feldtheoretische Erklärung der geforderten Ladungsunabhängigkeit. Natürlich ergaben sich verschiedene Typen von Austauschkräften, die bereits früher HEISENBERG und MAJORANA postuliert hatten. Es gelang, qualitativ das magnetische Moment des Neutrons und das anomale Moment des Protons zu erklären.

Ein entscheidender Schritt wurde 1934 von H. YUKAWA getan, der unter Beibehaltung der Idee des Feldmechanismus der Paarkräfte und ohne Bezugnahme auf den β-Zerfall die Existenz eines noch nicht entdeckten Teilchens postulierte, das später π-Meson oder Pion genannt wurde. Dessen Emission durch ein Nukleon und die Absorption durch ein anderes Nukleon führt zu den gesuchten Kernkräften. Die Arbeit des damals noch wenig bekannten Autors blieb praktisch unbeachtet, bis im Jahr 1937 das μ-Meson entdeckt wurde. Aber erst die im Jahr 1947 gefundenen Pionen erwiesen sich als reale YUKAWA-Teilchen, die die Hauptkomponente der Kernwechselwirkung verwirklichen.

Nach modernen Ansichten sind an den Kernkräften, insbesondere bei kleinen Abständen zwischen den Nukleonen, auch andere, schwerere Mesonen (alle Mesonen des pseudoskalaren Oktetts) beteiligt. Außerdem spielen Umstände eine Rolle, die mit der Größe und der Struktur der Nukleonen, ihrer relativistischen Betrachtung, dem Mehrmesonenaustausch sowie dem möglichen Einfluß der schwachen Wechselwirkung und der Gravitation zusammenhängen. Es kann keine Rede von irgendeiner einfachen Form der Kernkräfte ähnlich den COULOMB- oder NEWTON-Kräften sein. Sowohl die feldtheoretische Interpretation der Wechselwirkung über virtuelle Teilchen als auch die Erklärung des Hauptanteils der Kernkräfte durch π-Mesonenaustausch behalten jedoch ihre Gültigkeit.

Die phänomenologische Interpretation und das feldtheoretische dynamische Modell der Kernkräfte, die sich ziemlich unabhängig voneinander entwickelten, haben sich heute angenähert, da die Komplexität der Wechselwirkung für konkrete Rechnungen handhabbare effektive Potentiale erforderte (REID-Potential und einige andere), die jedoch die Erfolge der modernen Feldtheorie berücksichtigten.

Zusammenfassend kann man sagen, daß leptonische, unbedingt paarige Kräfte neben den fundamentalen NEWTON-, COULOMB- und YUKAWA-Kräften einen festen Platz unter den Wechselwirkungstypen einnahmen. Sie spielten eine wichtige Rolle in der Entwicklung der Elementarteilchen- und Kerntheorie und erwiesen sich in letzter Zeit sogar in der Astrophysik, speziell bei der Analyse des Kollaps, als wesentlich (WHEELER u. a.).

Der moderne Stand der Wissenschaft ist abhängig von ihrer Geschichte, die auf natürliche Weise zu Prognosen über die Zukunft führt. Deshalb erlaube ich mir am Schluß dieses Artikels einige allgemeine Bemerkungen.

Nach dem Aufbau der Quantentheorie des Atoms und des Atomkerns steht zum dritten Mal in diesem Jahrhundert vor der Physik das Problem, die Struktur der Materie zu enträtseln, diesmal auf der Stufe der Elementarteilchen. Historische Vergleiche der ersten beiden wesentlichen Etappen sind möglicherweise nicht nutzlos. Braucht man zur Erklärung der Struktur der Elementarteilchen und der „Kräfte“, die in ihnen wirken, den Aufbau einer neuen „superrelativistischen“ Quantentheorie, oder muß man sogar endgültig die Änderung der Eigenschaften von Raum und Zeit innerhalb der Teilchen anerkennen? Wird sich bewahrheiten, daß man den Begriff der Subteilchen wie Quarks und Partonen einführen muß, oder wird sich die Berücksichtigung der früher vernachlässigten quantisierten Gravitation bzw. gar kosmologischer Umstände als wesentlich erweisen? Auf all diese Fragen kann man heute nicht mit Bestimmtheit antworten. Die Antwort wird entweder mit weiteren

Experimenten an Beschleunigern oder mit Ideen zusammenhängen, die Licht in die Eigenschaften der Materie unter den Bedingungen extrem hoher Dichte, großer Krümmung der Raum-Zeit-Welt und ultrahoher Energien bringen werden. Möglicherweise verschwindet dann der Unterschied zwischen gewöhnlicher Materie, Gravitation und Raum-Zeit-Welt. Die kürzlich erfolgte Belebung des Interesses am diskreten Raum (FINKELSTEIN u. a.) und die bei weitem noch nicht ausgeschöpften Möglichkeiten der nichtlinearen Spinortheorie der Materie nähren die Hoffnung, daß diese Ideen ihren Platz im zukünftigen physikalischen Weltbild finden werden, neben denen der Kernphysik und der unter dem Einfluß der Entdeckung des Neutrons entstandenen Theorie der Kernkräfte.

E. AMALDI

Die Untersuchungen zur künstlichen Radioaktivität und zu den Eigenschaften des Neutrons in den Jahren 1934 bis 1936 an der Universität Rom[1])

Im vorliegenden Artikel stütze ich mich hauptsächlich auf persönliche Erinnerungen an die Ereignisse an der Universität Rom, als ich während der dreißiger Jahre in der von ENRICO FERMI geleiteten Gruppe arbeitete. Das hier gezeichnete Bild ist deshalb notgedrungen unvollständig. Einige Informationen über die von FERMI und seinen Mitarbeitern in dieser Zeit durchgeführten Arbeiten kann man publizierten Materialien entnehmen [1—4].[2])

---

1) Deutsche Übersetzung nach der russischen Ausgabe des vorliegenden Bandes.

2) In der Einleitung des Artikels „Erzeugung und Abbremsung von Neutronen“, den ich vor etwa 15 Jahren schrieb (Handbuch der Physik, Bd. 38/2, S. 1—659, Hrsg. S. FLÜGGE, Springer Verlag, Berlin 1959), habe ich versucht, einen ziemlich genauen Bericht über die kurz aufeinanderfolgenden Entdeckungen zu geben, die uns das Gebiet der künstlichen Radioaktivität und der Neutronenphysik erschlossen.

1.

IRENE CURIE und FREDERIC JOLIOT veröffentlichten die Entdeckung der künstlichen Radioaktivität in Form einer an die „Comptes rendus“ der Pariser Akademie der Wissenschaften und die Londoner Zeitschrift „Nature“ im Januar 1934 [5] eingereichten Notiz. Bei Beschuß von Bor und Aluminium mit α-Teilchen von Polonium hatten sie Positronenemission nachgewiesen, die nicht sofort bei der Annäherung der α-Quelle an die untersuchten Proben dieser Elemente einsetzte, sondern sich allmählich mit der Bestrahlung vergrößerte und dann einen gewissen Grenzwert erreichte. Nach dem Entfernen der α-Teilchen-Quelle brach die Positronenemission nicht ab, sondern begann lediglich mit der Zeit exponentiell abzufallen, wie das auch mit der Aktivität eines radioaktiven Stoffes geschieht. Die Halbwertszeit betrug für Bor 14 min, für Aluminium 3 min 15 s, für Magnesium, das bei diesen Experimenten auch untersucht wurde, 2,5 min. Etwas später bestimmten I. CURIE und F. JOLIOT durch chemische Trennung die Natur der aktiven Produkte [6].[1])

Diese Entdeckung regte FERMI und überhaupt die ganze Gruppe an der Universität Rom zu einer neuen experimentellen Arbeit an, die wichtige Folgen haben sollte. In den vorangegangenen Jahren hatten wir schon darüber gesprochen, daß es wünschenswert sei, unsere Untersuchungen vom Gebiet der Atomphysik, auf dem jeder von uns bereits einige Zeit gearbeitet hatte, auf das Gebiet der Kernphysik zu verlegen. Diese Absichten begannen gegen Ende des Jahres 1931 praktische Formen

[1]) Ausführlichere Informationen darüber, wie diese Entdeckung gemacht wurde, enthält die kurze Eröffnungsrede von F. PERRIN auf der Festveranstaltung zum 30. Jahrestag der Entdeckung der künstlichen Radioaktivität am 3. Juli 1964 im Auditorium Maximum der Sorbonne. Seine Rede wurde in den Materialien der Internationalen Konferenz über Kernphysik publiziert (siehe Comtes rendus du Congrès internatinal de physique nucléaire. Paris 1964, Bd. I, S. 21).

anzunehmen. Nach meiner Rückkehr aus Leipzig, wo ich etwa zehn Monate unter der Leitung von DEBYE am Problem der Diffraktion von RÖNTGEN-Strahlen in Flüssigkeiten gearbeitet hatte, erhielt ich im Oktober 1931 glücklicherweise den Auftrag, die klassische Monographie von RUTHERFORD, CHADWICK und ELLIS [7], die ich seit einigen Monaten studierte, in einigen Seminaren systematisch darzulegen. Zu diesen Seminaren erschienen FERMI, RASETTI, SEGRÈ, MAJORANA und einige andere. Die Mitglieder dieser Gruppe unterbrachen häufig meinen Vortrag mit den verschiedensten Bemerkungen, die lange Diskussionen hervorriefen. So war es FERMI möglich, aus der Improvisation eine Theorie der Erscheinungen, von denen die Rede war, zu entwickeln. Die Bemerkungen von MAJORANA waren ebenfalls fast immer außerordentlich scharfsinnig. Viele der Ideen und Betrachtungsweisen, die bei diesen Diskussionen geboren wurden, fanden einige Jahre später Eingang in das Buch von RASETTI „Grundlagen der Kernphysik", das nicht nur in Italien, sondern auch in den Vereinigten Staaten von Amerika [8] veröffentlicht wurde und Ende der dreißiger Jahre eines der populärsten Werke der Kernphysik darstellte.

Das Seminar zerfiel ein bis zwei Monate später. Im November reiste SEGRÉ nach Hamburg in das von O. STERN geleitete Institut, um die Methodik von Experimenten mit Molekularstrahlen zu studieren. RASETTI fuhr nach Berlin-Dahlem an das von OTTO HAHN geleitete Physikalische Institut, um Untersuchungen zu der bei Beschuß von Beryllium mit α-Teilchen entstehenden durchdringenden Strahlung durchzuführen. Gleichzeitig ging ich damals in Rom mit ENRICO FERMI daran, eine WILSON-Kammer zu bauen, die in Art und Größe der von BLACKETT verwendeten Kammer entsprach. Wir wollten über eine vollkommenere Technik verfügen, als sie bisher bei der Untersuchung der Radioaktivität und Transmutation der Elemente angewandt wurde. Nachdem RASETTI im Herbst 1932 aus Berlin zurückgekehrt war, erarbeitete er zusammen mit FERMI ein Forschungsprogramm auf dem Gebiet der Kernphysik. Es wurde eine ziemlich große WILSON-Kammer konstruiert und montiert, die der in Berlin-Dahlem verwendeten im wesentlichen ähnlich war. Diese Kammer funktionierte von der ersten Minute an ausgezeichnet. FERMI und RASETTI bauten ein γ-Kristallspektrometer. RASETTI entwickelte auch eine Methode zur Züchtung großer Wismut-Einkristalle [9]. Mit Hilfe verschiedener Zähler schied er aus einer Radiumlösung eine leistungsfähige Radium-D-Quelle ab. Danach gewann er Polonium. Durch Beimischung von Berylliumpulver erhielt er daraus eine Neutronenquelle, die leistungsfähiger war als übliche Quellen.

Diese Arbeiten waren nur durch die finanzielle Unterstützung des Nationalen Forschungsrates möglich, der das Forschungsbudget der Fakultät auf 2000 bis 3000 Dollar pro Jahr erhöhte. Dieser Betrag überstieg das mittlere Budget der physikalischen Fakultäten an den italienischen Universitäten in jenen Jahren um etwa das Zehnfache.

Im Sommer und Herbst 1933 nahmen SEGRÈ und ich an diesen Arbeiten teil. Wir waren mit dem Abschluß der spektrographischen Untersuchung einer neuen Erscheinung beschäftigt, die man in der letzten Zeit beobachtet hatte und die FERMI erst im November desselben Jahres richtig deutete. Später komme ich auf diese Arbeit noch zurück, da ihre Theorie wichtig wurde, um das Verhalten langsamer Neutronen zu erklären.

Die allmähliche Umorientierung von der Atomphysik zur Kernphysik vollzog sich auch in den theoretischen Arbeiten von FERMI und der anderen Mitglieder der Gruppe. Im Jahr 1930 begann FERMI mit Arbeiten zu der durch den Kernspin verursachte Hyperfeinstruktur der Spektrallinien [10]. Nach kurzem Zögern schloß SEGRÉ sich ihm an. Durch diese Arbeit und die aktive Teilnahme an den Diskussionen, die sich auf verschiedenen Konferenzen und Seminaren in Italien und im Ausland ergaben, wurde FERMI als ein Wissenschaftler, der sich in den Eigenschaften des Kerns auskennt, sehr bekannt. Man ersuchte ihn, auf der Kernphysik-Konferenz 1932 in Paris, die Teil einer großen internationalen Konferenz zur Elektrizität war, einen Vortrag über den neuesten Stand der Kernphysik zu halten. In seinem Vortrag benutzte er die PAULIsche Hypothese über die Existenz des Neutrinos, um die scheinbare Nichterhaltung von Energie und Impuls beim β-Zerfall zu erklären.

Gegen Ende des Jahres 1933 schrieb FERMI seinen Artikel über den β-Zerfall, in dem er einen neuen Typ von Kräften einführte: „die von einem eigenen HAMILTON-Operator beschriebene schwache Wechselwirkung“ [11]. Ich habe nicht die Absicht, diesen grundlegenden Artikel weiter zu erörtern, da mich das zu weit von meinem Hauptthema wegführen würde. Das von mir Gesagte reicht aus, um eine Vorstellung davon zu vermitteln, welche experimentellen und theoretischen Erfahrungen sich an der Universität Rom zu diesem Zeitpunkt angesammelt hatten, als das Ehepaar JOLIOT-CURIE die Entdeckung der durch α-Teilchen-Beschuß induzierten künstlichen Radioaktivität veröffentlichten.

2.

Die Ereignisse, die zur Entdeckung des Neutrons führten, nahmen ihren Ausganspunkt bekanntlich in Charlottenburg, wo W. BOTHE und H. BECKER im Jahr 1930 bei Beschuß von Beryllium mit α-Teilchen eine Strahlung mit außerordentlich hohem Durchdringungsvermögen entdeckten. Diese Strahlen wurden auch von RASETTI untersucht, der 1932 im Laboratorium von LISE MEITNER in Berlin arbeitete [13].

Ich kann mich noch ausgezeichnet daran erinnern, wie wir gegen Ende Januar 1932 in Rom die Ausgaben der „Comptes rendus“ mit den Notizen des Ehepaars JOLIOT-CURIE über die Eigenschaften dieser durchdringenden Strahlung erhielten.

In der ersten Notiz wurde gezeigt, daß die bei Beschuß von Beryllium mit α-Strahlen induzierte durchdringende Strahlung den Protonen, die in dünnen Folien aus verschiedenen wasserstoffhaltigen Stoffen (wie Wasser oder Zellophan) enthalten sind, eine kinetische Energie von etwa 5 Millionen eV verleihen kann. Um diese Faktoren zu erklären, stellten Joliot-Curie die Hypothese auf, daß diese Erscheinung dem Compton-Effekt, das heißt der elastischen Streuung des einfallenden Photons an einem Proton, entsprach [14]. Mit den Erhaltungssätzen für Energie und Impuls berechneten sie, daß die einfallenden Photonen eine Energie von etwa 50 Millionen eV haben müßten, um so hohe Energien auf die Protonen übertragen zu können. Danach zeigten sie, daß sich bei Anwendung der Klein-Nishina-Formel auf die Protonen ein Wirkungsquerschnitt ergibt, der um mehrere Größenordnungen kleiner als der gemessene Querschnitt ist. Die Wissenschaftler vermuteten, daß der beobachtete Effekt durch eine neue Form der Wechselwirkung zwischen γ-Strahlen und Protonen bedingt war, die sich von der Wechselwirkung unterscheidet, die den Compton-Effekt hervorruft [15].

Ich erinnere mich gern daran, daß Ettore Majorana, nachdem er diese Notizen gelesen hatte, den Kopf schüttelte und sagte: „Sie verstehen nicht, worum es hier geht. Wahrscheinlich beobachten sie die von schweren neutralen Teilchen verursachten Rückstoßprotonen“. Einige Tage später erhielten wir in Rom eine Ausgabe der „Nature“, in der ein Brief Chadwicks vom 17. Februar 1932 abgedruckt war. Der Brief trug die Überschrift: „Mögliche Existenz eines Neutrons“. In ihm bewies Chadwick die Existenz des Neutrons durch eine Reihe klassischer Experimente, bei denen nicht nur die Rückstoßprotonen, sondern auch die Rückstoßkerne einiger leichter Elemente (z. B. Stickstoff) betrachtet wurden.

Wie konnte Majorana diese Entdeckung, die nach den Ergebnissen von Joliot-Curie zwar naheliegend, nicht aber bewiesen war, vorausahnen? Um das zu verstehen, erinnern wir uns, daß er durch den einige Jahre vorher von GIOVANNI GENTILE jun. veröffentlichten Artikel mit dem von RUTHERFORD vorgeschlagenen Atomkernmodell vertraut war. Lord RUTHERFORD [17] entwickelte sein Modell im Jahr 1927, als er versuchte, den Radius des Urankerns zu berechnen. Er ging dabei von den Abweichungen von bisherigen, allein auf dem COULOMB-Gesetz beruhenden Rechnungen ($3{,}2 \cdot 10^{-12}$ cm) aus, die in der elastischen Streuung von α-Teilchen beobachtet wurden. Diese Abweichungen ergeben sich, wenn man den Radius aus der Energie der von radioaktiven Kernen ausgesandten α-Teilchen bestimmt ($\approx 6 \cdot 10^{-12}$ cm). Nach diesem Modell besteht der Kern aus einem Zentralbereich mit der positiven Ladung Ze, um den sich neutrale Teilchen bewegen. Diese Teilchen werden von anziehenden, durch elektrische Polarisation hervorgerufenen Kräften, über die das elektrische Zentralfeld auf sie wirkt, auf Kreisbahnen gehalten.

RUTHERFORD nahm faktisch schon 1920 an, daß, falls der Kern aus Protonen und Elektronen besteht, sich im Kerninnern wahrscheinlich auch neutrale Teilchen befinden, die aus stark gebundenen Protonen und Elektronen bestehen. Diese Idee war in Cambridge derartig populär, daß einige der Schüler und Kollegen von RUTHERFORD, besonders auch CHADWICK, zwischen 1920 und 1932 mehrmals versuchten, die Existenz neutraler Kernteilchen mit einer Masse von der Größerordnung der Protonenmasse experimentell nachzuweisen. Über diese Versuche berichtet J. CHADWICK in einem Beitrag zum X. Internationalen Kongreß über Wissenschaftsgeschichte [18].

Im Jahr 1928 bewies GENTILE [19] die Widersprüchlichkeit des ein Jahr zuvor von RUTHERFORD entwickelten Modells. Der Gedanke von der möglichen Existenz eines neutralen Teilchens subatomarer Größe in der Natur bewegte jedoch auch in Rom weiterhin die Gemüter.

Bald nach CHADWICKS Entdeckung erkannten viele Wissenschaftler, daß das Neutron ein Bestandteil des

Kerns sein muß. Sie begannen verschiedene Modelle vorzuschlagen, bei denen α-Teilchen, Protonen, Elektronen und Neutronen [20] auftraten.

Wahrscheinlich war D. D. IWANENKO der erste, der in der Literatur die Hypothese vertrat, daß der Kern nur aus Protonen und Neutronen besteht. Weder ich noch die anderen Freunde MAJORANAS, die ich befragte, erinnern sich daran, ob er selbständig zu diesem Schluß gekommen war. Unbestreitbar ist nur, daß MAJORANA bereits im Frühjahr desselben Jahres versuchte, eine Theorie leichter Kerne zu schaffen. Dabei nahm er an, daß diese ausschließlich aus Protonen und Neutronen bestehen, die über Austauschkräfte miteinander wechselwirken. Außerdem kam er zu dem Schluß, daß diese Austauschkräfte nur auf die Ortskoordinaten (nicht auf den Spin) wirken, wenn man fordert, daß nicht beim Deuteron, sondern erst beim α-Teilchen eine Sättigung der Bindungsenergie erreicht wird. Er war jedoch mit den Ergebnissen seiner Arbeit unzufrieden und lehnte es ab, sie zu veröffentlichen, ohne auf das beharrliche Zureden von FERMI und aller seiner Mitarbeiter zu achten.[1]) Seinen Artikel über die Kernkräfte, die später MAJORANA-Kräfte genannt wurden, publizierte er erst Ende 1933 während seines Aufenthaltes in Leipzig [22]. Er hatte sich unter dem Eindruck der unumstrittenen Autorität HEISENBERG, der seine berühmten Artikel über die Kernkräfte [23] bereits 1932 veröffentlicht hatte, ohne die Arbeit MAJORANAS zu kennen, zur Publikation entschlossen.

---

[1]) Einige zusätzliche Aussagen über die Weigerung MAJORANAS, diese Resultate zu veröffentlichen, findet man bei SEGRÈ [2] und AMALDI (siehe E. AMALDI, „La Vita e l'Opera di Ettore Majorana", Accademie Nazionale dei Lincei, 1966). Es existiert auch eine Übersetzung ins Englische: „Ettore Majorana, man and scientist", – in: „Strong and Weak Interactions – Present Problems", ed. by N. ZANICHELLI. New York, Academic Press Inc., 1966.

3.

Im März 1934 — bald nachdem man sich in Rom mit den Arbeiten von JOLIOT-CURIE über die künstliche Radioaktivität [5, 6] vertraut gemacht hatte — schlug FERMI RASETTI vor, ähnliche Erscheinungen mit ihm gemeinsam zu untersuchen und dabei als Geschoßteilchen die von der RASETTIschen Polonium-Beryllium-Quelle gelieferten Neutronen zu verwenden. Gegen Ende des Monats hatten wir bereits mehrere Elemente bestrahlt. Als wir mit Hilfe eines dünnwandigen GEIGER-MÜLLER-Zählers ihre Radioaktivität untersuchten, erhielten wir ein absolut negatives Ergebnis. Wahrscheinlich war die Intensität der Strahlung zu gering.

Anfang April fuhr RASETTI nach Marokko in den Urlaub, während FERMI diese Experimente fortsetzte. Plötzlich hatte FERMI die Idee, daß zur Erzeugung der künstlichen Radioaktivität nicht unbedingt eine Polonium-Beryllium-Neutronenquelle notwendig war. Genausogut konnte man eine wesentlich stärkere Radon-Beryllium-Quelle verwenden, da deren β- und γ-Strahlung (die bei der Polonium-Beryllium-Quelle fehlt) die Beobachtung des Verzögerungseffektes nicht störte. FERMI kannte die Radonquelle, da sie früher von Professor TRABACCHI (vom physikalischen Labor des Instituts für Gesundheitswesen) für ein γ-Spektrometer benutzt wurde.

Um solche Quellen herzustellen, brauchte man nur ein Glasröhrchen mit pulverförmigem Beryllium und Radon zu füllen (Abb. 1). Nachdem er sich diese intensivere Neutronenquelle (etwa 30 Millicurie) beschafft hatte, begann FERMI mit dem systematischen Beschuß verschiedener Elemente, angefangen von Wasserstoff und weiter in der Folge steigender Ordnungszahl — Lithium, Beryllium, Bor, Kohlenstoff, Stickstoff und Sauerstoff. Die Experimente blieben jedoch ohne Erfolg. Bei Beschuß von Fluor und Aluminium gelang es ihm schließlich, mit dem GEIGER-MÜLLER-Zähler Ereignisse zu registrieren.

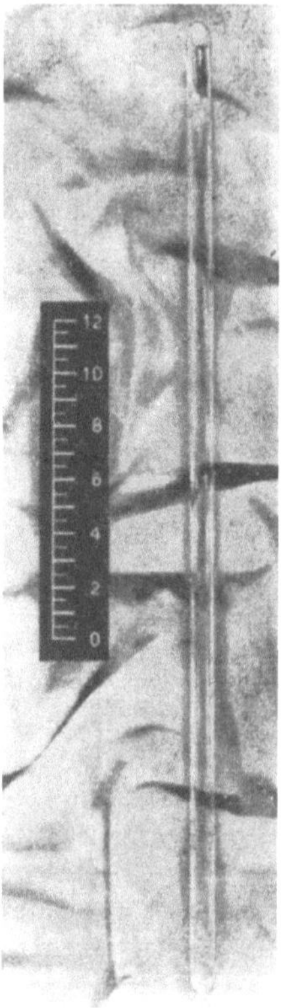

Abb. 1. Fotografie einer der in Rom in den Jahren 1934 bis 1936 verwendeten Radon-Beryllium-Quellen.
Das lange Glasröhrchen wurde benutzt, um die Hände des Experimentators nicht allzu stark der Wirkung der von den Radonzerfallsprodukten emittierten γ-Strahlung auszusetzen. Die Skala hat eine Zentimetereinteilung

Die Resultate dieser Untersuchungen und ihre Interpretation unter dem Gesichtspunkt von (n, α)-Reaktionen legte er in einem Brief an die „Ricerca scientifica“ vom 25. März 1934 dar [24]. Schon durch den Titel „Neutroneninduzierte Radioaktivität – I“ deutete er auf seine Absicht hin, sich an die systematische Untersuchung dieser Erscheinung zu machen, was wahrscheinlich die Publikation einer Serie von Artikeln nach sich gezogen hätte.

FERMI wollte möglichst schnell die Arbeiten fortsetzen und bat deshalb SEGRÈ und mich, ihm bei den Experimenten zu helfen. RASETTI wurde ein Telegramm mit der Bitte geschickt, den Urlaub abzubrechen. Die Arbeit begann sofort. FERMI hatte den Löwenanteil der Messungen und Berechnungen übernommen, SEGRÉ kümmerte sich um die Bereitstellung von Targets, Quellen und der nötigen Ausrüstung und beteiligte sich später an der Mehrzahl der chemischen Untersuchungen. Ich bemühte mich um GEIGER-MÜLLER-Zähler und um all das, was wir heute Elektronik nennen. Diese „Arbeitsteilung" war jedoch nicht allzu starr, so daß wir an allen Arbeitsetappen beteiligt waren. Wir erkannten sofort, daß wir die Hilfe eines Chemikers benötigen würden. Glücklicherweise konnten wir O. D'AGOSTINO sofort überreden, mit uns zusammenzuarbeiten. Es war ein Chemiker aus dem Laboratorium von Professor TRABACCHI. Zu jener Zeit, über die ich berichte, assistierte er in Paris im Laboratorium von Madame CURIE, wo er sich mit Radiochemie beschäftigte. Er kehrte in seinen Osterferien für einige Tage nach Rom zurück. Als wir ihm jedoch unsere Arbeit erläutert hatten, blieb er auf Bitte von FERMI bei uns und fuhr nicht mehr nach Paris.

In den darauffolgenden Monaten publizierte unsere Gruppe ein Ergebnis unserer Untersuchungen nach dem anderen. Etwa 60 Elemente wurden intensiver Neutronenbestrahlung ausgesetzt. In etwa 40 Fällen wurde wenigstens ein radioaktives Produkt entdeckt. Teilweise gelang es auch, diese Produkte genau zu identifizieren.

Diese Resultate reichten bereits vollständig aus, um an die systematische Klassifizierung von neutroneninduzierten Kernreaktionen zu gehen. Wir stellten fest, daß alle Elemente unabhängig von ihrem Atomgewicht durch Neutronen aktiviert werden können. Das dabei entstehende Nuklid erweist sich teilweise als Isotop des Targetkerns, in anderen Fällen ist seine Ordnungszahl um ein oder zwei Einheiten kleiner. Unter diesem Gesichtspunkt wurde ein merklicher Unterschied zwischen leichten und schweren Elementen festgestellt: Die Ordnungszahl der radioaktiven Produkte leichter Elemente ist gewöhnlich kleiner als die Ordnungszahl des Targetkerns, während die radioaktiven Produkte schwerer Elemente (mit Ausnahme von Uran und Thorium) stets Isotope der bestrahlten Kerne darstellen. Im allgemeinen kann man die Resultate der Untersuchung leichter Elemente mit (n, p)- oder (n, α)-Reaktionen erklären, bei denen sich die Kernladung um ein bzw. zwei Einheiten verringert. Bei diesen Prozessen muß das herausfliegende Teilchen die elektrostatische Potentialbarierre überwinden, die um so größer ist, je schwerer der Kern wird. Die Energie der von Beryllium ausgestrahlten Neutronen, die durch Beschuß mit α-Teilchen von einer mit seinen Produkten im Gleichgewicht befindlichen Polonium- oder Radonquelle entstehen, ist dergestalt, daß für schwere Elemente die Durchdringung der elektrostatischen Barriere vernachlässigbar klein ist. (Die Neutronenenergie beträgt hier, wie bei allen damals gebräuchlichen Neutronenquellen, einige MeV.)

Die gleiche Überlegung, die für ein beliebiges Geschoßteilchen gültig ist, erklärt auch, warum das Ehepaar JOLIOT-CURIE und andere Wissenschaftler nur bei leichten Elementen durch α-Teilchen hervorgerufene künstliche Radioaktivität beobachten konnten.

Demgegenüber war die Erklärung der Kernreaktionen, bei denen die Ordnungszahl sich nicht ändert, mit einigen Schwierigkeiten verbunden, die erst nach einer bestimmten Zeit überwunden werden konnten.

An dieser Stelle lohnt es sich vielleicht zu bemerken, daß wir sicherlich die erste gut organisierte und zwei Jahre erfolgreich arbeitende Gruppe von Physikern waren, außerdem wahrscheinlich als erste begannen, mit Sonderdrucken von Artikeln zu arbeiten. Um unsere Kollegen so schnell wie möglich über unsere Arbeitsergebnisse zu informieren, schrieben wir fast wöchentlich kurze Briefe an die „Ricerca scientifica“ – die Zeitschrift des Nationalen Forschungsrates. Nach Eingang dessen, was wir heute „Preprints" nennen, verschickten wir sie an fast 40 der bekanntesten und aktivsten Kernphysiker in verschiedene Länder der Welt, während die in der Zeitschrift selbst gedruckten Briefe erst zwei Wochen später erschienen. Dieses Verfahren wurde teilweise dadurch erleichtert, daß meine Frau GINESTRA damals bei der „Ricerca scientifica" arbeitete.

Gegen Sommer 1934 war diese Arbeit beendet und in einem Artikel verallgemeinert worden, den wir Anfang Juli 1934 SEGRÈ nach Cambridge zu RUTHERFORD mitgaben. Als FERMI an RUTHERFORD einen Brief schrieb, in dem er anfragte, ob wir nicht den Sommer im CAVENDISH-Laboratorium verbringen könnten, schrieb dieser einen liebenswürdigen Antwortbrief, in dem er die D + D-Reaktion mit einer Deuteronenenergie von etwa 200 KeV als mögliche Neutronenquelle diskutierte. RUTHERFORD schloß seinen Brief mit den Worten: „Wenn ihre Assistenten sagen wir Anfang Juli nach Cambridge kommen möchten, würde ich mich mit ihnen sehr gern über unsere Arbeitserfahrungen austauschen und sie mit der Arbeitsweise unserer Anlagen für radioaktive Umwandlungen bekannt machen".

Unsere Arbeiten mit Elementen steigender Ordnungszahl fortsetzend, bestrahlten wir bis zum Sommer 1934 noch Thorium und Uran. Wir registrierten eine Reihe neuer Aktivitäten, die schwer zu erklären waren. Wir nahmen an, daß bei Bestrahlung von Uran transurane Elemente entstehen müssen, die die gleichen Eigenschaften wie Rhenium, Osmium, Iridium und Platin aufweisen. Diese fehlerhafte Annahme war damals allgemein verbreitet. Da wir beweisen konnten, daß einige der entdeckten Aktivitäten nicht mit den Isotopen von Elementen mit Ordnungszahlen von 86 bis 92 zu tun hatten, zogen wir den Schluß, daß die Träger dieser Aktivitäten wahrscheinlich Elemente mit Ordnungszahlen über 92, genauer Eka-Rhenium ($Z = 93$) und Eka-Osmium ($Z = 94$), sind.

Die Möglichkeit der Spaltung, die von der deutschen Chemikerin IDA NODDACK [25] vorgeschlagen worden war, nahmen wir nicht ernst, obwohl wir den Grund dafür später nicht verstehen konnten.

Es muß gesagt werden, daß HAHN und MEITNER [26] in den Jahren 1935 und 1936 nicht nur unsere Resultate bestätigten, sondern auch unsere Untersuchungen weiterführten. Damals glaubten sie, man müsse zwei β-radioaktive Reihen bestimmen, die beim Neutroneneinfang durch zwei verschiedene Uranisotope gebildet werden und in denen jeweils neben Eka-Rhenium ($Z = 93$) und Eka-Osmium ($Z = 94$) auch Eka-Iridium ($Z = 95$) und in einem der beiden Fälle Eka-Gold erscheinen. Erst nach der Entdeckung der Kernspaltung durch HAHN und STRASSMANN 1939 stellten Wissenschaftler verschiedener Länder unabhängig voneinander fest, daß sich die Transurane nicht wie Rhenium, Osmium, Iridium und Platin verhalten können, sondern eine zweite Reihe der Seltenen Erden bilden müssen, die in der Folgezeit „Actiniden" genannt wurden. Zu einem solchen Schluß kamen beispielweise ABELSON und McMILLAN [27] 1940 über halbempirische Argumente. MARIA MAYER [28][1]) bewies 1941 die Richtigkeit dieser Schlußfolgerung, indem sie, einen Rat von FERMI befolgend, die Energie der 5f-Elektronenschale nach der Methode von FERMI und THOMAS berechnete, ähnlich wie das bereits 1928 FERMI [29] für die 4f-Elektronenschale der Seltenen Erden getan hatte.

---

[1]) Das gleiche Problem wurde vorher bereits im Rahmen der traditionellen Quantentheorie betrachtet (siehe Y. SUGUIRA, H. UREY, Kgl. danske Vid. selskab. Matt.-fys. medd. 7 (1926) 3).

4.

Als Segrè und ich Anfang Juli 1934 in Cambridge eintrafen, machte das Cavendish-Laboratorium auf uns den Eindruck eines echten Zentrums der Kernphysik. Zu dieser Zeit arbeitete Rutherford zusammen mit Oliphant an der D + D-Reaktion. Seine starke Persönlichkeit war jedoch in der Arbeit des gesamten Laboratoriums zu spüren. Chadwick arbeitete mit M. Goldhaber zusammen. Sie hatten gerade den Photozerfall des Deuterons entdeckt [30]. Hier waren auch J. D. Cockcroft, Ellis und N. Feather beschäftigt. F. U. Aston hatte sich vorgenommen, die Genauigkeit der Messung von Atommassen zu erhöhen. In seinem Labor arbeitete der junge amerikanische Wissenschaftler Bainbridge, der kurz zuvor eine wichtige Entdeckung auf diesem grundlegenden Gebiet gemacht hatte. Ging man durch Cambridge, konnte man manchmal J. J. Thomson treffen, der sich erst wenige Jahre zuvor zurückgezogen hatte.

An der künstlichen Radioaktivität arbeiteten nur Bjerge und Westcott aus Kopenhagen bzw. Kanada. Wir besuchten alle Forschungsgruppen, die zu jener Zeit im Cavendish-Laboratorium arbeiteten, sowie auch Peter Kapiza, der kurz zuvor seinen berühmten rotierenden Generator zur Erzeugung eines außerordentlich starken Magnetfeldes konstruiert hatte.

Segrè und ich hatten das Manuskript des umfassenden Artikels über unsere Untersuchungen der neutroneninduzierten künstlichen Radioaktivität mitgebracht. Wir übergaben es Lord Rutherford persönlich. Er empfing uns mit wohlwollenden Äußerungen über unsere Arbeit und scherzte fortwährend, ohne dabei die Pfeife aus dem Mund zu nehmen. So verstanden wir auch nicht, worüber er sprach, auf alle Fälle kümmerte er sich darum, daß dieser Artikel so schnell wie möglich veröffentlicht wurde [31].

Nach dem Besuch der meisten Labors lernte ich bei

WYNN-WILLIAMS, wie man einen Linearverstärker für sehr genaue Messungen der von einem einzelnen α-Teilchen oder Proton im Gas einer kleinen Ionisationskammer abgegebenen Energie konstruiert. Die meiste Zeit verbrachten SEGRÉ und ich jedoch damit, mit BJERGE und WESTCOTT unsere gemeinsamen Probleme zu diskutieren. In unserem Artikel, der an die „Proceedings of the Royal Society" [31] eingereicht worden war, blieb die Frage ungelöst, ob die Reaktionen, die zum Entstehen eines Targetisotops führen, (n, γ)-Reaktionen (Strahlungseinfang) oder $(n, 2n)$-Reaktionen waren. Es konnte sich auch um unelastische Streuprozeße der Inzidenzneutronen mit Bildung eines Isomers des Targetkerns handeln. Der zuletzt genannte Prozeß wurde nicht in Betracht gezogen. Im Sommer 1934 und durch die Experimente und Diskussionen, auf die ich noch zu sprechen komme, wurde diese Möglichkeit jedoch endgültig ausgeschlossen. Die Einwände gegen $(n, 2n)$-Reaktionen stützten sich auf ihren eindeutig endothermen Charakter. Deshalb verblieben (n, γ)-Reaktionen als natürlichste Erklärung, obwohl diese nicht auf dem damals allgemein anerkannten „Einteilchenmodell" beruhte. Nach diesem Modell ist die Wahrscheinlichkeit für die Emission eines oder mehrerer Photonen mit einer Energie von einigen Millionen Elektronenvolt in der kurzen Zeit, die das Neutron braucht, um den Kern zu durchlaufen, so gering, daß der errechnete Querschnitt für (n, γ)-Prozesse extrem klein wird.

Das wichtigste und entscheidenste Argument, das die Möglichkeit des Strahlungeinfangs bekräftigte, war die Untersuchung der Frage, ob ein und dasselbe instabile Isotop mit der Ordnungszahl Z durch Beschuß von Elementen nicht nur der gleichen Ordnungszahl Z, sondern auch der Ordnungszahlen Z + 1 und Z + 2 entstehen kann. Wenn zum Beispiel ein und dasselbe $_{11}$Na-Isotop bei den drei Reaktionen

$$^{27}_{13}\mathrm{Al}(n, \alpha)^{24}_{11}\mathrm{Na}\,;\ {}_{12}\mathrm{Mg}(n, p)_{11}\mathrm{Na}\,;\ ^{23}_{11}\mathrm{Na}(n, \,?)^{?}_{11}\mathrm{Na}$$

gebildet wird, dann muß die letzte Reaktion notwendigerweise eine Strahlungseinfangreaktion sein.

Bjerge und Westcott [32] taten den ersten Schritt, um zu beweisen, daß diese Überlegungen richtig sind. Während unseres Aufenthaltes in Cambridge stellten sie fest, daß Natrium nach Neutronenbeschuß eine schwache Aktivität aufweist, deren Halbwertszeit (etwa 10 h) im Rahmen der Meßgenauigkeit mit den großen Halbwertszeiten übereinstimmt, die in Magnesium und Aluminium entstehen und bekanntlich [24] zu Natriumisotopen gehören. Nach unserer Rückkehr nach Rom schlossen wir mit Hilfe von D'Agostino diesen Beweis ab, indem wir zeigten, daß die Entstehung dieser langlebigen Aktivität in Natrium mit einem Isotop des gleichen Elements verbunden ist.[1])

Ich bin speziell auf dieses Problem eingegangen, weil ich der Meinung bin, daß der Beweis für die Fähigkeit des Neutrons, durch Strahlungseinfang vom Kern mit einem beträchtlichen Wirkungsquerschnitt absorbiert zu werden, einer der ersten experimentellen Hinweise darauf war, daß das „Einteilchenmodell" zur Beschreibung vieler wichtiger Eigenschaften des Kerns nicht geeignet ist.

Wir fanden für das von uns entdeckte neue Radioisotop des Aluminiums auch einen zweiten Fall „bewiesenen" Strahleneinfangs mit einer Halbwertszeit von 3 min. Als ich jedoch einige Tage, nachdem wir allen bereits von unserem Ergebnis erzählt hatten, die Messung zu wiederholen versuchte, fand ich auch nicht eine Spur dieser neuen Aktivität. Unglücklicherweise hatten wir Fermi bereits unser Resultat mitgeteilt. Er nahm gerade, von Südamerika kommend, wo er

[1]) Im vorliegenden Fall ist das ein recht überzeugender Beweis, da bereits bekannt war, daß Aluminium nur ein Isotop ($^{27}_{13}$Al) besitzt und $^{24}_{11}$Na Positronen anstatt Elektronen emittiert, wie das von Isotopen mit Neutronenüberschuß im Vergleich zu den stabilen Isotopen zu erwarten wäre. Im Zusammenhang mit (n, $2n$)-Prozessen kann man im allgemeinen jedoch Positronenemission erwarten.

den Sommer verbracht hatte, an der Internationalen Physik-Konferenz in London teil. Auf einer Arbeitssitzung erwähnte er unser Ergebnis. Eilig wurde FERMI informiert, daß wir unser Resultat nicht reproduzieren konnten. Diese Nachricht ärgerte ihn sehr, weil er dadurch, daß er auf der Konferenz ein falsches Ergebnis bekanntgegeben hatte, in eine unangenehme Situation geriet.

Wir waren enttäuscht und in gedrückter Stimmung, da wir die Ursache unseres Fehlers nicht verstehen konnten. Das war das erste Vorzeichen unerwarteter Schwierigkeiten, die erst anderthalb Monate später vollständig überwunden werden konnten.

5.

In dem in den „Proceedings of the Royal Society" veröffentlichten Artikel klassifizierten wir die Aktivität verschiedener künstlich radioaktiver Körper nur qualitativ nach „stark" und „schwach". Eine solche Klassifizierung war unbefriedigend. Deshalb beschlossen wir zu Beginn des Studienjahres 1934/1935, eine quantitative Skala der Radioaktivität, zumindest in willkürlichen Einheiten, zu schaffen. Mit dieser Arbeit wurden ich und B. PONTECORVO — einer unserer Studenten, der 1934 sein Diplom erhielt und sich nach den Sommerferien unserer Gruppe anschloß — betraut. Wir machten uns an die Untersuchung solcher Strahlungsbedingungen, die für gut reproduzierbare Resultate geeignet schienen. Für diese Arbeit benutzten wir radioaktives Silber, dessen Halbwertszeit 2,3 min beträgt.

Wir stießen jedoch sofort auf einige Schwierigkeiten, weil klar wurde, daß die Intensität der Aktivierung von den Bestrahlungsbedingungen abhängt. Insbesondere wiesen Tische aus Holz, die neben dem Spektroskop im dunklen Zimmer standen, eine verwunderliche Eigenschaft auf. Das auf diesen Tischen bestrahlte Silber erreichte eine höhere Aktivität, als die auf einem Marmortische im gleichen Zimmer bestrahlten Proben.

Um diese Umstände zu erklären, begann ich mit systematischen Untersuchungen. Laut Notizbuch BI,

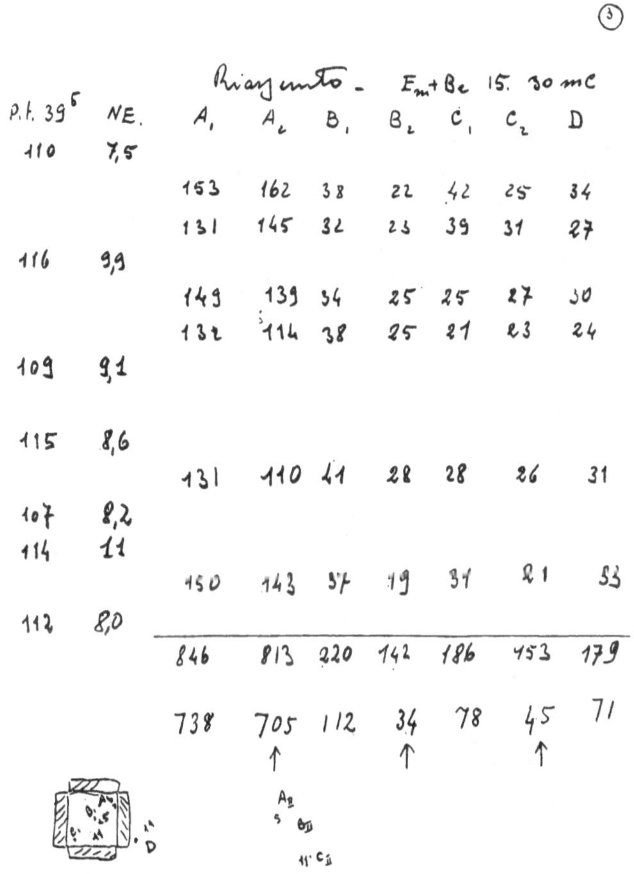

(3)

Riassunto – Em+Be 15. 30 mc

p.t. 39^5	NE.	A_1	A_2	B_1	B_2	C_1	C_2	D
110	7,5							
		153	162	38	22	42	25	34
		131	145	32	23	39	31	27
116	9,9							
		149	139	34	25	25	27	30
		132	114	38	25	21	23	24
109	9,1							
115	8,6							
		131	110	41	28	28	26	31
107	8,2							
114	11							
		150	143	37	19	31	21	53
112	8,0							
		846	813	220	142	186	153	179
		738	705	112	34	78	45	71
			↑		↑		↑	

Abb. 2. Seite 3 des Notizbuches BI. Übersicht über Messungen unter verschiedenen Bedingungen (links unten eine schematische Skizze)

in das ich in dieser Zeit Meßergebnisse eintrug,[1]) begannen diese Messungen am 18. Oktober 1934. In Abbildung 2 ist die dritte Seite abgebildet. Sie enthält die Messungen, die innerhalb und außerhalb einer Bleikammer (castelletto) mit 5 cm dicken Wänden durchgeführt wurden.

Die Radon-Beryllium-Neutronenquelle befand sich stets im Punkt A_1 (oder A_2). Die Bestrahlung des Silberzylinders wurde an vier Punkten der Bleikammer vorgenommen: A_1, B_1, C_1 und D. Die Abstände von D zu A_1 sowie von B_1 zu A_1 betrugen 11 cm. Außerhalb der Bleikammer wurden an drei Punkten Messungen durchgeführt: A_2, B_2, C_2, die gleiche Abstände hatten wie A_1, B_1, und C_1. Die Meßergebnisse sind auf der Seite unten notiert. Sie zeigen deutlich, daß die Aktivierung mit wachsender Entfernung von der Quelle schwächer wird, innerhalb der Kammer jedoch weit langsamer als

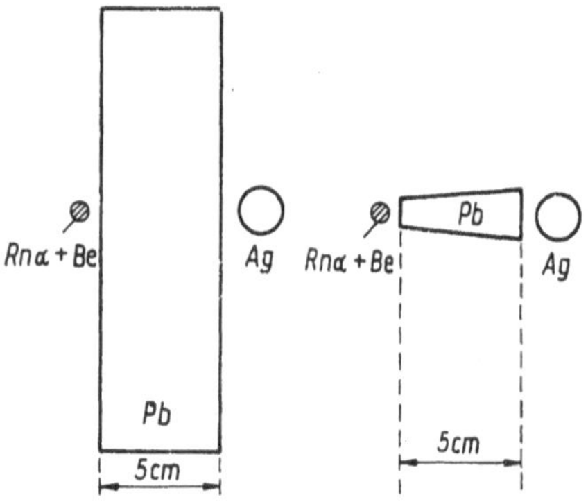

Abb. 3. Von FERMI und seinen Mitarbeitern benutzte Anordnung zur Untersuchung der Abschirmwirkung von Blei unter „saubereren" Bedingungen als in Abbildung 2

[1]) Dieses, wie auch die Mehrzahl der anderen Notizbücher aus jener Zeit wurden von L. DZANKI und mir gesammelt und später dem GALILEI-Haus in Pisa übergeben (siehe: E. AMALDI, The Fermi Manuscripts at the Domus Galilaeana. – Physics, 1959, I (2), 69; T. DERENZINI. Analisi dei manoscritti di Enrico Fermi alla Domus Galilaeana. – Physics, 1964, VI (1), 75).

außen. Insbesondere ist die Aktivierung im Punkt B_1 etwa 4mal so groß wie im Punkt B_2, sie ist in den Punkten D und C_1 fast gleich und mit geringer Abweichung doppelt so groß wie die Aktivierung im Punkt C_2. Die Übereinstimmung der Aktivitäten in den Punkten C_1 und D deutet darauf hin, daß in D die Absorption durch das Blei mittels der „Streuung" der Neutronen etwa kompensiert wird, die sich von der Quelle aus nicht in Richtung Detektor bewegen. Daraufhin wurde beschlossen, diese Schlußfolgerung unter besseren geometrischen Bedingungen zu überprüfen, das heißt, die Aktivierung des gleichen Silberzylinders in den beiden in Abbildung 3 gezeigten Positionen zu vergleichen. Der für das Experiment benötigte Bleikeil, der in der Abbildung rechts zu sehen ist, war am Morgen des 20. Oktober fertig. Er konnte jedoch erst einige Tage später benutzt werden.

Am Morgen des 22. Oktober waren die meisten von uns mit Prüfungen beschäftigt. Fermi jedoch entschloß sich, weitere Messungen durchzuführen. In diesem Moment befanden sich Bruno Rossi von der Universität Padua und Enrico Persico von der Turiner Universität im alten Gebäude des Physikalischen Instituts in Rom. Ich glaube, Persico war der einzige Zeuge dessen, was nun geschah. In dem Moment, als Fermi das Experiment mit einem Zinkkeil durchführte, kam ihm unerwartet der Gedanke, für den gleichen Zweck auch einen Keil aus einem leichten Element zu verwenden. Zuerst benutzte er Paraffin. Die Resultate dieser Messungen sind auf der achten und neunten Seite desselben Notizbuchs BI (Abb. 4) verzeichnet. Anfangs notierte Fermi, zum Schluß Persico. Gegen Mittag wurden wir alle zusammengerufen, um den durch Paraffin hervorgerufenen ungewöhnlichen Effekt, ein deutliches Anwachsen der Aktivierungsintensität, zu beobachten. Gegen 1 Uhr mittags unterbrachen wir wie üblich die Arbeit. Als wir gegen 3 Uhr zurückkamen, hatte Fermi bereits die Erklärung dieses seltsamen Verhaltens der gefilterten Neutronen gefunden. Diese Neutronen werden

(8) 20 ottobre 34

Assorbimento neutroni Em + Be che attivano l'Ag in 4 cm di Paraffina.

N. E. $\frac{2050-1980}{9} = \frac{70}{9} = 8$

Pit 19 $\frac{2357-2070}{3} = \frac{287}{3} = 96$

Con 4 cm paraffina			senza		
0'	2483	81	0'	2610	49.
1'	2564		1'	2659	
	2711	99	0'	2874	54
	2810		1'	2928	
0'	2961	90	0'	3074	58
1'	3051		1'	3132	
0'	3156	74	0'	3249	50
1'	3230		1'	3299	

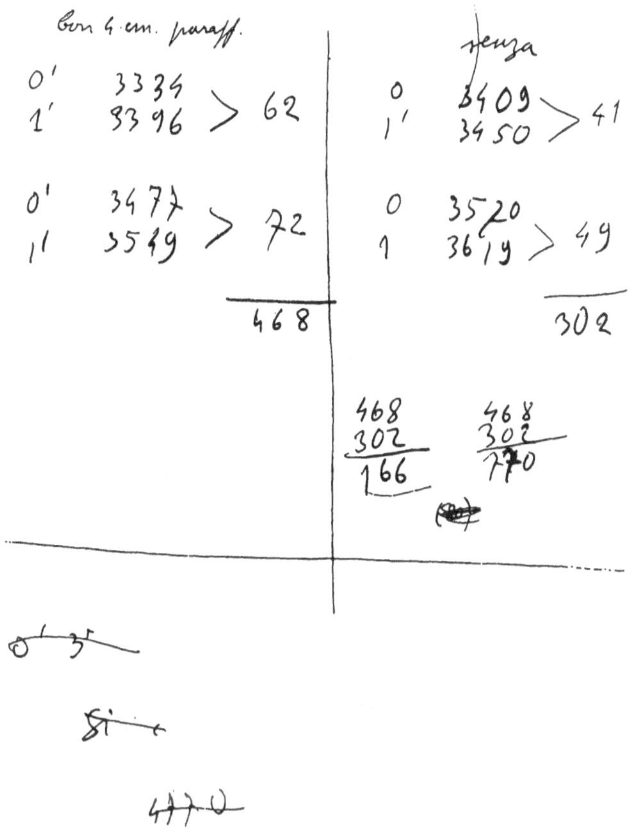

Abb. 4. Seiten 8 und 9 des Notizbuches BI. Sie zeigen die Niederschrift erster Beobachtungen des Einflusses wasserstoffhaltiger Stoffe auf neutroneninduzierte Radioaktivität

durch viele elastische Stöße mit den im Paraffin befindlichen Protonen abgebremst, und damit steigt die Stärke ihrer Wechselwirkung. Die letzte Feststellung, das heißt die Vergrößerung des Wirkungsquerschnittes bei

Verringerung der Neutronengeschwindigkeit, widersprach damals trotzdem unseren Erwartungen. Am selben Tag nach dem Mittagessen wurde das Experiment im Bassin des Institutsgartens wiederholt. Wir hatten wiederum Glück. Wir konnten die Ursache für die Abweichungen zwischen den beiden Meßserien der Aluminiumaktivierung, von denen ich weiter oben sprach, feststellen.

FERMI stellte die Hypothese auf, daß die Neutronen thermische Energien erreichen können. Gleich danach wurde ein Experiment ausgearbeitet, um diese Annahme zu prüfen. Am Abend desselben Tages versammelte sich die ganze Gruppe bei mir zu Hause. Wir schrieben über die erhaltenen Resultate eine Mitteilung an die „Ricerca scientifica“ [33]. Es versteht sich von selbst, daß mit der Entdeckung des Wasserstoffeffektes eine Reihe neuer Probleme auftraten, so daß wir gezwungen waren, das ursprüngliche Arbeitsprogramm zu ändern. Als erstes war der „Wasserstoffkoeffizient“ zu bestimmen, das heißt der Grad der Zunahme der Aktivierung beim Eintauchen in Wasser, wenn sich die Neutronenquelle innerhalb eines dünnen Zylinders aus dem untersuchten Stoff befindet. Diese Messungen bestätigten, daß nur (n, γ)-Reaktionen gegenüber wasserstoffhaltigen Stoffen empfindlich sind. Gegen Anfang November hatten wir uns davon überzeugt, daß die Abbremsung der Neutronen eine richtige Erklärung der untersuchten Erscheinung darstellt.

Danach lenkten wir unsere Aufmerksamkeit von den aktiven Nukliden auf das Verhalten langsamer Neutronen.

Unter anderem führten wir ein Experiment durch, um festzustellen, ob die Neutronen wirklich thermischen Einflüssen unterliegen. Dazu verglichen wir die Aktivierung von mit Kohlenwasserstoff umgebenem Rhodium bei zwei verschiedenen Temperaturen: bei Zimmertemperatur und bei 200 °C. Wir beobachteten jedoch keinen Effekt. Einige Zeit später bemerkten die in

London arbeitenden MOON und TILLMANN, daß man einen solchen Effekt nur an der Grenze zwischen zwei Medien mit verschiedener Temperatur beobachten kann. Ihnen gelang es auch, ein positives Ergebnis zu erzielen [34].[1])

In diesen Monaten erzielten wir eine Vielzahl verschiedener Ergebnisse; darunter war auch die Entdeckung, daß solche Stoffe wie Bor, Chlor, Kobalt, Yttrium, Rhodium, Silber, Kadmium, Indium u. a. sehr große Einfangquerschnitte σ_c aufweisen. Obwohl die Messungen äußerst grob waren, erlaubten sie die Feststellung, daß σ_c in einigen Fällen das 10^3- oder gar 10^4-fache des geometrischen Querschnitts beträgt.

Zur Erklärung dieser anomalen Einfangquerschnitte muß man offensichtlich die Quantenmechanik heranziehen. Für Teilchen mit so geringer Geschwindigkeit, daß ihre Wellenlänge wesentlich größer ist als der Targetradius, ist der Grenzwert des Wirkungsquerschnittes nicht πR^2, sondern $\pi\lambda^2$ mit einem Proportionalitätsfaktor, der nicht sehr viel kleiner als Eins sein kann.

Die gleiche Argumentation wurde benutzt, um das Gesetz der Abhängigkeit des Einfangsquerschnitts von der Neutronengeschwindigkeit aufzustellen. Die Wahrscheinlichkeit P für den Einfang eines Neutrons der Geschwindigkeit v durch den Kern wird $P = \sigma_c \cdot v$. Beschreibt man diesen Prozeß mit den einfachen Ansätzen des „Einteilchenmodells", dann kann man sich leicht davon überzeugen, daß $\lim\limits_{v \to 0} \sigma_c \cdot v = \text{const}$ ist. Dieser Ausdruck ist das sogenannte $1/v$-Gesetz, nach dem bei sehr geringen Geschwindigkeiten σ_c proportional v^{-1} ist.

Wir untersuchten auch die von verschiedenen Kernen beim Strahlungseinfang von Neutronen emittierte γ-Strahlung und versuchten, die Neutronen nicht durch

---

[1]) Hinweise auf einen geringen Effekt erhielten unabhängig davon DUNNING, PEGRAM, MITCHELL und FINK (siehe J. R. DUNNING, G. B. PEGRAM, D. P. MITCHELL, G. A. FINK, Phys. Rev. **47** (1935) 888).

Stöße mit Wasserstoff, sondern mit anderen Stoffen abzubremsen. So entdeckten wir den Effekt der unelastischen Streuung, der unsere ursprüngliche Beobachtung erklärte, wie sich die Ummantelung von Quelle und Detektor mit Blei auswirkt. Alle diese Untersuchungen waren im Dezember 1934, das heißt sechs Monate nach der Entdeckung der langsamen Neutronen, beendet.

Ich habe bisher noch nichts über Professor O. M. CORBINO, den Leiter der Physikalischen Fakultät der Universität Rom, gesagt. Er hatte mehr als irgendein anderer für die Bildung einer Gruppe junger Physiker um FERMI an seinem Institut getan. Im Jahre 1926 war es ihm gelungen, für FERMI einen Lehrstuhl für „Theoretische Physik" zu gründen. Zwei Jahre später folgte ein Lehrstuhl für „Spektroskopie" für RASETTI. SEGRÈ und ich waren RASETTIS Assistenten; er bestand jedoch darauf, daß wir mit FERMI arbeiteten. Er verteidigte uns vor den Angriffen aller Anhänger von Traditionen an der Universität, die uns in vielen Fällen nicht gerade wohlgesonnen waren. Er war höchst intelligent. Damals ein hervorragender Physiker, übertrug er später all seine Energie auf Politik und Industrie. Er wurde Mitglied des italienischen Parlaments und fungierte zuerst als Minister für Volksbildung, später als Minister für Wirtschaft und Industrie.

Bald nach der Entdeckung des mit wasserstoffhaltigen Stoffen verknüpften Effekts äußerte CORBINO den Gedanken, daß langsame Neutronen eine wichtige praktische Anwendung erfahren können und daß man diese Arbeit patentieren müsse. So verfuhren wir dann auch. Am 26. Oktober 1935 erhielten wir das italienische Patent Nr. 324458, das später anderen Ländern überlassen wurde.

Wenn ich nun zu unserer Arbeit zurückkehre, muß ich erwähnen, daß wir bald darauf die Reaktion mit Bor untersuchten. Durch Messungen mit einer kleinen Ionisationskammer, die mit einem nach den allgemeinen

Hinweisen von Wynn-Williams gebauten Linearverstärker versehen war, wurde mit Sicherheit nachgewiesen, daß es sich um eine (n, α)-Reaktion handelt.

Im Januar/Februar 1935 unternahmen wir allerdings einen Versuch in anderer Richtung, der trotz seines Mißerfolgs von gewissem Interesse ist. Um die Vielzahl der bei Thorium und Uran induzierten Aktivitäten, wie sie von verschiedenen Gruppen in Rom, Paris (I. Curie, F. Joliot und Mitarbeiter) und Berlin (Hahn und Meitner) beobachtet wurden, zu erklären, zog man Transurane und ihre möglichen Zerfallsprodukte in Betracht. Damals nahm man an, daß außer den β-Strahlern auch neue α-Strahler existieren müssen. Es wurde beschlossen, daß ich nach solchen Aktivitäten mit Hilfe der kleinen, mit Linearverstärker versehenen Ionisationskammer suchen sollte. Ich begann damit, ein Target aus Uranoxiden (bzw. Thoriumoxiden) zu bestrahlen und sofort nach der Bestrahlung an die Ionisationskammer mit einem dünnen Fenster zu bringen. Wenn es notwendig war, half mir von Zeit zu Zeit einer meiner Kollegen. Da wir keinerlei Aktivität beobachten konnten, nahmen wir an, daß offensichtlich sehr kleine Halbwertszeiten vorliegen, die möglicherweise nur Bruchteile einer Sekunde betragen. Deshalb wurde das Urantarget unmittelbar vor der Ionisationskammer angebracht und dort von einer mit Paraffinmantel versehenen Quelle bestrahlt. Zwischen der Neutronenquelle und der Kammer wurde ein Stück Blei angebracht, um den durch γ-Strahlung verursachten Untergrund herabzusetzen.

Wir waren außerdem der Ansicht, daß nach dem Gesetz von Geiger-Nuttall α-Strahler mit kleiner Halbwertszeit α-Teilchen aussenden, deren freie Weglänge wesentlich größer ist als die freie Weglänge der beim spontanen Zerfall von Uran und Thorium entstehenden α-Teilchen. Deswegen führten wir alle Experimente prinzipiell so durch, daß die Uran- oder Thoriumproben von einer Aluminiumfolie bedeckt waren, die einer 5 bis 6 cm dicken Luftschicht entsprach.

Das Experiment ergab negative Resultate. Wenn wir jedoch zufällig die Aluminiumfolie vergessen hätten, dann hätten wir schon im Januar oder Februar 1935 die durch Spaltung entstehenden Rückstoßkerne beobachten können. Einige Jahre später erfuhr ich in einem Gespräch mit OTTO HAHN (bereits nachdem er in Zusammenarbeit mit STRASSMANN 1938 die Spaltung entdeckt hatte), daß etwa zur gleichen Zeit und ebenfalls mit negativem Resultat G. VON DROSTE in Berlin ein ähnliches Experiment durchgeführt hatte. Zurückschauend, ist schwer zu sagen, wie wir reagiert hätten, wenn wir Anfang 1935 die Spaltprodukte beobachtet hätten.

Die Resultate aller Experimente, über die ich bisher berichtet habe (und noch einige darüber hinaus), sind in dem zweiten in den „Proceedings of the Royal Society" [35] veröffentlichten Artikel enthalten.

Sowohl in unserer als auch in anderen Gruppen, die ähnliche Experimente durchführten, insbesondere in der Gruppe an der Columbia-Universität (DUNNING, PEGRAM, FINK und MITCHELL [36]) entstanden ernste Schwierigkeiten. In den Fällen, bei denen der Einfangquerschnitt wie beim Cadmium zu groß war, bestand kein Zusammenhang zwischen Streuung und Einfangquerschnitt. FERMI hatte diese Erscheinung zu deuten versucht, jedoch ohne Erfolg. Sie wurde im Januar 1936 von NIELS BOHR erklärt, worauf ich noch zu sprechen kommen werde.

Um den Wirkungsquerschnitt der elastischen Streuung zu erklären, wurde im zweiten Artikel in den „Proceedings of the Royal Society" die Konzeption der Streulänge benutzt. Das war eine sehr bequeme Methode, um den Grenzfall unendlicher Wellenlänge des Neutrons zu beschreiben („unendlich" bedeutet im gegebenen Fall selbstverständlich „sehr groß im Vergleich zur Größe des Kerns").

Die Begriffe Streulänge und Pseudo-Potential führte FERMI bereits 1933 [37] bei der Erklärung eines spektroskopischen Phänomens (Verschiebung der Spektrallinien unter Druck) ein, das von Segrè und mir entdeckt worden war [38].

Im Sommer 1935 gelang es uns, neue Resultate zu erzielen und einen Vergleich der Neutronengeschwindigkeit mit der Geschwindigkeit eines sich schnell drehenden Rades [39] durchzuführen. Etwa zur gleichen Zeit führten Frisch und Sorensen in Kopenhagen ein ähnliches Experiment durch [40].

Im Sommer konstruierte und baute eine Gruppe der Columbia-Universität zusammen mit Segrè, der sich dort aufhielt, einen Geschwindigkeitsselektor für langsame Neutronen [41].

6.

Nach den Sommerferien 1935 blieben nur Fermi und ich in Rom. Die Gruppe zerfiel. Darin äußerte sich die Situation, die sich in Italien herausgebildet hatte, da sich das Land auf den Krieg mit Abessinien vorbereitete. Rasetti ging in die USA und hatte die Absicht, mindestens ein Jahr an der Columbia-Universität zu arbeiten. Segrè fuhr für den Sommer ebenfalls in die Vereinigten Staaten. Zu jener Zeit wurde er auch zum Professor an der Universität Palermo berufen, so daß er nach seiner Rückkehr nach Italien von Rom nach Sizilien zog. D'Agostino arbeitete nicht mehr bei uns, da er eine Stelle im Chemischen Institut des Nationalen Forschungsrates bekommen hatte. Pontecorvo kehrte bald nach uns nach Rom zurück und arbeitete mehrere Monate mit Wick am Problem der inversen Neutronenstreuung durch verschiedene Elemente [42]. Danach verließ auch er Rom. Das Ministerium für Volksbildung verschaffte ihm die Möglichkeit eines Arbeitsaufenthaltes im Ausland, und im Frühjahr 1936 begann er mit Joliot zusammen im Pariser Laboratorium der Curies zu arbeiten. Von da an wurden seine Besuche in Rom sehr selten und unregelmäßig.

Als FERMI und ich die Arbeiten fortsetzten, richteten wir unsere Aufmerksamkeit auf einige Resultate von BJERGE und WESTCOTT [43] sowie von MOON und TILLMANN [44].[1]) Sie hatten festgestellt, daß die Absorption langsamer Neutronen durch verschiedene Elemente nicht vollkommen gleichartig vor sich geht und von der Natur der Elemente abhängt, die als Detektor benutzt werden.

Die damals existierende Theorie der Neutronenabsorption durch Kerne konnte diesen Umstand nicht erklären. Wie bereits erwähnt, sagte diese Theorie voraus, daß der Einfangquerschnitt für alle Kerne der Neutronengeschwindigkeit umgekehrt proportional ist. Es wurde angenommen, daß diese Energieabhängigkeit in einem so großem Energieintervall gültig ist, daß zweifellos auch der Energiebereich langsamer Neutronen erfaßt wird.

Wir arbeiteten noch energischer als vorher, als wollten wir gewissermaßen mit höherem Einsatz der eigenen Kräfte die personellen Verluste unserer Gruppe ausgleichen.

Wir bereiteten einen Plan zur systematischen Untersuchung von Elementen vor, den wir scherzhaft in der Bemerkung zusammenfaßten, daß wir bereit wären, den Absorptionskoeffizienten für alle 92 Elemente in allen möglichen Kombinationen mit den 92 Elementen als Detektor zu messen. Und zum Scherz fügten wir hinzu, daß wir nach allen möglichen Zweierkombinationen jeweils drei Elemente kombinieren werden. Damit wollten wir zum Ausdruck bringen, daß wir auch die Absorption von Neutronenstrahlung, die nach verschiedenen Methoden gefiltert wurde, untersuchen wollten.

Tatsächlich überzeugten wir uns dadurch, daß wir den Absorptionskoeffizienten von 11 verschiedenen

---

[1]) Siehe auch: L. ARZIMOWITSCH, I. KURTSCHATOW, G. LATYSCHEW, W. CHROMOW, Phys. Z. Sovjet. 8 (1935) 472; B. PONTECORVO, Ric. scient. 6 (1935) 145; D. P. MITCHELL, J. R. DUNNING, E. SEGRÈ, G. B. PEGRAM, Phys. Rev. 48 (1935) 175.

Elementen in allen möglichen Kombinationen mit 7 Detektoren bestimmten, davon, daß die erwähnten, von Wissenschaftlern verschiedener Gruppen gemachten Beobachtungen richtig waren. In allen Fällen galt die Regel, daß sich der Absorptionskoeffizient jedes Elements vergrößert, wenn man das gleiche Element als Detektor verwendet. Wir begannen, konkrete Fälle dieser Erscheinung in allen Einzelheiten zu studieren, wobei wir Silber, Rhodium und Kadmium benutzten. Die Absorptionseigenschaften von Kadmium wurden besonders sorgfältig untersucht. Wir machten mit Neutronen, die durch eine Kadmiumplatte geleitet wurden, Absorptionsmessungen bei verschiedenen Elementen und verschiedenen Detektoren, wie wir das bereits mit ungefilterten Neutronen getan hatten. Auf diese Weise stellten wir Anfang November 1935 fest, daß der genannte Effekt der Selbstabsorption wesentlich anwächst, wenn man die Neutronen vorher durch Kadmium leitet [45].

Szilard [46] kam unabhängig von uns auf den gleichen Gedanken, die selektive Absorption von durch Kadmium geleiteten Neutronen zu untersuchen. Er zeigte, daß sich Indium und Jod genauso verhalten wie in unseren Versuchen Silber und Rhodium.[1]) Obwohl der Gedanke einer selektiven Absorption bereits früher in den Artikeln englischer Wissenschaftler [43, 44] ausgesprochen worden war, machten erst die von Szilard und uns ausgeführten Experimente diese Erklärung unbestreitbar.

Ich glaube, es ist interessant zu ergänzen, daß ich (wie auch viele andere) mich in diesem Fall bemühte, das Bild dieser Erscheinung zu vereinfachen. Ich versuchte, den verschiedenen Neutronengruppen verschiedene Energieintervalle zuzuordnen. Fermi lehnte jedoch eine solche Beschreibungsweise ab. Er bezweifelte nicht, daß das die einfachste Hypothese war, behauptete jedoch, daß sie zumindest zum gegebenen Zeitpunkt nicht un-

---

[1]) Einige Zeit später wurde ein ähnliches Verhalten auch an Gold festgestellt (siehe O. R. Frisch, G. Hevesy, H. A. McKay, Nature **137** (1936) 149).

bedingt notwendig sei. Es könne deshalb nachteilig sein, sie in unsere Vorstellung aufzunehmen. Er bestand darauf, die Arbeit fortzusetzen und zum Beweis nur durch Messungen bestätigte Fakten heranzuziehen. Die richtige Erklärung der Neutronengruppen müsse sich am Ende als notwendige Folge aus den gemessenen Größen ergeben. Er befürchtete, daß eine zu früh zusammengestellte Erklärung, so wahrheitsgetreu sie auch scheinen mag, uns von der objektiven Einschätzung der Erscheinung, auf die wir gestoßen waren, wegführen könnte.

Deshalb machten wir uns an das systematische Studium der Absorptions- und Diffusionseigenschaften verschiedener Neutronengruppen, die wir nicht nur der Kürze halber, sondern auch, um irgendwelche vorzeitigen Erklärungen zu vermeiden, mit Buchstaben kennzeichneten. Der Ausdruck „Gruppe C“ wurde für Neutronen verwendet, die durch Kadmium stark absorbiert werden. „Gruppe D“ bezeichnete durch Rhodium stark absorbierte Neutronen. „Gruppe A und B“ charakterisierte die beiden Komponenten einer Strahlung, die, wie wir annahmen, stark von Silber, nicht aber von Kadmium absorbiert wird.

In einem zweiten Brief vom 12. Dezember 1935 [47] an die „Ricerca Scientifica“ wurde eine Gruppe langsamer Neutronen genau definiert sowie über ihre Absorptions- und andere Eigenschaften berichtet. In diesem Artikel sind die Experimente beschrieben, die mit dem Ziel durchgeführt wurden, die Anzahl der Neutronen in jeder Gruppe relativ zur Anzahl der von der Oberfläche des Bremsmaterials (Paraffin oder Wasser) abgestrahlten Neutronen, den Reflexionskoeffizienten der verschiedenen Gruppen (Albedo)[1]) und die Diffusionslänge zu bestimmen.

---

[1]) Den Begriff „Albedo“ benutzten die Astronomen bei der Bestimmung des von der Oberfläche eines Planeten oder Mondes reflektierten Lichts, bezogen auf das einfallende Licht. Meistens bezog man sich auf den Mond, mitunter wird dieser Begriff auch auf andere Oberflächen, z. B. auf Schnee, angewendet.

Wir führten beispielweise Ergebnisse an, die dafür sprachen, daß die Neutronen der Gruppe C, die von Kadmium stark absorbiert werden, Eigenschaften besitzen, die sich wesentlich von den Eigenschaften solcher Neutronen unterscheiden, die Kadmium durchdringen. Die Albedo der Neutronen in Gruppe C war sehr groß (0,83), während die der Gruppen D, A usw. verschwindend gering war. Die Diffusionslänge in Paraffin betrug etwa 3 cm für die Gruppe C, für die restlichen Gruppen nur ein Sechstel davon.

Hinsichtlich der zuletzt genannten Resultate schuf ein genaueres Experiment Klarheit, das wir 1936 durchführten. Wir bestimmten die Diffusionslänge aus der Wahrscheinlichkeit für den Austritt von Neutronen, die sich ursprünglich in der Tiefe x in einem Medium befinden, das den Halbraum ausfüllt [48]. Ein Ausdruck für diese Wahrscheinlichkeit wurde aus der Diffusionsgleichung abgeleitet, die wir zur Beschreibung der Eigenschaften der Neutronen in Gruppe C benutzten. Im gleichen Artikel erörterten wir auch die Interpretation der Neutronengruppen als Gruppen mit verschiedenen Energien. Diese Interpretation schien sehr wahrscheinlich zu sein, die Möglichkeit anderer wurde jedoch nicht ausgeschlossen.

Die Arbeit schloß mit einem Hinweis auf ein damals laufendes, jedoch noch nicht abgeschlossenes Experiment, das folgende Frage klären sollte: Wenn sich die verschiedenen Neutronengruppen nur durch ihre Energie unterscheiden, dann müssen sich Neutronen, die zu einem bestimmten Zeitpunkt einer Gruppe angehören, durch weitere Abbremsung in Neutronen einer anderen Gruppe transformieren. In jener Zeit wußten wir bereits aus einigen anderen Experimenten, daß die Gruppe C von thermischen Neutronen gebildet wird.[1]) Sollte die Inter-

[1]) Diese Ansicht wurde durch die Tatsache unterstützt, daß man mit Hilfe des Geschwindigkeitsselektors, in dem die „Auswahl" durch Kadmiumabsorber vorgenommen wurde, eine annähernde MAXWELLsche Geschwindig-

pretation der Gruppen als Neutronen mit verschiedenen Energiebereichen richtig sein, dann müßten alle anderen Gruppen die Eigenschaft besitzen, sich bei Abbremsung in die Gruppe C zu transformieren. Die endgültigen Resultate dieser Experimente wurden in einem großen Abschlußartikel [49] zusammengestellt. Zur gleichen Zeit veröffentlichten VON HALBAN und PREISWERK eine Mitteilung über ein ähnliches Experiment [50].

Um die Diffusionseigenschaften der Neutronengruppe C genau zu bestimmen, mußte die Messung der Diffusionslänge, über die ich bereits sprach, durch die Messung der mittleren freien Weglänge ergänzt werden. Die erste Messung dieser Größe demonstrierte den deutlichen Unterschied in der mittleren freien Weglänge, der zwischen den Neutronen der Gruppe C und den Neutronen anderer Gruppen bestand [51, 49].

Auf die Möglichkeit, die Neutronengruppen durch ihre unterschiedlichen Energien zu charakterisieren, wiesen damals viele Experimente hin, insbesondere die bereits genannte Transformation verschiedener Neutronengruppen in die Gruppe C.

In dieser Zeit wurde ein wichtiger Schritt getan, um die Probleme zu lösen, über die ich bereits sprach: die Existenz von Resonanzen und die Tatsache, daß sehr große Einfangquerschnitte nicht mit starker Streuung korreliert sind. Das geschah gleichzeitig und unabhängig voneinander durch zwei Artikel: von BREIT und WIGNER [52] sowie von N. BOHR [53]. Die Autoren des

---

keitsverteilung [31] erhielt. Dieses Argument wurde durch die Beobachtungen von P. PREISWERK und H. VON HALBAN an Silber (P. PREISWERK, H. VON HALBAN, Nature **136** (1935) 951) sowie F. RASETTI und G. A. FINK an Silber, Rhodium, Indium und Jod bestätigt (F. RASETTI, G. A. FINK, Phys. Rev. **49** (1936) 642). Alle diese Elemente gaben einen thermischen Effekt, wie ihn MOON und TILLMANN [44] untersuchten. Bei einer Kadmiumabschirmung wurde bei genau den gleichen Elementen jedoch keinerlei Effekt beobachtet. Die Absorptionslinien dieser Elemente liegen folglich oberhalb des thermischen Gebiets, das umgekehrt fast vollständig in den von Kadmium absorbierten Bereich fällt.

ersten Artikels nahmen in Analogie zur Molekülresonanz an, daß das in den Kern eingedrungene Neutron einen Teil seiner Energie auf die Bestandteile des Kerns übertragen und dadurch den Kern in einen angeregten metastabilen Zustand bringen kann. Die mittlere Lebensdauer dieses Zustandes reicht vollkommen aus, um die gewünschte kleine Breite des Energieniveaus zu erzeugen. Sie leiteten eine Formel für den Wirkungsquerschnitt des Strahlungseinfangs ab, die für den Fall gilt, daß das Neutron über ein einziges Resonanzniveau eingefangen wird. Diese Formel wird gewöhnlich als Ein-Niveau-Formel von Breit und Wigner bezeichnet.

Der Artikel von Bohr, der am 27. Januar 1936 der Akademie der Wissenschaften Dänemarks eingesandt wurde, beruht ebenfalls auf der Idee des Zwischenniveaus. Jedoch anstatt die Existenz dieses Niveaus zu postulieren und die Formel für den entsprechenden Einfangquerschnitt abzuleiten, entwickelte Bohr eine neue Konzeption des Reaktionsmechanismus, die die Existenz einer Vielzahl angeregter Niveaus in Atomkernen mittlerer und großer Massenzahl annimmt. Die mittlere Lebensdauer dieser Niveaus ist hinreichend groß, um die experimentellen Resultate wiederzugeben. Die außerordentliche Stabilität des Zwischenniveaus erklärte Bohr dadurch, daß das Neutron sofort nach seinem Eintritt in den Kern mit den Neutronen und Protonen Stöße ausführt. Dadurch verteilt sich die Energie des Neutrons schnell auf viele Teilchen, so daß keines von ihnen ausreichend Energie besitzt, um den Kern zu verlassen. Eine solche Situation kann so lange bestehen, bis eines der Teilchen infolge von Fluktuationen ausreichend Energie auf sich konzentriert und den Kern verläßt.

Nach dieser Ansicht verläuft jeder Kernprozeß in zwei aufeinanderfolgenden, voneinander unabhängigen Schritten. Der erste Schritt ist die Bildung des „angeregten Zwischenkerns“ als Folge des Einfangs eines Neutrons. Der zweite Schritt stellt den Zerfall

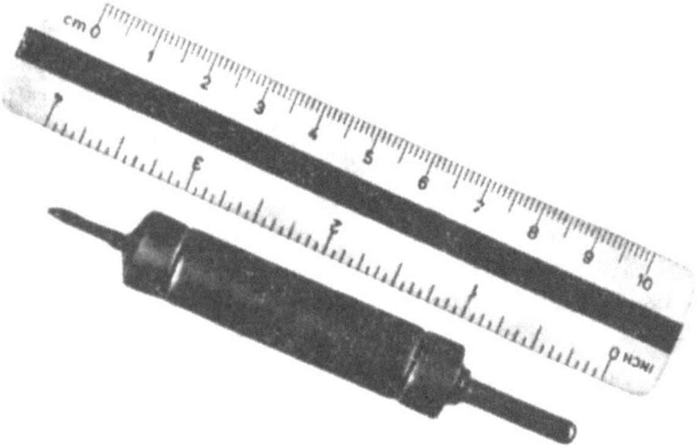

Abb. 5. Von der Gruppe um FERMI 1934 benutzter GEIGER-MÜLLER-Zähler. Die Wände bestehen aus Aluminium von 0,1 bis 0,2 mm Dicke. Der kleine Zylinder ist ein Arzneimittelröhrchen mit abgeschnittenem Boden

des Zwischenkerns entweder über die Emission eines Teilchens oder meistens über die Abstrahlung von Photonen dar.

FERMI erklärte jedoch die unterschiedliche mittlere freie Weglänge der Neutronen in Gruppe C und in anderen Gruppen [51, 49] durch den Einfluß der chemischen Bindung, da er sich kein Kernphänomen vorstellen konnte, das einen ähnlichen Effekt hervorruft. Die Theorie dieser Erscheinung legte FERMI in einem umfangreichen, fundamentalen Artikel dar, der sich mit einigen Erscheinungen beschäftigte, die bei langsamen Neutronen [54] beobachtet wurden.

An dieser Stelle lohnt es sich sicher, darauf hinzuweisen, daß in dem Maße, wie sich die Arbeiten entwickelten, auch die Meßapparatur vervollkommnet wurde. In der ersten Zeit wurden die Aktivierungsmessungen an der Universität Rom ausschließlich mit GEIGER-MÜLLER-Zählern durchgeführt (Abb. 5 und 6). Nach der Entdeckung der Bremswirkung wasserstoff-

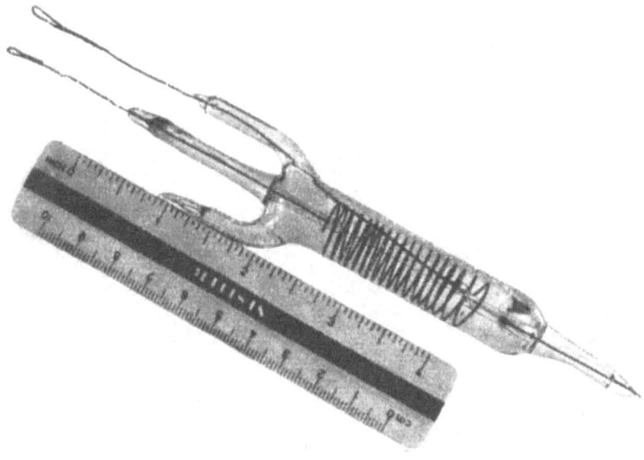

Abb. 6. Von RASETTI konstruierter GEIGER-MÜLLER-Zähler. Die Glaswände sind ausreichend dünn (0,2 bis 0,3 mm), um weiche β-Strahlen durchzulassen. Um die Wirkung der sich auf dem Glas sammelnden elektrischen Ladungen zu beseitigen, wurde der zylindrische Teil des Glasröhrchens mit einer dünnen Graphitschicht überzogen (auf der Fotografie nicht sichtbar)

haltiger Stoffe stieg die Aktivität unserer Präparate jedoch derartig an, daß man teilweise eine mit einem Elektrometer gekoppelte Ionisationskammer benutzen konnte (Abb. 7).

Die Meßtechnik wurde auch bei den folgenden Arbeiten weiterhin vervollkommnet, indem neue Typen von Ionisationskammern sowie neue Methoden der Anwendung von Elektrometern zum Einsatz kamen. Die Elektrometer wurden mit großer Sorgfalt geeicht, um ihre Charakteristika zu kennen und ihre Möglichkeiten maximal auszuschöpfen. Die Vorbereitung von Nomogrammen (Abb. 8) und Grafiken erlaubte es, die Berechnung der Aktivität des untersuchten radioaktiven Stoffs nach der Elektrometeranzeige auf der Skala zu beschleunigen.

Nachdem die Interpretation der beobachteten Erschei-

Abb. 7. Ionisationskammer und Elektrometer zur Bestimmung der durch langsame Neutronen hervorgerufenen Aktivität.
Links sind die Skala, auf die der Faden des EDELMANN-Elektrometers projiziert wurde, sowie das Nomogramm (Abb. 8) zu sehen. Der weiße Schirm im Hintergrund wurde zur besseren Ausleuchtung der Anlage beim Fotografieren angebracht

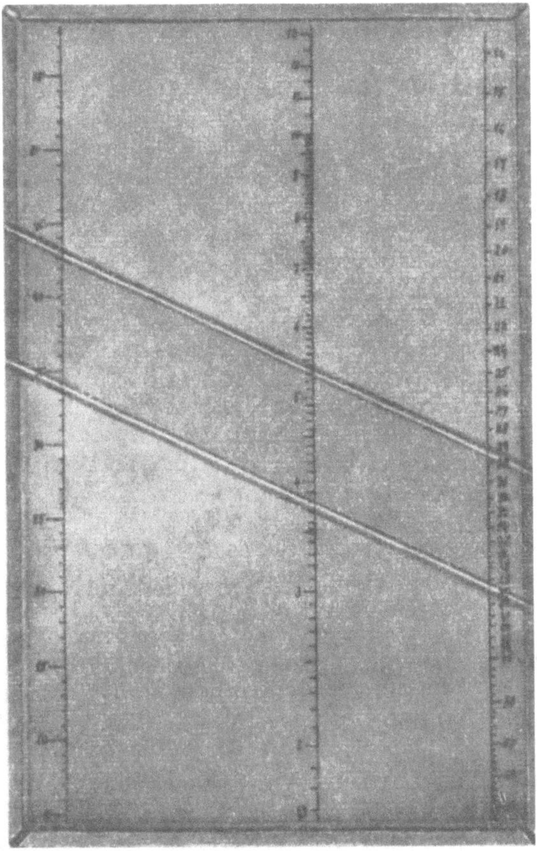

Abb. 8. Fotografie eines Nomogramms zur Berechnung der Aktivität von Rhodium mit einer Halbwertszeit von 44 s.
Es wurde von WICK berechnet und gezeichnet. Die mittlere Skala zeigt die Gesamtaktivität (vom Ende der Bestrahlung $t = 0$ bis $t = \infty$) durch die Lage der Geraden an, die durch die Zeit vom Ende der Bestrahlung bis zum Beginn der Messung (linke Skala) und der Meßzeit (rechte Skala) festgelegt wird

nungen auf der Grundlage von Resonanzniveaus des Zwischenkerns entsprechend der BOHRschen Hypothese akzeptiert worden war, entstand natürlich das Problem, die Breite und die Energie dieser Resonanzlinien zu ermitteln. FERMI und ich bestimmten diese Größen in einer Serie von Experimenten [55, 49]. Die theoretische Fundierung legte FERMI in dem umfangreichen Artikel dar, von dem bereits die Rede war [54]. Diese Arbeit zeigt auch, wie mit der Verringerung der Resonanzenergie des Detektors das mittlere Quadrat der Strecke anwächst, die von den Neutronen durchlaufen wird, bis sie diese Resonanzenergie erreichen. Auf diese Weise wurde der quantitative Zusammenhang zwischen räumlicher Verteilung der Resonanzneutronen und ihrer Energie bestimmt.

Das akademische Jahr, das für uns in einer Atmosphäre der Isoliertheit und eines rasenden Arbeitstempos verflog, ging seinem Ende entgegen. RASETTI schrieb uns immer wieder davon, was an der Columbia-Universität vor sich geht. Sonderdrucke von HALBAN und PREISWERK informierten uns über die Arbeit in Paris. Über einen Briefwechsel mit PLACZEK hielten wir Kontakt mit Kopenhagen. Aus dem Kopenhagener Briefwechsel erfuhren wir nicht nur von der Arbeit BOHRS, sondern auch von den Untersuchungen FRISCHS und PLACZEKS über das $1/v$-Gesetz der Arbsorption in Bor [56].[1]) Dieser Briefwechsel verbreitete auch in der ganzen Welt den in Rom entstandenen Scherz, daß man die Energie einer Neutronengruppe aus der von ihnen beim Abbremsen durchlaufenen Strecke ebenso bestimmen kann wie das Alter eines Kapitäns aus der Höhe des Mastes seines Schiffes. Auf die gleiche Zeit kann man auch den Begriff „Alter" datieren, der von FERMI in der Folgezeit zur Bezeichnung der Größe $r^2/6$ benutzt wurde. Erstmals

[1]) Unabhängig von ihnen erbrachten WEEKS, LIVINGSTON und BETHE die gleichen Beweise (siehe D. F. WEEKS, M. S. LIVINGSTON, H. A. BETHE, Phys. Rev. 49 (1936) 471).

wurde der Ausdruck „Alter des Kapitäns“ in Verbindung mit den Experimenten verwendet, die die Umwandlung einer Neutronengruppe in eine andere Gruppe mit geringerer Energie betrafen.

Außer FERMI und mir arbeiteten, wie schon erwähnt, WICK und PONTECORVO im Institut. Hier war auch ETTORE MAJORANA, und von Zeit zu Zeit kam SEGRÈ aus Palermo zu uns.

Wir arbeiteten mit einer unwahrscheinlichen Hartnäckigkeit. Mitunter begannen wir um acht Uhr früh und führten dann fast pausenlos bis sechs oder sieben Uhr abends, teilweise auch noch länger, Messungen durch. Die Messungen wurden nach einer Zeitgrafik ausgeführt, da wir bereits wußten, welche Zeit wir für jede Operation mindestens brauchten. Sie wurden je nach Notwendigkeit aller drei bis vier Minuten und so Stunde für Stunde und Tag für Tag solange wiederholt, bis wir hinsichtlich der untersuchten Fragestellung zu irgendeiner Schlußfolgerung kamen.

Hatten wir ein Problem gelöst, stürzten wir uns sofort auf eine andere Frage, ohne eine Pause einzulegen und ohne Zweifel zu kennen: „Die Physik ist wie Soma“[1]). Aus dieser Phrase schöpften wir während der Arbeit Kraft zu einer Zeit, in der die allgemeine Lage in Italien sich immer mehr verdunkelte. Einmal wegen des Krieges mit Abessinien und zum anderen, weil sich Italien in den spanischen Bürgerkrieg einmischte.

Das war schon fast das Ende der goldenen Zeit im Studium der Eigenschaften des Neutrons an der Universität Rom. Die Arbeit wurde noch einige Jahre weitergeführt. Wir erzielten auch einige interessante Ergebnisse, jedoch existierte jene führende Rolle, die unsere Gruppe über drei akademische Jahre innehatte, schon nicht mehr. Das hing natürlich teilweise mit der politischen Lage

[1]) Dieses Wort entliehen wir aus dem Roman von HUXLEY, „Die schöne neue Welt“, in dem es Hormontabletten bezeichnet, die die Menschen im Jahre 2000 einnehmen, um Depressionen zu beseitigen.

zusammen, die sich in Europa überhaupt und besonders in Italien immer mehr verschlechterte. Möglicherweise spielte auch die Tatsache eine Rolle, daß es uns bei den zur Verfügung stehenden technischen Mitteln immer schwerer fiel, mit den anderen Wissenschaftlergruppen zu wetteifern, die zu jener Zeit ihre Laboratorien bereits mit den verschiedensten Verstärkern ausgerüstet hatten. Mit ihrer Hilfe erhielten sie wesentlich intensivere Neutronenströme als wir.

Literatur

[1] ENRICO FERMI, Collected Papers, Bd. 1. E. AMALDI, H. L. ANDERSON, E. PERSICO, C. S. SMITH, A. WATTENBERG, E. SEGRÈ (Eds.), Accad. Naz. Lincei and Univ. Chicago Press, 1962.

[2] EMILIO SEGRÈ, Enrico Fermi, Physicist. Univ. Chicago Press, 1970.

[3] LAURA FERMI, Atoms in the Family. Univ. Chicago Press, 1954.

[4] BRUNO PONTECORVO, ENRICO FERMI, Priroda Nr. 9 (1971) 90 und Nr. 10 (1971) 78.

[5] I. CURIE, F. JOLIOT, C. r. Acad. sci. Paris **198** (1934) 254; Nature **133** (1934) 201.

[6] I. CURIE, F. JOLIOT, C. r. Acad. sci. Paris **198** (1934) 559; J. phys. rad. **5** (1934) 153.

[7] E. RUTHERFORD, J. CHADWICK, C. D. ELLIS, Radiation from Radioactive Substances. Cambridge, Univ. Press 1930.

[8] F. RASETTI, Il Nucleo Atomico. Bologna, Zanichelli, 1936, Elements of Nuclear Physics, N. Y. Prentice Hall 1936.

[9] E. FERMI, F. RASETTI, Ric. scient. **4**(2) (1933) 299.

[10] E. FERMI, Nature **125** (1930) 16; Z. Phys. **60** (1930) 320; E. FERMI, E. SEGRÈ, Z. Phys. **82** (1933) 11.

[11] E. FERMI, Nuovo cimento **11** (1934) 1; Z. Phys. **88** (1934) 161.

[12] W. BOTHE, H. BECKER, Z. Phys. **66** (1930) 289. Siehe auch W. BOTHE, Proceedings of the International Conference, Rome, 1931, S. 153; W. BOTHE, H. BECKER, Naturwissenschaften **20** (1932) 349; Z. Phys. **76** (1932) 421.

[13] F. RASETTI, Naturwissenschaften **20** (1932) 252.

[14] I. Curie, F. Joliot, C. r. Acad. sci. Paris **193** (1931) 1412; F. Joliot, C. r. Acad. sci. Paris **193** (1931) 1415; I. Curie, F. Joliot, C. r. Acad. sci. Paris **194** (1932) 273; J. Phys. Rad. **4** (1933) 21.
[15] I. Curie, F. Joliot, C. r. Acad. sci. Paris **194** (1932) 708.
[16] J. Chadwick, Nature **129** (1932); Proc. Roy. Soc. A **136** (1932) 692.
[17] E. Rutherford, Phil. Mag. **4** (1927) 580.
[18] J. Chadwick, Actes X. Congres International d'Histoire des Sciences, Ithaca (N. Y.) 1962, Herman, Paris 1964, Bd. 1, S. 159.
[19] G. Gentile, Rend. Accad. Lincei. **7** (1928) 346.
[20] F. Perrin, C. r. Acad. sci. Paris **195** (1932) 236; siehe auch W. Heisenberg, „Reports ed discussions du 7éme Congrès de l'Institut International de Physique Solvay", 1934, S. 289.
[21] D. Iwanenko, Nature **129** (1932) 798.
[22] E. Majorana, Z. Phys. **82** (1933) 137; Ric. scient. **4** (1) (1933) 599.
[23] W. Heisenberg, Z. Phys. **77** (1932) 1; **78** (1932) 156; **80** (1933) 587.
[24] E. Fermi, Ric. scient. **5** (1) (1934) 283.
[25] I. Noddack, Angew. Chem. **47** (1934) 653.
[26] O. Hahn, L. Meitner, Naturwissenschaften **24** (1935) 158; Ber. Dtsch. Chem. **69** (1936) 905; Naturwissenschaften **24** (1936) 158; L. Meitner, Kernphysik, Hrsg. E. Bretscher, Berlin, 1936, S. 24.
[27] E. McMillan, P. H. Abelson, Phys. Rev. **57** (1940) 1185.
[28] M. Mayer, Phys. Rev. **60** (1941) 84.
[29] E. Fermi, Z. Phys. **48** (1928) 73.
[30] J. Chadwick, M. Goldhaber, Nature **134** (1934) 237.
[31] E. Fermi, E. Amaldi, O. D'Agostino, F. Rasetti, E. Segrè, Proc. Roy. Soc. **A 146** (1934) 483.
[32] T. Bjerge, C. H. Westcott, Nature **134** (1934) 286.
[33] E. Fermi, E. Amaldi, B. Pontecorvo, F. Rasetti, E. Segrè, Ric. scient. **5** (2) (1934) 282.
[34] P. B. Moon, J. R. Tillman, Nature **135** (1935) 904; Proc. Roy. Soc. **A 153** (1936) 476.
[35] E. Amaldi, O. D'Agostino, E. Fermi, B. Pontecorvo, F. Rasetti, E. Segrè, Proc. Roy. Soc. **A 149** (1935) 522.
[36] J. R. Dunning, G. B. Pegram, G. A. Fink, D. P. Mitchell, Phys. Rev. **48** (1935) 265.

[37] E. FERMI, Nuovo cimento **11** (1934) 157.
[38] E. AMALDI, E. SEGRÈ, Nature **133** (1934) 141; Nuovo cimento **11** (1934) 145.
[39] E. AMALDI, O. D'AGOSTINO, E. FERMI, B. PONTECORVO, E. SEGRÈ, Ric. scient. **6** (1) (1935) 581.
[40] O. R. FRISCH, E. T. SORENSEN, Nature **136** (1935) 258.
[41] J. DUNNING, G. B. PEGRAM, G. A. FINK, D. P. MITCHELL, E. SEGRÈ, Phys. Rev. **48** (1935) 704.
[42] B. PONTECORVO, G. C. WICK, Ric. scient. **7** (1) (1936) 134.
[43] T. BJERGE, C. H. WESTCOTT, Proc. Roy. Soc. A **150** (1935) 709.
[44] P. B. MOON, J. R. TILLMANN, Nature **135** (1935) 904; **136** (1935) 106.
[45] E. FERMI, E. AMALDI, Ric. scient. **6** (2) (1935) 344.
[46] L. SZILARD, Nature **136** (1935) 951.
[47] E. AMALDI, E. FERMI, Ric. scient. **6** (2) (1935) 443.
[48] E. AMALDI, E. FERMI, Ric. scient. **7** (1) (1936) 56.
[49] E. AMALDI, E. FERMI, Ric. scient. **7** (1) (1936) 454; Phys. Rev. **50** (1936) 899.
[50] H. VON HALBAN, P. PREISWERK, Nature **136** (1935) 951, 1027; C. r. Acad. sci. Paris **202** (1936) 840.
[51] E. AMALDI, E. FERMI, Ric. scient. **7** (1) (1936) 223; **7** (1) (1936) 393.
[52] G. BREIT, E. WIGNER, Phys. Rev. **49** (1936) 519.
[53] N. BOHR, Nature **137** (1936) 344; Naturwissenschaften **24** (1936) 241.
[54] E. FERMI, Ric. scient. **7** (2) (1936) 13.
[55] E. AMALDI, E. FERMI, Ric. scient. **7** (1) (1936) 310.
[56] O. R. FRISCH, G. PLACZEK, Nature **137** (1936) 357.

W. Gerlach

Die Entdeckung der Kernspaltung[1])

Im Jahre 1934 fand Fermi bei der Einwirkung von Neutronen auf Thorium und auf Uran eine Beta-Strahlung und das Entstehen einiger Beta-Strahler sehr verschiedener Halbwertszeit. Die Ergebnisse waren mit der Annahme deutbar, daß der Urankern durch Aufnahme eines Neutrons zu einem radioaktiv-beta-strahlenden Uranisotop wird; sein Kern geht also wegen der Abgabe einer negativen Ladungseinheit in den Kern des nächsthöheren neuen Elements, eines Transuran, über, das selbst wiederum unter Beta-Strahlung in ein folgendes noch höheres Transuran sich verwandelt. Entgegen dieser Auffassung glaubte A. v. Grosse den Nachweis geführt zu haben, daß bei Fermis Versuch aus dem Uran ein Isotop des nächstniederen Atoms 91 Protactinium gebildet werde, direkt oder auch über ein Isotop des Elementes 90 Thorium; Fermi hatte allerdings die Bildung von Protactinium, Thorium und Radium ausdrücklich ausgeschlossen.

An diesem Punkt griffen Otto Hahn und Lise Meitner, bald darauf gemeinsam mit dem jungen, durch mehrjährige Arbeit im Dahlemer Institut erfahrenen und bewährten Anorganiker Fritz Strassmann, in die Diskussion ein. Niemand hatte größere radiochemische Erfahrungen als sie; sie hielten es daher für ihre wissenschaftliche Verantwortung, einer solch aufregenden und komplizierten Frage wie der Erzeugung ganz neuer chemischer Elemente nachzugehen. Vor allem stand ihnen das Hahnsche Uran Z aus dem Jahr 1923, das mittlerweile als ein Protactinium-Isotop erkannt war, für einen sicheren radiochemischen Vergleich mit den

---

[1]) Aus: W. Gerlach, Otto Hahn – Ein Forscherleben unserer Zeit. Deutsches Museum, Abhandlungen und Berichte, 37. Jahrgang, Heft 3, 1969.

aus Uran entstandenen FERMIschen Beta-Strahlern zur Verfügung: es schied die GROSSEsche Protactinium-Hypothese definitiv aus. Es wurde außerdem bewiesen, daß die neuen FERMIschen, aus Uran entstandenen Beta-Strahler nicht Isotope oder Isomere eines neuen Elementes, sondern verschiedener Elemente sind; nur ihre spezielle Deutung als höhere Elemente in der Vertikalreihe des Periodensystems oberhalb des Rheniums („Eka-Rhenium") und des Osmiums („Eka-Osmium") war zwar noch nicht gesichert, aber an der Existenz von Transuranen hatte man keine begründeten Zweifel.

Nun beginnt ein vier Jahre langes zähes Ringen um die Transurane (man sollte „scheinbare" hinzufügen, weil die meisten sich später als etwas ganz anderes erwiesen), vor allem in der Dahlemer und in der Pariser Arbeitsgruppe von IRÈNE CURIE und F. JOLIOT. Diese hatten gerade die Bildung von künstlich radioaktiven Isotopen des Aluminiums entdeckt und daher ein besonderes Interesse an den ebenfalls künstlichen Transuranen. Beide Arbeitsgruppen bestanden aus führenden Radiochemikern und Physikern und waren auch persönlich einander verbunden; so sehr sie sich als Konkurrenten in einem Wettlauf fühlten, so wenig gab es zwischen ihnen Neidereien oder Eifersüchteleien. Leider ist in späteren Jahren, als schließlich HAHN und STRASSMANN das Rennen gewonnen hatten, manch Falsches gesagt und gedruckt worden, sogar Dinge, welche auf die ideale Zusammenarbeit in dem Dahlemer Institut einen Schatten werfen sollten. Skandälchen werden immer gerne geglaubt, und es ist ja doch wohl selbstverständlich, daß bei solch aufregenden und zermürbenden Versuchen auch einmal sich widersprechende Ansichten aufeinanderprallen. Es wäre aber sehr bedauerlich, wenn über die Vorgeschichte einer der größten Entdeckungen der Naturwissenschaften ein verzerrtes Bild bestehen bliebe, wie es ja lange Zeit auch bei RÖNTGENS Entdeckung der Fall war.

Hierzu muß noch eine sowohl historisch als auch, man möchte sagen, „forschungs-psychologische" Bemerkung eingefügt werden. Ende 1934 vertrat die Physikochemikerin Ida Noddack in einer Zuschrift an die Zeitschrift für Angewandte Chemie den allgemeinen Standpunkt, es sei wissenschaftlich nicht vertretbar, von neuartigen Transuranen zu sprechen, ehe sichergestellt ist, daß bei der Uran-Neutron-Reaktion nicht irgendwelche schon bekannte chemischen Elemente entstehen. „Es wäre denkbar, daß bei der Beschießung schwerer Kerne mit Neutronen diese Kerne in mehrere größere Bruchstücke zerfallen, die zwar Isotope bekannter Elemente, aber nicht Nachbarn der bestrahlten Elemente sind." Wer heute diesen Satz liest, sieht darin die klare Voraussage der Möglichkeit einer Kernspaltung. Aber damals wurde die Noddacksche Prophetie für nicht beachtenswert oder für abwegig gehalten. In der Tat liegt ihr kein experimentelles Faktum zugrunde; sie nimmt zwar Bezug auf die von Curie-Joliot und dann von Fermi aufgezeigte Bildung neuartiger künstlich-radioaktiver Isotope fast aller chemischer Elemente; sie übergeht aber das schon erwähnte, in der Bildung gerade auch dieser Isotope ausnahmslos bestätigte Prinzip, daß Kernumwandlungen stets zu unmittelbar benachbarten Kernen führen. Lise Meitner, ihrer Natur nach jeder freien Phantasie abhold, lehnte es daher ab, die Noddacksche Arbeit zu diskutieren: Es fehle dieser Hypothese jede physikalische Begründung, während gegen die Bildung von Transuranen damals kein einziges experimentelles oder theoretisches Argument sprach. Auch Frau Noddack hat – und das scheint doch wichtig – ihre Hypothese nicht weiter verfolgt (von eigenen Versuchen ganz zu schweigen), selbst als in den folgenden Jahren bei der radiochemischen Identifizierung der Transurane in einigen Fällen letzte Sicherheit nicht erreicht wurde; aber sie hat ihre „Priorität" nach der Hahn-Strassmannschen Uranspaltung betont angemeldet. Heute wissen wir ja, daß bei der Uran-Neutron-Reaktion auch Transurane entstehen, und damals wurden mit bewährten Prinzipien so viele „unvorstellbare" Entdeckungen gemacht, daß man auch die Bildung von in der Natur unbekannten chemischen Elementen, zumal mit guter Begründung, annehmen durfte. Schließlich ging die NODDACKsche Vorstellung davon aus, daß schwere Kerne durch „Beschießung" mit energiereichen Neutronen zerfallen; ein wesentlicher Teil der HAHN-STRASSMANNschen Entdeckung ist aber gerade, daß die Uranspaltung durch langsame Neutronen erfolgt.

In außerordentlich mühsamer Arbeit verfeinerten und erweiterten HAHN, MEITNER und STRASSMANN die Bestrahlungsversuche von Uran und Thorium mit Neutronen und die radiochemische und radiophysikalische Fixierung der dabei entstehenden beta-strahlenden „Körper". Das Problem war aus drei Gründen so kompliziert: 1. Man kannte nicht die Primärreaktion bei dem Zusammentreffen von Uran und Neutron und mußte außerdem annehmen, daß nur das Uran-Isotop mit dem Atomgewicht 238 in Betracht zu ziehen war. Sodann entstanden 2. jedesmal zahlreiche Beta-Strahler mit Halbwertszeiten von Sekunden bis zu vielen Stunden, welche teils primäre Folgen der Neutronenreaktion, teils deren Folgeprodukte verschiedener Generationen waren. Schließlich konnte man 3. über das chemische Verhalten der Elemente oberhalb des Urans nur Mutmaßungen aus Analogieschlüssen zum Verhalten der natürlichen radioaktiven Elemente anstellen; schon die prinzipielle Frage war offen, ob die Transurane die letzte Reihe des Periodensystems 88 Radium — 89 Actinium — 90 Thorium — 91 Protactinium — 92 Uran fortsetzen, so daß also das Transuran 93 über das Rhenium, die Transurane 94, 95, 96 über die Platin-Metalle Osmium, Iridium, Platin zu stehen kommen, und mit 97 eine neue Reihe des Periodensystems oberhalb Gold, Quecksilber etc. anfing, oder ob — nach einer alten Hypothese von BOHR — schon mit 89 Actinium eine zweite Serie „seltener Erden", also „Actiniden" entsprechend den bekannten „Lanthaniden" beginnt; schon die letzteren sind ja nur schwer chemisch zu trennen!

Dazu kamen größte experimentelle Schwierigkeiten. Die in Dahlem zur Verfügung stehende Neutronen-Intensität war klein; für die Messung der sehr schwachen Beta-Aktivitäten standen zwar Zählrohre zur Verfügung, aber sie mußten oft tagelang fortlaufend abgelesen werden; weil es noch keine automatisierten Geräte gab, lösten sich HAHN, MEITNER und STRASSMANN alle acht Stunden ab; die zeitlichen Änderungskurven der Aktivität waren durch die Überlagerung der Abnahme des primären Körpers, die Zunahme und folgende Abnahme der Folgeprodukte usw. schwer und nur unsicher zu analysieren. So ist es verständlich, wenn im Laufe der Arbeiten Korrekturen früherer Schlüsse erforderlich waren und wenn dieses und jenes Ergebnis nur als wahrscheinlich bezeichnet wurde — erst recht bei so peniblen und selbstkritischen Forschern. Immerhin gelang es unter der Annahme, daß sich Transurane und vom Uran ab nur unmittelbar benachbarte Elemente bilden, im Jahre 1937 drei Reihen mit insgesamt neun Transuranen mit ihren chemischen Eigenschaften und ihren Halbwertszeiten aufzustellen.

Deutung der Uran-plus-Neutron-Reaktionsprodukte als „Transuran-Reihen“:

$$1.\ \mathrm{U} + n \rightarrow {}_{92}\mathrm{U} \xrightarrow[10'']{\beta} {}_{93}\mathrm{EkaRe} \xrightarrow[2{,}2']{\beta} {}_{94}\mathrm{EkaOs} \xrightarrow[59']{\beta}$$

$${}_{95}\mathrm{EkaIr} \xrightarrow[66\mathrm{h}]{\beta} {}_{96}\mathrm{EkaPt} \xrightarrow[2{,}5\mathrm{h}]{\beta} {}_{97}\mathrm{EkaAu}?,$$

$$2.\ \mathrm{U} + n \rightarrow {}_{92}\mathrm{U} \xrightarrow[40'']{\beta} {}_{93}\mathrm{EkaRe} \xrightarrow[16']{\beta} {}_{94}\mathrm{EkaOs} \xrightarrow[5{,}7\mathrm{h}]{\beta} {}_{95}\mathrm{EkaIr}?,$$

$$3.\ \mathrm{U} + n \rightarrow {}_{92}\mathrm{U} \xrightarrow[23']{\beta} {}_{93}\mathrm{EkaRe}?.$$

Die Zeichen und Zahlen in dieser und den folgenden Tabellen bedeuten: Pfeil mit β (bzw. α) die Art der radioaktiven Umwandlung; unter dem Pfeil die Halbwertszeit der radioaktiven Umwandlung in das folgende Element; untere Zahl vor dem Elementsymbol die Ordnungszahl des Elementes (Stellenzahl im Periodensystem); Fragezeichen charakterisieren unsichere Angaben;

einige Halbwertszeiten sind vorläufige Werte, was hier für uns ohne Bedeutung ist.

Die Reaktionsreihen 1. und 2. entstanden bevorzugt durch langsame Neutronen; man nannte sie damals „verstärkbar". Das unter 3. angegebene Uranisotop mit 23 Minuten Halbwertszeit bildete sich aber nach genauerer Untersuchung bevorzugt mit schnellen Neutronen von ganz bestimmter Geschwindigkeit (oder Energie), was man als „Resonanzprozeß" bezeichnete. Auf diesen kommen wir noch näher zurück.

Die Ergebnisse waren in sich widerspruchsfrei und wohl auch allgemein anerkannt; hierzu trug wesentlich das große Ansehen der Verfasser bei.

Doch bald wurde das Zutrauen durch eine Mitteilung von Irene Curie und Paul Savitch erschüttert: Bei der Bestrahlung von Uran mit Neutronen entstehe ein tiefer liegendes Element, das Thorium, welches die Dahlemer Gruppe übersehen habe. Man sah alles in Frage gestellt, im Dahlemer Institutsjargon sprach man von der Entdeckung einer „Zertrümmerung des Urans durch Neutronen". Aber Lise Meitner konnte das Thorium nicht finden, und es war auch wirklich ein Irrtum.

Immerhin gab diese Episode später Anlaß zu einer gegen sie gerichteten Legende; Lise Meitner schrieb hierüber am 9. und am 24. Januar 1957 aus Stockholm an Otto Hahn: „Ich erinnere mich so deutlich, wie beunruhigt ich über die erste Arbeit von Curie und Savitch war, wo sie angeblich ein neues Thorium-Isotop (3,5 Stunden-Körper) im Filtrat unserer Fällungen gefunden hatten und wir es daher wiederholten und dann einen Brief schrieben, daß wir kein Thorium hätten finden können. Diesen Brief haben Curie und Savitch auch in ihrer nächsten Arbeit erwähnt und als richtig bestätigt. Das kann alles in unseren damaligen Journalen festgestellt werden ... Ich habe später manchmal gedacht, daß es für mich nützlicher gewesen wäre, wenn wir die Widerlegung des Thorium veröffentlicht hätten; aber ich bin doch der Meinung, daß die briefliche Mitteilung kollegialer war."

Eine folgende Arbeit von CURIE und SAVITCH brachte noch größere Aufregung: Eine neue radiochemische Bestimmung dieses durch langsame Neutronen aus Uran entstehenden „3,5 Stunden-Körpers" schloß Thorium, Protactinium und Actinium aus; chemisch verhielt es sich so, als ob es Lathan (also ein viel niedrigeres Element) wäre. Aber diese Feststellung wurde nicht weiter verfolgt; es wurde als ein neuartiges, in seinen Eigenschaften den bisherigen Transuranen nicht entsprechendes und in die HAHN-MEITNER-STRASSMANNschen Reihen nicht einordenbares Transuran angesehen. An irgendeine grundsätzliche Fehldeutung aller bisherigen Befunde wollte man nicht denken; man hielt fest an dem Prinzip, daß Kernreaktionen nur zur Bildung von Isotopen des Ausgangselementes oder unmittelbar benachbarter Elemente führen.

Dieser beunruhigende Fund von CURIE und SAVITCH war die Veranlassung, daß HAHN und STRASSMANN – LISE MEITNER hatte im Juli 1938 Berlin verlassen müssen – die chemische Art der bei der Uran-Neutron-Reaktion entstehenden Beta-Strahler nochmals untersuchten und dabei die Art der Neutroneneinwirkung auf das Uran – Dauer und Geschwindigkeit der Neutronen – variierten. Sie fanden zunächst, daß das sonderbare, dem Lanthan chemisch gleichende Transuran – im Institut hieß es das „Curiosum" – von CURIE und SAVITCH sicher kein einheitlicher Körper ist und daß bei der Uran-Neutron-Reaktion noch eine ganze Anzahl weiterer Beta-Strahler entstand, besonders „verstärkbare". Nachdem die bisher bekannten Transurane ausgefällt waren, schieden sich mit Bariumfällung bisher nicht beobachtete Beta-Strahler ab; weder diese noch ihre Umwandlungsprodukte waren Transurane. Die Deutung schien sehr sicher: aus dem bestrahlten Uran bilden sich außer den höheren Transuranen auch drei niedere Atomarten, ihren Eigenschaften nach Radium-

Isomere, welche unter Beta-Strahlung sich in Actinium und dann in Thorium umwandelten. Voraussetzung für diese Radiumbildung war, daß das Uran durch ein langsames Neutron zur Abgabe von zwei Alphateilchen veranlaßt wird, damit aus Uran 92 ein Radium 88 wird. Die von anderer Seite (PREISWERK und SCHERRER) bestätigte Alpha-Strahlung war aber von HAHNS Mitarbeiter *v.* DROSTE nicht gefunden worden. Noch bedenklicher war, daß durch langsame Neutronen zwei Alphateilchen abgespalten werden sollten.

Vorläufige Deutung der neuen Uran-plus-Neutron-Reaktionen:

$$_{92}\mathrm{U} + n \xrightarrow{2\alpha} {}_{88}\mathrm{Ra} \xrightarrow[15']{\beta} {}_{89}\mathrm{Ac} \xrightarrow[<30']{\beta} {}_{90}\mathrm{Th} \xrightarrow[?]{\beta} ?,$$

$$_{92}\mathrm{U} + n \xrightarrow{2\alpha} {}_{88}\mathrm{Ra} \xrightarrow[86']{\beta} {}_{89}\mathrm{Ac} \xrightarrow[2{,}5\mathrm{h}]{\beta} {}_{90}\mathrm{Th} \xrightarrow[?]{\beta} ?,$$

$$_{92}\mathrm{U} + n \xrightarrow{2\alpha} {}_{88}\mathrm{Ra} \xrightarrow[275\mathrm{h}]{\beta} {}_{89}\mathrm{Ac} \xrightarrow[<40\mathrm{h}]{\beta} {}_{90}\mathrm{Th} \xrightarrow[?]{\beta} ?.$$

LISE MEITNER, von HAHN brieflich informiert, antwortete nur kurz am 4. 10. 1938, sie wollte „brennend gern überlegen, wie Radium- oder Actinium-Isotope entstehen können“, stellt dann aber eine ganze Reihe kritischer Fragen, die vor einer Annahme von Radium beantwortet werden müßten. Auf weitere Mitteilungen von HAHN über seine neuen Zweifel an den benutzten Trennungsmethoden kommen drängende spezielle Rückfragen („Sind denn alle zweifelhaft geworden?“) und immer wieder die Frage, ob Alphateilchen gefunden werden. NIELS BOHR, ebenfalls von HAHN konsultiert, bezweifelt die Möglichkeit einer doppelten Alpha-Umwandlung durch langsame Neutronen: er möchte doch die Hypothese bevorzugen, daß neue Transurane vorliegen — auch das neue Pariser Transuran, Lanthan, passe ja nicht in das bisherige Schema.

Allen Bedenken zum Trotz blieben HAHN und STRASSMANN in der am 8. November 1938 veröffentlichten Arbeit bei ihren — aus Uran entstehenden — drei Radium-

Isomeren und ihren Töchtern, weil diese Folgen zu dem zeitlichen Verlauf der Beta-Aktivität und den radiochemischen Bestimmungen paßten. Schließlich war ja eine zweite solche Umwandlungsreihe von Radium-Isotopen bei der Bestrahlung von Thorium mit schnellen Neutronen gefunden und kurz vorher von MEITNER, STRASSMANN und HAHN veröffentlicht worden, nachdem man schon 1935 sowohl in Dahlem wie in Paris bei der Bestrahlung von Thorium mit Neutronen Radium, Actinium und Protactinium nachgewiesen zu haben glaubte.

Vorläufige Deutung der Thorium-plus-Neutron-Reaktionen:

$$_{90}\mathrm{Th} + n \xrightarrow{\alpha} {}_{88}\mathrm{Ra} \xrightarrow[1']{\beta} {}_{89}\mathrm{Ac} \xrightarrow[18']{\beta} {}_{90}\mathrm{Th}\ ?,$$

$$_{90}\mathrm{Th} + n \xrightarrow{\alpha} {}_{88}\mathrm{Ra} \xrightarrow[15']{\beta} {}_{89}\mathrm{Ac} \xrightarrow[3{,}5\mathrm{h}]{\beta} {}_{90}\mathrm{Th}\ ?,$$

$$_{90}\mathrm{Th} + n \xrightarrow{\alpha} {}_{88}\mathrm{Ra} \xrightarrow[4\mathrm{h}]{\beta} {}_{89}\mathrm{Ac} \xrightarrow[25\mathrm{h}]{\beta} {}_{90}\mathrm{Th}\ ?.$$

Die verschiedenen Radiumatome (und ebenso die Actinium- und Thoriumatome) dieser und der vorausgehenden Tabelle mußten gleiche Atommassen haben, da sie aus den gleichen Ausgangsatomen entstehen; sie konnten also nicht Ra-(Ac-, Th-)Isotope, sondern nur Ra-(Ac-, Th-)Isomere sein.

Die Existenz von so vielen Radium-Isomeren wäre eine kernphysikalisch höchst bedeutungsvolle Entdeckung gewesen; sie war aber doch reichlich unheimlich. So stellte sich erneut die Frage, ob denn wirklich Radium vorliegt? HAHN und STRASSMANN führten nun alle langbewährten und dazu neu erdachte Verfahren durch, um durch Reaktionen mit Barium-Salzen die vermuteten beta-strahlenden Radium-Isomere abzutrennen oder anzureichern; vor allem auf letzteres mußte Wert gelegt werden, weil ihre Mengen (also die Strahlungsintensitäten) äußerst gering waren: Mit diesem Versuch beginnt die letzte Phase einer großen Entdeckung.

Weder Trennung noch Anreicherung war auf irgendeine Weise zu erreichen: Alles, was für Radium gehalten und mit den sicher gemessenen Halbwertszeiten einwandfrei identifizierbar war, blieb in konstanter Intensität mit dem Barium verbunden; eine radiochemische Unterscheidung gelang nicht, sie wurde schließlich als unmöglich erachtet.

Nun spielte sich in der Weihnachtswoche 1938 und in den ersten Monaten 1939 eine der aufregendsten Phasen in der Geschichte der Entdeckungen ab. Ihr Verlauf ist in dem umfangreichen, fast völlig erhaltenen Briefwechsel zwischen den drei Hauptpersonen OTTO HAHN, LISE MEITNER und OTTO ROBERT FRISCH (LISE MEITNERS Neffe, Physiker, bis 1933 bei OTTO STERN in Hamburg, damals bei BOHR in Kopenhagen) niedergelegt. Diese persönlichen Briefe geben die seltene Möglichkeit, den Gang einer der folgenreichsten Entdeckungen von der ersten Ahnung bis zur völligen Klärung zu verfolgen, der aus Veröffentlichungen ja stets nur unvollständig zu erkennen ist — von RÖNTGENS Entdeckung z. B. weiß man hierüber fast nichts!

„Montag Abend 19 (XII. 1938) im Labor“ schrieb HAHN an LISE MEITNER nach Stockholm. Nach Mitteilungen über allerhand Schwierigkeiten im Institut (...) heißt es: „Zwischendurch arbeite ich, soweit ich dazu komme, und arbeitet STRASSMANN unermüdlich an den Urankörpern, unterstützt von LIEBER und BOHNE. Es ist jetzt gleich 11 Uhr abends; um 1/4 12 Uhr will STRASSMANN wiederkommen, so daß ich nach Hause kann allmählich. Es ist nämlich etwas bei den ‚Radium-Isotopen‘, was so merkwürdig ist, daß wir es vorerst nur Dir sagen ... Sie lassen sich von allen Elementen außer Barium trennen; alle Reaktionen stimmen. Nur eine nicht — wenn nicht höchst seltsame Vorfälle vorliegen: die Fraktionierung funktioniert nicht. Unsere Radium-Isotope verhalten sich wie Barium. Wir kriegen keine eindeutige Anreicherung mit $BaBr_2$ oder Chromaten etc. Nun habe ich vorige Woche im ersten Stock Thorium X fraktioniert; das ging genau wie es sollte. Dann haben STRASSMANN und ich am Samstag eines unserer ‚Ra'-Isotope mit Mesothorium I als Indikator fraktioniert. Das Mesothor wurde programmäßig angereichert, unser Radium nicht. Es könnte noch ein höchst merkwürdiger Zufall vorliegen. Aber immer mehr kommen wir zu dem schrecklichen Schluß: Unsere Ra-Isotope verhalten sich nicht wie Radium, sondern wie Barium ... Andere Elemente, Transurane U, Th, Ac, Pa, Pb, Bi, Po kommen nicht in Frage. Ich habe mit STRASSMANN verabredet, daß wir vorerst nur Dir dies sagen wollen. Vielleicht kannst Du irgendeine phantastische Erklärung vorschlagen. Wir wissen dabei selbst, daß es eigentlich nicht in Barium zerplatzen kann. Nun wollen wir noch prüfen, ob sich die aus dem ‚Ra' entstehenden Ac-Isotope nicht wie Actinium, sondern wie Lanthan verhalten. Alles recht heikle Versuche! Aber wir müssen doch klar werden. Jetzt kommen die Weihnachtsferien und morgen die übliche Weihnachtsfeier. Wie sehr ich mich darauf freue — nach so langen Zeiten ohne Dich — kannst Du Dir denken. Wir wollen aber noch vor Institutsschluß etwas über die sogenannten Ra-Isotope für die Naturwissenschaften schreiben, weil wir sehr schöne Kurven haben. — Also überlege Dir mal, ob sich nicht irgendeine Möglichkeit ausdenken ließe; eventuell etwa Barium-Isotope mit viel höherem Atomgewicht wie 137? ... Daß wir dauernd Unsinn machen, daß sonst irgendwelche Infektionen uns Streiche spielen, glauben wir nicht.

Ich muß jetzt wieder zu den Zählern. Ich hoffe, ich kann Dir in zwei Tagen noch einmal schreiben ... Schreib mir recht bald. Recht herzliche Grüße D. OTTO."

Nachschrift: „Auch von mir recht herzliche Grüße und die besten Wünsche Ihr FRITZ STRASSMANN."

Wir haben diesen Brief wörtlich gebracht, weil er zeigt, wie in HAHN und STRASSMANN die Sicherheit, daß die chemischen Reaktionen Barium liefern, mit dem Zweifel, ob dieses nach den kernphysikalischen Vorstellungen entstehen kann, kämpften. Die Bedeutung der erwähnten Versuche mit dem Thorium X und dem Mesothorium I besteht darin, daß HAHN aus seinen frühen Arbeiten über diese unbezweifelbaren Isotope des Radiums genau Bescheid wußte, daß er sich einst reine Präparate von ihnen gemacht hatte und daß er die Trennungs- bzw. Anreicherungsversuche bei ihrem Zusatz zu Bariumsalzen mit so kleinen Mengen von ihnen machen konnte, wie sie in den vermeintlichen neuen „Radium-Isotopen" vorlagen; in diesen Versuchen steckt die jahrzehntelange Erfahrung des Arbeitens mit unwägbaren Mengen; aber es mußte ja auch die Möglichkeit ausgeschlossen werden, daß die Ra-Isotope in so sehr kleinen Mengen wie sie hier vorlagen, sich doch radiochemisch anders verhielten.

In dem HAHNschen Brief sind zwei Bemerkungen auffallend. Man wolle eine Notiz über die sogenannten Ra-Isotope veröffentlichen, „weil wir sehr schöne Kurven haben". Experimentell hatten HAHN und STRASSMANN nämlich schon viel mehr erreicht als andere: die Auftrennung der komplexen Produkte der Uran-Neutron-Reaktion in zahlreiche einheitliche radioaktive Komponenten, deren Einheitlichkeit und deren Aufeinanderfolge in mehreren Umwandlungsreihen durch die genau bestimmte Halbwertszeit als gesichert anzusehen war; die Veröffentlichungen dieser Versuchsergebnisse erschien wichtiger als ihre Deutung. Die zweite Bemerkung ist etwas sonderbar: ob „Barium-Isotope mit einem Atomgewicht viel höher als 137" entstehen können, also einem dem Uran massenmäßig nahestehenden Barium. An ein Zerplatzen in zwei Teile wird offenbar noch nicht gedacht.

Am 21. 12. antwortet LISE MEITNER kurz: „Eure Radium-Resultate sind sehr verblüffend. Ein Prozeß, der mit langsamen Neutronen geht und zum Barium führen soll! ... Mir scheint vorläufig die Annahme eines so weitgehenden Zerplatzens sehr schwierig, aber wir haben in der Kernphysik so viele Überraschungen erlebt, daß man auf nichts ohne weiteres sagen kann: es ist unmöglich. Sind übrigens höhere Transurane ausgeschlossen? ..."

Der folgende Brief HAHNS — 21. 12. abends als Weihnachtsbrief geschrieben — geht nochmals auf die Ergebnisse ein: „Wie schön und aufregend wäre es jetzt gewesen, wenn wir unsere Arbeiten wie früher hätten gemeinsam machen können. Du wärst vielleicht über die Unsumme von Versuchen ein bißchen entsetzt gewesen ... ihre Zahl war in letzter Zeit immer nur durch die drei Zähler limitiert. Nun schreiben wir seit gestern unsere Ba-Ra-Beweise zusammen ... Nach ihnen schließen wir, daß wir als ‚Chemiker‘ den Schluß ziehen müssen, daß die drei genau studierten Isotope gar kein Radium sind, sondern vom Standpunkt des Chemikers Barium.

Das Barium selbst, das wir natürlich geprüft haben, wird (zu ergänzen ist: durch Bestrahlung mit Neutronen) auch aktiv. Aber viel weniger als unsere Sachen. Außerdem wandelt sich dieses aktivierte Barium nicht in strahlendes Lanthan um. Das aus den Isotopen entstehende Actinium ist kein Actinium, sondern vielmehr offensichtlich (zu ergänzen: strahlendes) Lanthan!!“

Am 23. 12. geht die Arbeit mit dem ursprünglichen Titel „Über den Nachweis und das Verhalten der bei der Bestrahlung des Urans mittels Neutronen entstehenden Radium-Isotope von OTTO HAHN und FRITZ STRASSMANN“ an die Redaktion der „Naturwissenschaften“. Die Verfasser fühlen sich jetzt so sicher, daß sie nachträglich das Wort „Radium-Isotope“ in „Erdalkalimetalle“ umändern. Ein Durchschlag geht sofort nach Schweden.

Die recht umfangreiche Arbeit erschien im ersten Januarheft der „Naturwissenschaften“, Band 27, S. 11 bis 15. Sie war eine richtige Sensation; ich erinnere mich gut daran, weil ich kurz darauf im großen Kolloquium über sie berichtete. Erhebliche Schwierigkeiten machte die große Zahl der in ihr mitgeteilten Versuche und Aktivitätskurven; sie waren bei der Menge der in ihnen enthaltenen speziellen Erfahrungen doch recht schwer zu übersehen. Der größte Teil enthält Ergänzungen, Richtigstellungen und Präzisionsmessungen zu den oben angegebenen Radium-Umwandlungsreihen. Erst gegen

Schluß der Arbeiten kommen die für die Folgezeit wesentlichen Sätze: „Nun müssen wir aber auf einige neuere Untersuchungen zu sprechen kommen, die wir der seltsamen Ergebnisse wegen nur zögernd veröffentlichen ... Wir kommen zu dem Schluß: unsere ‚Radium-Isotope' haben die Eigenschaften des Bariums; als Chemiker müßten wir eigentlich sagen, bei den neuen Körpern handelt es sich nicht um Radium, sondern um Barium; denn andere Elemente kommen nicht in Frage."

Nach der Beschreibung des im Brief vom 21. 12. erwähnten Befundes von Lanthan an Stelle von Actinium und der Diskussion des Lanthanbefundes von CURIE und SAVITCH fährt die Arbeit fort: „Was die Transurane anbelangt, ..., ob sie etwa mit den noch niedrigeren homologen Masurium, Ruthenium ... chemisch gleich sind, wurde noch nicht überprüft. Daran konnte man früher ja gar nicht denken. Die Summe der Massenzahl Ba + Ma, also z. B. 138 + 101, ergibt 239! Als Chemiker müßten wir aus den kurz dargelegten Versuchen das oben gebrachte Schema eigentlich umbenennen und statt Ra, Ac, Th, die Symbole Ba, La, Ce einsetzen. Als der Physik in gewisser Weise nahestehende ‚Kern-Chemiker' können wir uns zu diesem allen bisherigen Erfahrungen der Kernphysik widersprechenden Sprung noch nicht entschließen. Es könnte doch noch vielleicht eine Reihe seltsamer Zufälle unsere Ergebnisse vorgetäuscht haben.

Es ist beabsichtigt, weitere Indikatorenversuche mit den neuen Umwandlungsprodukten durchzuführen ... An Stellen, an denen starke künstliche Strahlungsquellen zur Verfügung stehen, könnte dies allerdings wesentlich leichter geschehen."

Die in den folgenden Wochen zwischen HAHN, LISE MEITNER und O. R. FRISCH gewechselten Briefe zeigen, welche Schwierigkeiten verschiedenster Art bis zur endgültigen Klarheit noch überwunden werden mußten: irreführende Hypothesen, neue Zweifel von HAHN an der Richtigkeit des Bariumnachweises, die theoretische

Möglichkeit des Zerplatzens und ihr physikalischer Beweis, schließlich die ja auch nicht unwichtige Frage der Existenz von Transuranen.

Otto Robert Frisch, von Lise Meitner unterrichtet, bezweifelt Hahns Ergebnis noch stärker als diese, aber schließlich meint sie dann doch: „Wenn Hahn bei seiner ungeheuren Erfahrung so etwas sagt, dann ist etwas dran!"

Der nächste Brief Hahns vom 28. Dezember beginnt: „Ich will Dir noch schnell noch einiges über meine Barium-Phantasien schreiben, vielleicht ist Otto Robert bei Dir in Kungalv, und Ihr könnt darüber diskutieren ... Und nun kommt meine neue Phantasie! Wäre es möglich, daß das Uran 239 zerplatzt in ein Barium und ein Masurium, 138 + 101 gäbe 239. Auf die genaue gegenseitige Massenzahl kommt es nicht an ... Mit den Ordnungszahlen klappt natürlich die Geschichte nicht, da müßte man einige Neutronen sich in Protonen verwandeln lassen ... Ist das energetisch möglich? Ich weiß es nicht; ich weiß nur, daß unsere Radiume die Eigenschaft des Barium haben; daß unser Actinium nicht die Eigenschaften des ehrlichen Elementes 89 hat. Alles andere ist noch ungeprüft ... Eventuell könntest Du etwas ausrechnen und publizieren. Wenn etwas dran ist, würden die Transurane ... sterben. Ich weiß nicht, ob mir dieses nicht doch sehr leid täte ..."

Schon am 29. antwortet Lise Meitner kurz: „Eure Ra-Ba-Resultate sind sehr aufregend. Otto R. und ich haben uns schon sehr die Köpfe zerbrochen." Es folgen noch einige Fragen, besonders wegen der Transurane. Am 1. Januar 1939 antworten Meitner und Frisch gemeinsam auf das Manuskript für die „Naturwissenschaften": „... vielleicht ist es energetisch doch möglich, daß ein so schwerer Kern zerplatzt. Allerdings scheint mir Deine Hypothese, daß Barium und Masurium entstehen soll, aus verschiedenen Gründen unmöglich." Dann folgen wieder spezielle chemische Fragen, da „die

Frage der Richtigkeit der Transurane für mich eine sehr persönliche Seite hat. Wenn die ganze Arbeit der letzten drei Jahre unrichtig war, so kann das nicht nur von einer Seite festgestellt werden. Ich bin ja mit verantwortlich dafür gewesen ... Ihr seid ja — falls die Transurane verschwinden — in der sehr viel besseren Lage, es selbst herausgefunden zu haben, während ich nur eine dreijährige Arbeit zu widerrufen habe ... Übrigens bin ich noch keineswegs überzeugt, daß die Transurane schon erledigt sind ... und gespannt, was STRASSMANN meint" (wegen der Beantwortung einer früheren Frage hatte HAHN die Beantwortung bis zur Rückkehr von STRASSMANN aus seinem Urlaub vertagt). Schon am 3. Januar 1939 folgt die Mitteilung: „Ich bin jetzt ziemlich sicher, daß Ihr wirklich eine Zertrümmerung zum Barium habt, und finde das ein wirklich wunderschönes Ergebnis, wozu ich Dir und STRASSMANN sehr herzlich gratuliere ... Du kannst mir glauben, daß, wenn ich jetzt auch mit leeren Händen dastehe, ich mich doch über die Wunderbarkeit dieser Befunde freue."

Die begreiflichen Sorgen LISE MEITNERS über den Widerruf hatte HAHN ganz falsch verstanden — als Vorwurf wegen der Veröffentlichung der Ergebnisse ohne Absprache mit ihr. Es fallen von beiden Seiten bittere Worte, so daß FRISCH — mittlerweile wieder in Kopenhagen — freundschaftlich vermittelnd und klärend eingreift: Wenn der Widerruf von HAHN und STRASSMANN allein erfolgt, so „würden die Leute sagen, die drei haben also Unsinn gemacht und jetzt nach dem Weggang der Einen haben die zwei Anderen das in Ordnung gebracht!... Wenn man auch weiß, daß viele Ergebnisse von Interesse durch den Widerruf unberührt bleiben, so entnehmen viele Leute einem Widerruf doch nur, daß eben einer Unsinn gemacht hat ... Daß es LISE etwas leid tut, da nicht mit dabei zu sein, ist ja wohl verständlich, aber dies Gefühl von Betrübtheit war schon nach einem Tag von der Freude über die schöne Entdeckung verdrängt." Dann kündigt FRISCH eine Notiz gemeinsam mit LISE

Meitner in der englischen Zeitschrift „Nature“ an; der Begriff des Zerplatzens wird in dem in deutscher Sprache geschriebenen Brief als „Aufteilung in zwei etwa gleichgroße Stücke, wobei die eine Hälfte ein paar Neutronen mehr oder weniger kriegt“ präzisiert; in der englischen Notiz heißt es fission = Spaltung, was dann allgemein angenommen wird. Zur Klärung sei darauf hingewiesen, daß die Neutronenzertrümmerung des Urans zum Barium zunächst ja nur die Reaktionsprodukte betraf, welche anfänglich als Radium-, Actinium-, Thorium-Reihen gedeutet waren; über die früher aufgestellten Transuranreihen war hieraus noch nichts zu schließen.

Hahns Antwort vom 5. 1. ist höchst überraschend: „Ich bin heute nicht mehr sicher, bin sogar wieder ängstlich mit dem Barium; ob es vielleicht nicht doch Radium ist. Ich kann es ja eigentlich nicht glauben.“ An Frisch hatte er nochmals für die Realität der Transurane plädiert, der ihm nun aber am 10. 1. antwortet: „Nun habe ich inzwischen so viele Argumente gegen die Transurane, daß ich mich mit ihrer Wiederbelebung nur schwer befreunden kann. Können es nicht doch andere leichte Elemente sein?“ Am gleichen Tag war Hahn wieder beruhigt: ein anderes Radium-Isomer hatte sich ganz eindeutig als Barium erwiesen; „dagegen sind die Transurane wohl sicher an ihrer Stelle zu belassen! ... Allerdings wollen wir gelegentlich noch Fällungen mit Ruthenium, Rhodium, Palladium machen.“ Das ist der erste Hinweis auf eine erneute Prüfung der Realität der Transurane. „Aber nun etwas anderes (fährt Hahns Brief fort): unser Radium aus Thor scheint auch Barium zu sein. Ein Versuch, den wir heute (10. 1. 1939) gemacht haben, spricht absolut dafür ... Ich bin eigentlich heute schon überzeugt. Dann braucht man halt beim Thor etwas schnellere Neutronen, um den Kern zum Platzen zu bringen.“ Die Aktivität (das heißt die Menge) des bei der Bestrahlung von Thor mit schnellen Neutronen erhaltenen Bariums war äußerst gering. Sie war nur feststellbar, weil Hahn für diese Versuche sein reinstes in langen mühsamen Versuchen hergestelltes und immer wieder von den Folgeprodukten gereinigtes Thor zur Verfügung stand; so war eine Täuschung durch die Strahlung der natürlichen Zerfallsprodukte des Thor auszuschließen: ein später schöner Lohn für eine „zwecklose Arbeit"!

LISE MEITNER antwortet am 14. 1. kurz zustimmend: „Daß beim Th. die Radiume auch Bariume sind, muß man eigentlich erwarten." Sie erwähnt, daß zwei „Nature"-Notizen von FRISCH und ihr fertig sind. Über die erstere schreibt sie — auf frühere Überlegungen zurückkommend — am 18. 1., — „daß eine oder mehrere Alpha-Abspaltungen (durch Neutroneneinwirkung auf Uran) energetisch unmöglich sein können, dagegen ein Zerfall in zwei leichtere Kerne wegen des tiefen Tals in der Massendefektkurve von $Z = 40$ bis $Z = 60$ energetisch möglich ist und auf Grund des Tröpfchenmodells des Kernes auch verständlich wird"; die infolge des Massendefektes zu erwartende Energie müsse an die 200 MeV betragen. Denn der Massendefekt des Uranatoms ist wesentlich kleiner als der der Atome in der Mitte des Periodensystems. Wird also ein solcher Übergang erzwungen, so wird die Differenz als Atomkernenergie frei.

Als mögliche Spaltungspaare, deren Ordnungzahlen zusammen 92 ergeben, werden Barium 56 + Krypton 36 oder Strontium 38 + Xenon 54 erwähnt; auch der mittlerweile geglückte Rückstoßversuch von FRISCH wird angegeben: Die explosionsartige Spaltung des Uranatoms folgt daraus, daß zwei Spaltprodukte nach zwei entgegengesetzten Richtungen fliegen, mit sehr großer Energie, nachgewiesen durch die Ionisation der Luft, wobei alle ionisierenden Ladungsteilchen kleinerer Energie, welche weniger als 500000 Ionen erzeugen, durch Gegenfelder ausgeschaltet sind.

Am 22. 1. gehen Kopien der Veröffentlichungen an HAHN; seine Reaktion ist für ihn sehr charakteristisch: also sind alle unsere mühsamen Versuche „nach dem überzeugenden Versuch von OTTO ROBERT unnötig".

Lise Meitner antwortet umgehend am 25. 1.: nichts ist „unnötig, ohne Euer schönes Resultat Barium statt Radium hätten wir nie etwas zu überlegen gehabt... natürlich publiziert Ihr Eure Sr, Y-Resultate... die Rückstoßversuche beweisen nur die Tatsache des Zerplatzens, aber nicht in was es zerplatzt; das kann doch nur die Chemie entscheiden".

Der Brief kreuzt sich mit einem Brief von Hahn (25. 1.) — diesmal durchaus optimistisch „auf Grund vieler neuer Ergebnisse": an Barium kann nicht mehr gezweifelt werden; die Bildung des „hypothetischen Kryptons" wird während der Bestrahlung mit Neutronen nachgewiesen, als weitere Spaltprodukte werden Strontium, Yttrium, Rubidium gefunden. „Ich finde, alles, was Ihr jetzt noch gemacht habt, ganz fabelhaft", antwortet Lise Meitner am 26. 1. „Es ist ja wirklich das halbe periodische System in diesen Uranplatzungen da, und Ihr habt in diesen paar Monaten mehrere erste Preise verdient."

Die Einzelangaben der letzten Briefe sind in der noch umfangreicheren zweiten Arbeit von Hahn und Strassmann näher begründet: „Nachweis der Entstehung aktiver Barium-Isotope aus Uran und Thorium durch Neutronenbestrahlung; Nachweis weiterer aktiver Bruchstücke bei der Uranspaltung" (datiert 28. Januar 1939, erschienen am 10. Februar in „Naturwissenschaften", S. 89—95).

Die endgültigen Ergebnisse der schon länger laufenden, eine lange Beobachtungszeit verlangenden Versuche behoben die letzten Zweifel — aber mit typisch Hahnscher Ehrlichkeit bis zum letzten wird noch zwischen Ergebnissen mit „starkem Hinweis für Barium" und „Beweisen für Barium" unterschieden; auch sind die neuen Ergebnisse wesentlich vorsichtiger formuliert als in dem vorangegangenen Brief. Damit zeigt diese bisher wichtigste Arbeit auch so recht die enormen Schwierigkeiten. Bei der Uranspaltung entstehn vier verschiedene radioaktive Barium-Isotope, die sich in andere Elemente umwandeln; es sind also neben den primären Spaltprodukten immer auch die sekundären Folgeprodukte vorhanden. Während ein Barium-Isotop sich in ein stabiles Lanthan umwandelte, ergab die vorläufige radiochemische Analyse der aus einem anderen Barium-Isotop entstehenden Elemente ein beta-strahlendes Lanthan-Isotop, welches sich weiter in ein betastrahlendes Cer-Isotop umzuwandeln schien, Lanthan und Cer sind die im Periodensystem auf Barium folgenden Elemente — aber eindeutige Ergebnisse über die sekundären Produkte wurden noch nicht erhalten.

Dasselbe galt auch für die Bestimmung weiterer primärer Spaltprodukte. Die ursprüngliche Annahme der Urankernspaltung nach Atomgewicht (Uran 239 → Barium* 138 + Masurium* 101)[1]) gibt HAHN jetzt auf, weil das letztere nicht zu finden war. Eine direkte Prüfung der FRISCH-MEITNERschen Aufspaltung nach den Ordnungszahlen Uran 92 → Barium* 56 + Krypton* 36 (das* bedeutet radioaktiv beta-strahlend) war zunächst nicht möglich, da ein Edelgas chemisch nicht nachweisbar ist. Mit der naheliegenden Annahme, daß auch das Krypton wie das Barium sich in die ihm folgenden Elemente umwandelt, wurden zwei verschiedene Versuche zu deren Nachweis gemacht. Versuch 1 lieferte sicher Strontium und Yttrium als eine „zweite Bruchstückgruppe“; wenn sie aus dem Krypton* stammen, müßte zwischen diesem und Strontium noch das Alkali Rubidium* liegen. Versuch 2 ergab, daß das primäre Spaltprodukt ein radioaktives Edelgas ist mit einem Alkali und daraus einem Erdalkali als Folgeprodukte; es ließ sich aber nicht entscheiden, ob es Krypton* → Rubidium* → Strontium* oder Xenon* → Caesium* → Barium* waren. Damit wäre aber auch eine andere primäre Uranspaltung möglich: „Durch weitere eingehende Untersuchungen soll entschieden werden, ob das Zerplatzen des Urankerns primär in Barium und Krypton oder in

[1]) Masurium — ältere Bezeichnung für Technetium, Tc (R. R.).

Strontium und Xenon erfolgt." Hiermit schließt diese Arbeit. Gut vier Wochen später (2. März) ist das Zerplatzen von Uran 92 in mehrere Xenon- und Strontium-Isotope experimentell bewiesen.

Die zwei folgenden Arbeiten — datiert 21. und 22. Juli — bringen weitere Klärung und neue Spaltprodukte. Erstmals ist jetzt die primäre Spaltung in Barium + Krypton formuliert (die eingeklammerten Zahlen geben die mittlere Halbwertszeit der beta-strahlenden radioaktiven Isotope an):

Uran + Neutron
= Krypton (3h) → Rubidium (17′)→ Strontium (stabil)
+ Barium (14′) → Lanthan (2,5h) → Cer (?) → ?.

Von dem anderen primären Spaltungspaar Xenon + Strontium sind zwei Isotopen-Reihen des Xenons geklärt:

Xenon (kurz) → Caesium (6′) → Barium (86′)
→ Lanthan (stabil),
Xenon (15′) → Caesium (33′) → Barium (300 h)
→ Lanthan (36 h) → Cer (?).

Welche Schwierigkeiten zur Klärung dieser Zusammenhänge zu überwinden waren, sieht man allein schon aus den in den verschiedenen Reihen auftretenden Isotopen der gleichen chemischen Elemente, die sich nur durch ihre radioaktive Halbwertszeit unterscheiden. Die Arbeiten bringen auch neue Spaltprodukte wie Jod, Brom, Tellur, Molybdän. Ferner konnte die Gleichheit der Spaltprodukte des Urans und des Thoriums jetzt sichergestellt werden, weil einige Thor-Bestrahlungen mit schnellen Neutronen aus den starken Strahlenquellen des Bohrschen Instituts in Kopenhagen und der Berliner Auer-Gesellschaft durchgeführt werden konnten.

Sofort nach der ersten Veröffentlichung von Hahn und Strassmann waren in vielen Instituten die Spaltungsversuche nachgeprüft und erweitert worden. Fast überall waren stärkere Neutronenquellen verfügbar als im Hahnschen Institut. Einige Veröffentlichungen führten zu ein paar aufregenden Prioritätsstreitigkeiten, die aber bald geklärt und vergessen waren. Drei Dinge sind heute endgültig anerkannt: daß niemand außer HAHN und STRASSMANN eine solch neuartige Kernreaktion wie die Kernspaltung in Betracht zog; daß HAHN und STRASSMANN den schlüssigen Beweis für die Spaltung durch radiochemische Reaktionen lieferten und daß FRISCH und MEITNER die erste physikalische Erklärung und den experimentellen Beweis für den mit großer Energiefreigabe verbundenen explosiven Kernprozeß erbrachten. Von sehr großer Bedeutung wurde der definitive Nachweis durch JOLIOTS Arbeitsgruppe knapp ein Vierteljahr später, daß mit den Spaltungsvorgängen eine, schon von HAHN, STRASSMANN und anderen in Betracht gezogene, „Abdampfung“ einiger freier Neutronen verbunden ist.

Über die Existenz von Transuranen gingen die Ansichten in den Briefen und Veröffentlichungen hin und her: müssen sie sterben oder bleiben sie — einmal vertrat HAHN, einmal LISE MEITNER die eine oder andere Meinung. Sollte wirklich eine vierjährige übermäßig anstrengende Arbeit zwecklos gewesen sein? Es war wohl zum Teil Trost, zum Teil wissenschaftliche Ehrlichkeit, wenn HAHN und STRASSMANN in ihrer zweiten Arbeit schrieben, daß ohne die jahrelangen Erfahrungen bei den „Transuran“-Arbeiten mit LISE MEITNER die Uranspaltung nicht hätte gefunden werden können. Aber die Sache hatte ja auch eine Kehrseite. In der Tat hatte ja das „curiose“ Transuran der JOLIOT-CURIES, welches die Veranlassung für neue Prüfungen von HAHN, MEITNER und STRASSMANN war, nicht nur die Eigenschaften des Lanthan; es war Lanthan, aber sie konnten den Befund nicht so erhärten, daß sie die Transuran-Hypothese hätten aufgeben und über einen anderen Entstehungsgrund nachdenken müssen; erst HAHN und STRASSMANN wiesen nach, daß es sowohl als Produkt der Uranspaltung als auch als Folgeprodukt des Bariums entsteht.

Das wesentlichste Argument gegen die Transurane erbrachte ein besonders schönes „Rückstoß“-Experiment von Lise Meitner. Sie umgab ein Uran + Neutron-Präparat mit einer Folie in einer solchen Versuchsanordnung, daß nur die nach Frischs Versuch mit ungeheurer Energie herausfliegenden beta-strahlenden Spaltkerne sie erreichten, in ihr steckenblieben und sich so nach einiger Zeit in ihr ansammelten. Nach chemischer Ablösung derselben wurde ein Präparat erhalten, dessen Beta-Strahlung durchaus der entsprach, welche für eine Mischung der „Transurane“ mit größerer Lebensdauer früher beobachtet worden war.

Nur ein alter Befund war noch nicht geklärt. Die Uranspaltung war „verstärkbar“, d. h., ihre Ausbeute nahm mit abnehmender Neutronenenergie zu; aber einer der bei der Einwirkung von Neutronen auf Uran entstehenden Beta-Strahler entstand nur bei einer ganz bestimmten Energie der Neutronen, was schon 1937 in einer von L. Meitner, O. Hahn und F. Strassmann gezeichneten Arbeit entdeckt war. Es lag hier also ein „Resonanzprozeß“ vor; der Beta-Strahler hatte eine Halbwertszeit von 23 Minuten und war radiochemisch mit voller Sicherheit als Uranisotop erkannt. Seine mit der Beta-Strahlung sich bildende Tochter konnte aber wegen zu geringer Intensität nicht eindeutig werden. Die anderen (U + n)-Körper waren wegen ihrer Kurzlebigkeit chemisch nicht zu identifizieren. Die schon von Fermi und später von allen gemachte, aber eben falsche Annahme, daß auch sie Isotope des Urans seien, war der Grund, die erfaßten Beta-Strahler als Töchter dieser Uranisotope anzusehen. Hierfür kamen wegen der Beta-Strahlung nach den bisherigen Kenntnissen nur Transurane in Betracht.

Lise Meitner blieb in ihren Briefen dabei, daß jener „23-Minuten-Körper“ die Mutter eines echten Transurans sei, was dann später auch bewiesen wurde. Es entsteht das neue Element Nr. 93 Neptunium, welches sich in 94 Plutonium umwandelt, die ersten Glieder der nun wirklichen Transurane, welche bei den damals schwachen Dahlemer Neutronenpräparaten gar nicht herstellbar waren. Die volle Klärung kam erst mit der Feststellung, daß das natürliche Uran zwei Isotope hat mit den Massenzahlen 235, welches spaltet, und 238, auf welchem sich mit jenem Resonanzprozeß die Transurane aufbauen. In der ersten Zeit der Uranspaltung hatte man immer nur an das Uran 238 gedacht – in einem Brief von Otto Robert Frisch an Hahn vom 6. Juni 1939 steht: „... ich werde mit Professor Bohr über die Wichtigkeit der von Ihnen vorgeschlagenen Prüfung der U 238-U 235-Hypothese sprechen. Ich habe gehört, daß man in Amerika daran ist, eine teilweise Trennung dieser zwei Isotopen durchzuführen, wodurch die Prüfung ja sehr leicht wäre ..." Niels Bohr hatte gerade die Hypothese aufgestellt, daß Kernspaltung durch langsame Neutronen nur bei dem Isotop U 235 eintritt.

Gerade in dieser Zeit beginnen auch die Diskussionen über eine mögliche explosive Kettenreaktion bei der Uranspaltung durch die freiwerdenden Neutronen und über die technische Nutzung der Atomkernenergie. Aber noch in einem Brief von Bohr an Lise Meitner vom 12. 7. 1939 wies dieser darauf hin, daß durch den obengenannten „Resonanzprozeß" die Spaltneutronen aufgebraucht, die Kette also bald abgebrochen würde! Wir führen die Behandlung dieser Fragen nicht fort; denn sie liegen nicht mehr im Hahnschen Arbeitsbereich.

Kurze Zeit darauf hatte der Krieg begonnen; zu den wissenschaftlichen Problemen waren die Fragen der technischen und auch der militärischen Verwendung der Kernspaltung gekommen. Während die letztere in unserem Land bald ad acta gelegt wurde, begann man sehr früh Entwicklungsarbeiten zum Bau von (wie man heute sagt) Uranreaktoren zur Verwendung der Atomkernenergie für technische Zwecke. An diesen Arbeiten hat Hahn sich niemals beteiligt. Mit den Mitarbeitern seines Institutes arbeitete er unermüdlich weiter an der Klärung der Uran- und Thoriumspaltung und der Entwirrung der radioaktiven Umwandlungen der Spaltprodukte. Jeder Fortschritt wurde in wissenschaftlichen Zeitungen publiziert: Bis zum Frühjahr 1945 waren 25 Elemente mit etwa 100 Isotopen radiochemisch und radiophysikalisch bestimmt.

Die Größe der hierin liegenden Leistung des Dahlemer Instituts kann man erst würdigen, wenn man sie mit den Ergebnissen der erst eineinhalb Jahre nach Kriegsende veröffentlichten amerikanischen Arbeiten vergleicht. Für diese standen stärkste Neutronenquellen und ganz beträchtliche personelle und finanzielle Mittel sowie die stets gut beschriebenen Methoden und Erfahrungen der HAHNschen Arbeitsgruppen zur Verfügung. Sie hatten zum Nachweis von nicht wesentlich mehr, nämlich von 36 Elementen mit 170 Isotopen, geführt, aber auch die wirklichen Transurane hergestellt, deren erstes, das Element 93, im Dahlemer Institut von KURT STARKE fast voll bearbeitet, aber wegen des Kriegsendes nicht mehr publiziert worden war.

Der durch den Zusammenbruch und die ihm folgenden äußeren Ereignisse bedingte gewaltsame Abschluß dieser Arbeiten wurde für HAHN auch der Abschluß seines gerade 40jährigen Forscherlebens: 1905 war seine erste Arbeit über die Entdeckung des Radiothors in den Proceedings der englischen Society, 1944 seine letzte mit FRITZ STRASSMANN verfaßte Experimentaluntersuchung „Über die chemische Abscheidung der bei der Spaltung des Urans entstehenden Elemente und Atomarten“ in den Abhandlungen der Preußischen Akademie der Wissenschaften erschienen; eine 1904 beim Radium-Nachweis beobachtete Nebenerscheinung leitete seine Erforschung der radioaktiven Elemente ein, ein fehlgeschlagener Nachweis von Radium mit der seit 1904 zu höchster Vollkommenheit entwickelten Methode führte 1938 zur Entdeckung der Spaltung des Urans — eine andere sonderbare Eigenschaft des Uran hatte 1896 BECQUEREL und das Ehepaar CURIE zur Entdeckung der Radioaktivität geführt.

TEIL 2

WISSENSCHAFTSHISTORISCHE UND METHODOLOGISCHE UNTERSUCHUNGEN

A. N. Wjalzew

Die Entdeckung des Neutrons als Knotenpunkt im Liniennetz der Wissenschaftsentwicklung

In der vorliegenden Abhandlung analysieren wir die Entdeckung des Neutrons nach einer Methode, die bereits am Beispiel der Entdeckung der Radioaktivität erprobt wurde.[1]) Kurz gesagt besteht ihr Wesen im Auffinden aller jener grundlegenden Reihen von Arbeiten (Entwicklungslinien), die einerseits an die gegebene Entdeckung heranführten und sich andererseits als deren Folge erwiesen. Außerdem hat sie die perspektive und retrospektive Erörterung dieser Arbeiten vom Standpunkt der jeweiligen Entdeckung aus zum Inhalt. Wir betrachten gewissermaßen Vergangenheit und Zukunft von der Warte der entsprechenden Entdeckung. Dabei sind wir bemüht, alles zu erfassen, was in irgendeiner Form mit ihr zusammenhängt. Wenn die Vergangenheit ein spürbareres Vorgefühl des kommenden Ereignisses in sich birgt und die Zukunft unter stärkerem Einfluß des Vergangenen steht, als gemeinhin angenommen wird, dann kann eine solche Analysemethode interessante Resultate liefern. Auf jeden Fall bringt die zeitliche Entfaltung einer wissenschaftlichen Idee, ihr Stammbaum, in dem sie mit nächsten artverwandten Ideen genetisch verbunden ist, Klarheit und Deutlichkeit in das Bild der Wissenschaftsentwickling. Durch diese Entfaltung kommen wir der Formulierung nichttrivialer Gesetze dieses Prozesses somit näher.

Jeder hervorgehobenen Entwicklungslinie ist ein gesonderter Abschnitt der Abhandlung gewidmet; die

[1]) Siehe Sammelband „Учение о радиоактивности. История и современность“ (Die Lehre von der Radioaktivität. Geschichte und Gegenwart). Moskau, Verlag „Nauka“, 1973, S. 23 (in russ. Sprache).

darauf folgenden Entwicklungslinien entstehen aus der Verflechtung der vorangegangenen oder stellen sich als deren Abzweigungen dar.

Betrachtet man das als Anhang zu dieser Abhandlung (s. S. 164) beigefügte Schema, dann wird die allgemeine Struktur der betrachteten Entwicklungslinien besonders deutlich. Die in dem Schema angegebenen Ziffern entsprechen den laufenden Nummern der Abschnitte der Abhandlung. Derartige Schemata könnte man als topographische Karten bestimmter Entdeckungen bezeichnen. Auf ihre Interpretation ist in den Schlußbemerkungen der Abhandlung eingegangen.

1. α-Strahlen

Die Entdeckung der Radioaktivität war ihrem Wesen nach die Entdeckung einer neuen Strahlungsart. Wir unterscheiden dabei drei Typen: α-, β- und γ-Strahlen; welche davon wurde von Becquerel zuerst beobachtet?

Bekanntlich stellte Becquerel zunächst die fotografische [1], später die ionisierende [2] Wirkung seines Uranpräparates fest. Die Unterteilung der Strahlung in α- und β-Strahlen nahm Rutherford nach der Stärke ihrer Absorption durch Substanzen vor [3]. In der Folgezeit stellt sich heraus, daß die fotografische Wirkung hauptsächlich von den β-Strahlen, die ionisierende Wirkung aber von den α-Strahlen verursacht wird [4]. Folglich kann man annehmen, daß zuerst β-Strahlen beobachtet wurden.

Da Uran, wie sich später zeigte, keine β-Strahlen emittiert, war die tatsächliche Strahlungsquelle im Becquerelschen Experiment irgendein anderer Stoff. Die dem Uran am nächsten benachbarte β-Quelle ist das Thorium (genauer Uran-X, ein Isotop des Thoriums). Einige Jahre nach der Entdeckung der Radioaktivität gelang es Crookes [5] und Becquerel [6], Uran-X und Uran zu trennen (erst damit war das Uran-X entdeckt), wobei sie überhaupt keine vom Uran ausgehende Strahlung feststellten. Somit spricht alles dafür, daß BECQUEREL in seinem ersten Experiment Strahlen des Thoriums, nicht aber des Urans beobachtete. Daher ist es notwendig die damalige Vorstellung über die Rolle des Urans in der Geschichte der Entdeckung der Radioaktivität zu präzisieren.

In den Experimenten zur ionisierenden Wirkung (die zeitlich von den Versuchen zur fotografischen Wirkung nur durch einige Tage getrennt waren) beobachtete BECQUEREL allem Anschein nach bereits α-Strahlen. Man hätte also den mitunter verwendeten Terminus „BECQUEREL-Strahlen" differenzieren können, beispielsweise in die Termini „BECQUEREL-Strahlen I" für β-Strahlen und „BECQUEREL-Strahlen II" für α-Strahlen. Nebenbei sei bemerkt, daß beide Vorgänger von BECQUEREL — DE SAINT-VICTOR und THOMPSON — bei der Beobachtung der Radioaktivität nur die fotografische Wirkung der Strahlen, das heißt nach dem bereits Gesagten, nur β-Strahlen beobachteten.

Die unterschiedliche Wirkung von α- und β-Strahlen, die sich bereits bei der Entdeckung der Radioaktivität offenbarte, bildete den Anfang einer langen Serie analoger Feststellungen über Unterschiede zwischen beiden Strahlen. Sie bedingte letzten Endes, daß die α-Strahlen in der Geschichte der Entdeckung des Neutrons die entscheidende Rolle spielten, während die β-Strahlen dabei bedeutungslos waren.

Die erfolgreiche Untersuchung der Radioaktivität wurde in vielerlei Hinsicht durch die Analogie ermöglicht, die man zwischen den verschiedenen radioaktiven Strahlen und bereits bekannten Strahlenarten feststellen konnte. Die Analogie war am vollständigsten im Fall der β-Strahlen, das heißt bei Elektronenströmen, die bereits in Form von Katodenstrahlen, des Photostromes und der thermischen Emission von Elektronen bekannt waren. Von einer Analogie am weitesten entfernt war der Fall der α-Strahlen: Sogar in einer mit Helium gefüllten Entladungsröhre bestehen die Kanalstrahlen hauptsächlich aus einfach ionisierten Heliumatomen. Die Entdeckung der α-Strahlen besaß für die Physik also einen großen Neuheitswert. Eine ähnliche Bedeutung hatte auch die Entdeckung des Neutrons.

Eine gewisse zwischen α- und Kanal- oder Anodenstrahlen bestehende Analogie machte die Ionenströme in der Geschichte der Entdeckung des Neutrons zu „Konkurrenten" der α-Strahlen. Obwohl ihre „Konkurrenz" nicht echt war, wurden bald nach der Entdekkung des Neutrons in mit α-Teilchen induzierten Kernreaktionen sowohl mit beschleunigten Ionen — Protonen und Deuteronen — als auch mit γ-Quanten Neutronenreaktionen realisiert.

Im ersten Jahrzehnt nach ihrer Entdeckung waren die α-Teilchen selber bevorzugte Forschungsobjekte; in der Folgezeit wurden sie zu effektiven Hilfsmitteln für andere Untersuchungen. Bestimmend dafür waren die hohe Geschwindigkeit und die relativ große Masse der α-Teilchen. Gerade durch diese Eigenschaften wurden mit Hilfe der α-Strahlen die Voraussetzungen für Experimente geschaffen, die zum RUTHERFORDschen Atommodell führten und Möglichkeiten eröffneten, künstliche Umwandlung der Elemente herbeizuführen. Auf der gleichen Stufe steht die Entdeckung der harten γ-Strahlen, die in leichten Elementen bei Beschuß mit α-Strahlen entstehen. Die weitere Auswertung dieser Beobachtung führte schließlich zur Entdeckung des Neutrons.

In diesem Sinne war die „Beteiligung" von α-Strahlen an der Entdeckung des Neutrons nicht zufällig, sondern schon zum Zeitpunkt der Entdeckung der Radioaktivität vorgezeichnet.

2. γ-*Strahlen*

Die γ-Strahlung wurde später als die α-Strahlung (1896) oder die β-Strahlung (1898) bemerkt (1900, [7]) und auch als solche erkannt (1902, [8]). Dieser zeitliche

Rückstand war durch die relativ geringe Intensität der γ-Strahlen bedingt. Die γ-Strahlung wurde durch ihr äußerst hohes Durchdringungsvermögen durch Stoffe entdeckt.

Die Untersuchung der γ-Strahlen blieb ebenfalls immer hinter der Analyse von α- und β-Strahlen zurück. Die Anzahl der Arbeiten, die in der Anfangsphase der Untersuchung der Radioaktivität den γ-Strahlen gewidmet waren, und die Menge der herausragenden Entdeckungen, die auf diesem Gebiet gemacht wurden, sind verhältnismäßig gering. Eine Ursache dieser „Phasenverschiebung“ in der Stufe der Erkenntnis liegt schon in der Schwierigkeit, mit γ-Strahlen zu experimentieren, die in ihrer elektrischen Neutralität und ungewöhnlich hoher Frequenz lagen. Diese Schwierigkeiten äußerten sich zum Beispiel in den ähnlichen Absorptionseigenschaften von γ- und Teilchenstrahlung beim Durchgang durch Substanzen. (In beiden Fällen ist die Absorption der Dichte der Substanz proportional.) Erst die Aufklärung dieses Umstandes machte es möglich, die Analogie zwischen γ-Strahlen und Röntgenstrahlen [9] zu erkennen.

Für die Untersuchung von γ-Strahlen war deshalb die Schaffung eines empfindlichen Nachweisgerätes besonders wichtig. Dieses Gerät wurde seinerseits durch die Beobachtung möglich, daß positive Ionen hauptsächlich beim Auftreffen auf die Katode ionisieren, während die Elektronen durch Stöße im Gas ionisierend wirken [10]. Dieser Umstand wurde von Müller, einem Doktoranden von Geiger, nachgewiesen; deshalb wird das Gerät auch als Geiger-Müller-Zähler bezeichnet.

Das relative Zurückbleiben der Physik der γ-Strahlen ist in der Geschichte der Entdeckung des Neutrons daraus zu ersehen, daß man den Prozeß der Neutronen- und Photonenerzeugung (mehr als anderthalb Jahre lang) ausschließlich als Photonenerzeugung interpretierte. Diese Prozesse wurden mit Hilfe eines Spitzenzählers (einer Art Geiger-Müller-Zähler) nachgewiesen.

Der auffallendste Unterschied zwischen den γ-Strahlen einerseits und den α- und β-Strahlen andererseits besteht darin, daß γ-Strahlen elektrisch neutral sind. Das zeigt sich unmittelbar beim radioaktiven Zerfall. Während α- und β-Zerfall von einer Umwandlung des chemischen Elementes begleitet sind, läßt der γ-Zerfall das Element unverändert. Für den γ-Zerfall gibt es deshalb u. a. keine Verschiebungsregeln wie sie von SODDY im Jahre 1910 für den α-Zerfall und in den Jahren 1912—1913 von FAJANS und RUSSELL für den β-Zerfall aufgestellt wurden. Mit Hilfe dieser Regeln ließen sich alle bekannten radioaktiven Elemente in drei Reihen einteilen, die als zuverlässige Anhaltspunkte bei der Untersuchung von α- und β-Strahlung dienten.

Das Fehlen solcher Anhaltspunkte im Fall der γ-Strahlen war zweifellos eine der Ursachen dafür, daß BOTHE und BECKER sich nach der Entdeckung der sekundären, sehr durchdringenden γ-Strahlung damit beschäftigten, auf der Grundlage der GAMOWschen Theorie, die sich in Anwendung auf den α-Zerfall bewährt hatte, fruchtlose Überlegungen über die diesen Strahlen entsprechenden intranuklearen Übergänge anzustellen [11].

Die elektrische Neutralität der γ-Quanten war in der Geschichte der Entdeckung des Neutrons auch deshalb sehr bedeutend, weil sie darin den Neutronen ähnlich sind. Sowohl wegen des nuklearen Ursprungs beider Teilchenarten als auch auf Grund der teilweise gleichartigen Wirkung auf Meßgeräte sind γ-Quanten und Neutronen durch ihre elektrische Neutralität schwer voneinander zu unterscheiden. Es ist daher verständlich, weshalb es in der Geschichte der Entdeckung des Neutrons eine Periode gab, in der man die Neutronen für γ-Quanten hielt.

Das Gesagte erlaubt es zu verstehen, wie sich die γ-Strahlen in die Geschichte der Entdeckung des Neutrons „einmischten" und warum dadurch eine Reihe von Mißverständnissen auftrat, die einen Rückstand im Erkenntnisprozeß zur Folge hatten.

3. *Induzierte γ-Strahlung*

Die Vorstellung über die Strahlung radioaktiver Körper durchlief in einer kurzen Zeitspanne folgende drei klassischen Stadien: Zuerst betrachtete man die Strahlung einheitlich. Danach wurde sie in drei Komponenten unterteilt, und bald darauf entstand von neuem das Bestreben, alle Strahlungsformen auf einen Typ zurückzuführen. Obwohl diese Bestrebungen nicht glückten, beeinflußten sie doch in Form von Fehlern, Irrtümern und einer gewissen Ansammlung von Gedanken den Gang der Erkenntnis der Radioaktivität. Zu verschiedenen Zeiten wurden einmal die α- und dann wieder die β-Strahlen für die einzig primären gehalten. Ein möglicher Zusammenhang zwischen den verschiedenen Strahlentypen wurde auch niemals außer acht gelassen.

Ein Meilenstein in der Geschichte dieser Vorstellungen war die Entdeckung, daß einige Stoffe die Fähigkeit besitzen, γ-Strahlen unter Einwirkung von α-Strahlen zu emittieren [12]. Diese Beobachtung machte Chadwick im Jahr 1912; denn die neue Strahlung wurde hauptsächlich von ihm und seinen Kollegen im Rutherford-Laboratorium untersucht. Am Anfang wurde dieser Effekt mit Hilfe von Röhren aus verschiedenen Materialien erforscht. Dabei schob man zwei Rohre ineinander, auf der Achse brachte man eine α-Quelle an, und die γ-Strahlen wurden außen mit einer Ionisationskammer registriert. Da die verwendete Quelle (Radiumemanation) und die aktiven Rückstände ebenfalls γ- und β-Strahlen emittieren, mußte die Ionisationsänderung gemessen werden. Man stellte fest, daß die Ionisation dann anwächst, wenn das innere Rohr aus einem schweren Metall (der maximale Effekt wurde mit Gold erzielt) besteht und das äußere Rohr eine Dicke von weniger als 1 cm hat (letzteres spricht dafür, daß die sekundären γ-Strahlen relativ weich sind). Um den Effekt zu vergrößern, wurde die Ionisationskammer mit einem Gas aus komplexen Molekülen gefüllt, da in ihm die ionisierende Wirkung der weichen Strahlen, verglichen mit der ionisierenden Wirkung der harten Strahlung, bedeutend höher liegt als in Luft. Trotz allem überstieg die Erhöhung der Ionisation selbst unter günstigsten Bedingungen 5% nicht [13].

Die Wiederholung der Versuche mit α-Quellen, speziell mit Thorium und Radiothorium, die von β- und γ-Strahlen frei sind, bestätigte die früheren Resultate, nachdem es gelungen war, in der induzierten Strahlung eine kaum merkliche Beimischung harter Strahlen festzustellen [14]. Ein Jahrzehnt später wurden ähnliche Versuche mit Radiumemanation, die nur α-Strahlen liefert, durchgeführt. Sie beweisen die Existenz einer schwachen Beimischung harter γ-Strahlen von solchen Targets wie Zinn und Blei [15]. Ein weiteres Jahrzehnt später führten Experimente mit α-Strahlen von Polonium zum entgegengesetzten Ergebnis. Man stellte fest, daß in der Bleistrahlung jegliche harte Komponente fehlt [16].

Lenken wir unsere Aufmerksamkeit auf die bereits genannte Besonderheit der erwähnten Arbeiten: Mit Ausnahme der letzten wurden sie alle von Mitarbeitern des Rutherford-Laboratoriums durchgeführt. Deshalb überprüfte man in diesem Laboratorium diese Experimente, als Bothe und Becker das Resultat von Slater anzweifelten. Diese Überprüfung, mit der sich Webster beschäftigte, bestätigte die Schlußfolgerung der deutschen Physiker über das Fehlen jener harten Komponente in der γ-Strahlung von Blei mit der Intensität, wie sie von Slater [17] angegeben wurde. Jedoch war die Aufmerksamkeit, die das führende Laboratorium den Experimenten von Bothe und Becker entgegenbrachte, von entscheidender Bedeutung, da sie letztendlich die Entdeckung des Neutrons ausgerechnet in diesem Laboratorium bestimmte.

Aus der Sicht späterer Erkenntnisse der Kernphysik stellte die γ-Strahlung schwerer Kerne unter Einwirkung von α-Strahlen einen wenig wahrscheinlichen Prozeß dar, weil die α-Teilchen nicht in der Lage sind, die

Potentialbarriere des schweren Kernes zu überwinden. Was beobachteten aber dann Chadwick und seine Nachfolger? Wahrscheinlich war es die γ-Strahlung leichter Elemente, die als Beimischung in den schweren Targets vorhanden waren. Aber ausgerechnet in derartiger Strahlung wurde in der Folgezeit das Neutron entdeckt. Es ist somit nicht ausgeschlossen, daß Chadwick bereits 20 Jahre vor der Entdeckung des Neutrons Reaktionen realisierte, in denen Neutronen entstehen, und daß er vielleicht sogar in irgendeiner Form die Wirkung der Neutronen beobachtet hatte.

4. *Künstliche Elementumwandlung*

Bei systematischen Untersuchungen des Durchgangs von α-Teilchen durch Gas wurden Protonen registriert, deren Intensität im Fall des reinen Stickstoffgases besonders hoch war. Diese Protonen interpretierte man als Bruchstücke der Stickstoffkerne, die von den α-Teilchen entweder bei ihrem Eindringen in den Kern oder durch Stöße mit dem Kern erzeugt werden. Die dabei verwendete Meßmethode (Szintillationszähler) erlaubte weder gesicherte Schlußfolgerungen über das weitere Verbleiben des α-Teilchens noch über den Charakter des Kerns zu ziehen, der sich dabei neu gebildet hat [18].

Diese von Rutherford im Jahre 1919 gemachte Entdeckung regte dazu an, den Durchgang von α-Strahlen durch verschiedene Stoffe aufmerksamer zu studieren. Mit diesem Meßprogramm beschäftigte sich Rutherford selber in Zusammenarbeit mit Chadwick in den darauffolgenden Jahren ebenso wie einige andere Physiker, zum Beispiel Kirsch und Petterson. Im allgemeinen entdeckte man immer neue Stoffe, die die Eigenschaft besaßen, bei Beschuß mit α-Teilchen Protonen abzugeben. In speziellen Fragen gab es jedoch Unterschiede: Die österreichischen Physiker beobachteten in der Regel eine intensive Protonenerzeugung auch an den Stoffen, bei denen die englischen Physiker keinerlei Protonen feststellten. Gegen Ende der zwanziger Jahre war die genannte Eigenschaft bei etwa einem Dutzend Elementen mit Gewißheit gesichert. Von diesen Elementen war eines leichter als Stickstoff (Bor), das schwerste unter ihnen war Krypton.

Ein wesentlicher Meilenstein in der Geschichte dieser Untersuchungen war die Anwendung der WILSON-Kammer, die es erlaubte, die Spuren aller an der Reaktion beteiligter Teilchen, u. a. auch der Rückstoßkerne, zu beobachten und zu vermessen [19]. Die Versuche mit der WILSON-Kammer zeigten, daß die Spur des α-Teilchens immer dort abbricht, wo die Spuren des Protons und des Restkerns beginnen. Daraus schlußfolgerte man, daß das α-Teilchen vom Kern absorbiert wird und die Reaktion $^{14}N + \alpha \rightarrow {}^{17}O + p$ abläuft. Nach dieser Feststellung ergab sich übrigens, daß RUTHERFORD im Jahr 1919 die künstliche Umwandlung der Elemente entdeckte und daß sich bei der Bestrahlung von Stickstoff mit α-Strahlen das seltene Sauerstoffisotop ^{17}O bildet.

Später wurde die gleiche Reaktion nicht nur mit dem Spinthariskop von CROOKES und der WILSON-Kammer, sondern auch mit dem GEIGER-Zähler erfolgreich untersucht [20]. Das hatte ebenfalls wichtige Folgen, aber bereits in einem anderen Sinn: Die Anwendung dieses Zählers führte zum Nachweis einer neuen Sekundärstrahlung, deren Analyse mit der Entdeckung des Neutrons gekrönt wurde.

Wir machen darauf aufmerksam, daß man in der betrachteten Periode alle Elementumwandlungen stets mit der gleichen Reaktion untersuchte: Sie wurden alle durch α-Teilchen induziert, und in jedem Fall traten als leichte Produkte nur Protonen auf. In dieser Hinsicht waren die „RUTHERFORD-Reaktionen“ den bereits beschriebenen Reaktionen von CHADWICK ähnlich. Der Unterschied zwischen ihnen besteht lediglich darin, daß als Reaktionsprodukte bei den einen Protonen und bei den anderen Photonen auftreten. Eine solche Beschränkung auf einen bestimmten Reaktionstyp mußte die Herausbildung einer engen Auffassung über Kernreaktionen stimulieren. Das wirkte sich wiederum auf das Verhältnis der Physiker jener Zeit zur Entdeckung neuer Reaktionsarten, u. a. der Reaktionen mit Neutronenbildung, aus.

5. *Bothe-Becker-Strahlung*

Der Geiger-Müller-Zähler ist ein effektives Nachweisgerät für Photonen. Es ist deshalb nicht verwunderlich, daß man durch seine Anwendung bei der Untersuchung von Reaktionen, in denen Protonen entstehen, solche Reaktionen entdeckte, bei denen Photonen gebildet werden [16, 11]. Genauso natürlich erscheint, daß mit seiner Hilfe solche Reaktionen gefunden werden, bei denen gleichzeitig ein Proton und ein Photon emittiert werden [21]. An dieser Stelle sei bemerkt, daß sich mit der zuletzt genannten Entdeckung die beiden in den Abschnitten 3 und 4 betrachteten Entwicklungslinien vereinigten — die Linie der „Photonen-“ oder Chadwickschen Reaktionen und die Linie der „Protonen-“ oder Rutherfordschen Reaktionen.

Interessant erscheint ein Gedanke des Entdeckers der neuen Reaktionen, Bothe: Er war sich natürlich bewußt, daß seine Arbeiten in der von Rutherford verfolgten Richtung lagen. Als er jedoch harte γ-Strahlen entdeckt hatte, äußerte er die Vermutung, daß es sich „eher um eine Nebenerscheinung als um einen wesentlichen Teil des Kernzerfalls handelt“ [22].

Die Reaktionen von Chadwick und Rutherford unterscheiden sich nicht nur in den leichten Produkten (Photonen oder Protonen), sondern auch in der Massenzahl des Targets: Photonen wurden in schweren, Protonen in leichten Targets erzeugt. Die Bothe-Becker-Strahlen entstehen an leichten Elementen. Das macht sie den Protonenreaktionen verwandt; ähnlich wie die Chadwickschen Reaktionen stellen sie jedoch eine Photonenstrahlung dar. Eigentlich hätte man die Bothe-Becker-Strahlung als Chadwickschen Strahlung leichter Elemente bezeichnen können. Tatsächlich war die Chadwick-Strahlung, wie bereits erwähnt, offensichtlich nichts anderes als die spätere Bothe-Becker-Strahlung von zufälligen Beimischungen leichter Kerne zu jenen schweren Elementen, mit denen die Versuche durchgeführt wurden. Für die Verflechtung dieser beiden Entwicklungslinien war es somit notwendig, die Beschränkung auf schwere Elemente einerseits und Protonenstrahlen andererseits zu überwinden. Das wurde dann auch in den Versuchen von Bothe und Becker verwirklicht, indem man gleichzeitig leichte Elemente und ein auf Photonen ansprechendes Meßgerät verwendete.

Man muß zugestehen, daß die von Bothe und Becker im Mai 1930 gemachte Entdeckung auch früher hätte erfolgen können, wenn man nicht davon überzeugt gewesen wäre, daß einerseits nur schwere Elemente in der Lage sind, Chadwick-Strahlen zu emittieren, und andererseits die Rutherfordschen Reaktionen ihrem Wesen nach Protonenreaktionen sind. Als Webster die Versuche von Bothe und Becker wiederholte, erkannte er die neue Erscheinung in vollem Maß, und zwar sowohl mit dem Zählrohr als auch in der Ionisationskammer bei hohem Druck. Es besteht kein Zweifel daran, daß Slater diese Entdeckung gemacht hätte, wenn er seinerzeit im gleichen Laboratorium auf die Idee gekommen wäre, leichte Stoffe zu untersuchen. Weiterhin spricht die Tatsache, daß die Rutherford-Reaktionen jahrelang nur mit dem Spinthariskop und danach mit der Wilson-Kammer untersucht wurden, eindeutig dafür, daß die Experimentatoren die Erzeugung von Photonen in diesen Reaktionen gar nicht erst in Betracht gezogen hatten. Es sei auch darauf hingewiesen, daß die Verwendung eines Zählrohrs in den Versuchen von Bothe und Fränz [20] auch gar nicht dem Wunsch entsprangen, diesen Gedanken zu prüfen, sondern hauptsächlich dem Bestreben, den Streit zwischen den englischen und österreichischen Physikern mit Hilfe einer neuen Meßmethode zu entscheiden.

Obwohl die Reaktionen von BOTHE und BECKER eine Verallgemeinerung der beiden früher bekannten Reaktionstypen darstellten, blieben sie zunächst unbeachtet. Im ersten Jahr wurden sie außer von den Autoren selbst nicht einmal erwähnt. Als BOTHE ein Jahr nach der Entdeckung auf der Züricher Konferenz darüber einen Vortrag hielt, gab es dazu weder Fragen noch Diskussionen. Trotzdem scheint der Beitrag nicht vollkommen unbeachtet geblieben zu sein. Auf der Konferenz war JOLIOT anwesend und, nach Frankreich zurückgekehrt, wiederholte er ein halbes Jahr später zusammen mit I. CURIE die Versuche von BOTHE und BECKER mit einer Ionisationskammer. Wie bereits erwähnt, untersuchte man damals die gleiche Erscheinung auch in England.

Die Besonderheit der BOTHE-BECKER-Strahlen ist ihre außergewöhnliche Härte. Blei- und andere Abschirmungen, die einen wesentlichen Anteil selbst der härtesten γ-Strahlen der natürlich radioaktiven Elemente absorbiert hatten, schwächten sie in erheblich geringerem Maße ab. Für die Energien ihrer Quanten wurden folgende Werte gefunden: für Beryllium — 7 bis 20 MeV [23, 17], für Bor — 10 bis 11 MeV [24, 17], für Lithium — 0,6 MeV [25]. Diese Werte stimmten gut mit theoretischen Abschätzungen für die Reaktionen $^{10}B + \alpha \rightarrow {}^{14}N + \gamma$ und $^{6}Li + \alpha \rightarrow {}^{10}B + \gamma$ überein. Das erhöhte zweifellos auch nicht das Interesse an der BOTHE-BECKER-Strahlung.

6. *Compton-Effekt*

Die Geschichte der Quantentheorie ist anfänglich durch Elemente einer zögernden Entwicklung gekennzeichnet, die heute schwer zu rechtfertigen sind. Der Begriff des Photons ging in die Wissenschaft sofort mit zwei Merkmalen ein — der Energie $h\nu$ und einer neuen Statistik [26]. Als Portion elektromagnetischer Energie hätte dem Photon scheinbar auch sofort ein Impuls zugeschrieben werden müssen, der nach der POYNTINGschen Formel $h\nu/c$ beträgt. In Wirklichkeit erhielt es diese Charakteristik erst viel später, anderthalb Jahrzehnte danach, dazu noch teilweise zufällig, in Verbindung mit der Diskussion eines speziellen Problems, der BROWNschen Molekülbewegung im Strahlungsfeld [27]. Nachdem man dem Photon bestimmte Werte von Energie und Impuls zugeschrieben hatte, wäre es naheliegend gewesen, ebenso die Wechselwirkung des Photons mit einem Elektron unter Beachtung des Energie- und Impulserhaltungssatzes zu betrachten. Dann hätte sich gezeigt, daß sich im Stoß die Wellenlänge des gestreuten Lichtes um $\Delta\lambda = (h/mc)\ (1\text{-}\cos\theta)$ vergrößern muß. In Wirklichkeit wurde eine solche Betrachtung erst unter dem Druck der Schwierigkeiten, diese Beobachtung in der klassischen Theorie zu erklären, und der experimentellen Entdeckung der erwähnten Wellenlängenverschiebung durchgeführt [28]. Damit ging ein Effekt, den man schon zu Anfang des 20. Jahrhunderts hätte voraussehen und berechnen können, erst zu Anfang der zwanziger Jahre in den Besitz der Wissenschaft über.

Beim COMPTON-Effekt müssen außer der Wellenlängenverschiebung der Streustrahlung auch die auftretenden Rückstoßelektronen beobachtet werden. Aus ihrer Energie und dem Rückstoßwinkel kann man auf die Photonenenergie schließen. Auf diese Weise wurden die oben angeführten Werte für die Quantenenergie der BOTHE-BECKER-Strahlung ermittelt.

Eine Theorie, die nur auf den Gesetzen der Energie- und Impulserhaltung aufbaut, beantwortet nicht die Frage, mit welcher Wahrscheinlichkeit ein Photon-Elektron-Stoß erfolgt, oder, mit anderen Worten, wie groß der Wirkungsquerschnitt dieses Prozesses ist. Für harte Photonen vermochte die relativistische Quantentheorie des Elektrons schon bald nach ihrer Ausarbeitung [30] eine Antwort zu geben [29]. Die entsprechende Formel von KLEIN-NISHINA lautet:

$$\sigma = \pi r_0^2 \frac{mc^2}{h\nu} \ln\left(\frac{2h\nu}{mc^2}+1\right) \text{ für } h\nu \gg mc^2 \text{ und}$$

$$\sigma = 8/3\pi r_0^2 \left(1-\frac{2h\nu}{mc^2}\right) \text{ für } h\nu \ll mc^2.$$ Hier bedeutet $r_0 = e^2/mc^2$ den klassischen Radius des Teilchens der Masse m, an dem das Photon der Frequenz ν gestreut wird. Die erste Formel ist für die Streuung harter γ-Quanten, darunter Quanten der BOTHE-BECKER-Strahlung, an Elektronen anwendbar. Danach verringert sich der Querschnitt etwa umgekehrt proportional zur Frequenz. Diese Abhängigkeit steht mit dem hohen Durchdringungsvermögen von Photonen sehr hoher Energie in Einklang. Die zweite Formel gilt für die Streuung gewöhnlichen Lichts an Elektronen (Geltungsbereich des klassischen Ausdrucks von THOMSON $\sigma_0 = 8/3\pi r_0^2$) oder, zum Beispiel, für die Streuung von Quanten der BOTHE-BECKER-Strahlung an Protonen. In jedem Fall ist der Wirkungsquerschnitt um so kleiner, je schwerer das Teilchen ist, an dem die Streuung erfolgt. Diese zuletzt genannte Abhängigkeit erklärt möglicherweise, warum BOTHE, der anderthalb Jahre lang das Monopol an der Untersuchung der von ihm entdeckten Strahlen besaß, nicht auf den Gedanken kam, ihre Streuung an Protonen zu studieren. Solche Experimente führten später französische Physiker durch.

7. Effekt von I. Curie und Joliot

Was regte die französischen Physiker dazu an, vor dem Eintritt der BOTHE-BECKER-Strahlung in der Ionisationskammer einen Schirm aus wasserstoffhaltiger Substanz anzubringen? Offensichtlich der natürliche Wunsch, die

Compton-Streuung dieser Strahlen an einer Probe mit definierter Ionisationsenergie gründlicher zu untersuchen. Nachdem jedoch ein Experiment unter solchen Bedingungen aufgebaut war, registrierte die Ionisationskammer eine überraschend große Anzahl unerwartet schneller Protonen [31].

Das Experiment wurde mit einer Wilson-Kammer wiederholt; es bestätigte die Richtigkeit der gemachten Beobachtung [32].

Für die Photonenenergien, die ausreichen, um Protonen auf die im Versuch beobachtete Geschwindigkeit zu bringen, erhielt man nach der Formel von Compton und Debye die Werte 35 MeV für Bor und 50 MeV für Beryllium. Das war etwa dreimal mehr, als die Messung dieser Energien bei der Streuung an Elektronen ergab. I. Curie und Joliot nahmen an, daß die Ursache für diese Abweichung in den Ungenauigkeiten der experimentellen Werte lag.

Die experimentell bestimmte Wahrscheinlichkeit des neuen Effektes überstieg um das vierfache die Wahrscheinlichkeit, die aus der Klein-Nishina-Formel für die Protonenstreuung folgt. Für die Photonenstreuung an Protonen lag der experimentelle Wert mehrere tausendmal über der theoretischen Voraussage. Wodurch ist diese Abweichung zwischen Theorie und Experiment zu erklären? I. Curie und Joliot nahmen an, daß bei sehr hohen Energien eine neuartige Wechselwirkung auftritt, die in der Elektrodynamik bis dahin noch unbekannt war.

Es ist leicht zu sehen, daß die zuletzt genannte Annahme ihrem Wesen nach einer Negierung der elektromagnetischen Natur des Effektes von Curie-Joliot gleichkommt. In der Tat, ob wir sagen: „Das ist ein Photon mit Eigenschaften, die die bekannten Photonen nicht besitzen“, oder: „Das ist kein Photon“, — wir drücken damit ziemlich den gleichen Gedanken aus.

Das Auftreten schneller Protonen stellten die französischen Physiker in Paraffin, Wasser und Zellophan mit

Hilfe einer Ionisationskammer fest, die mit einem HOFFMANNschen Elektrometer versehen war. Sie berichteten darüber am 11. Januar 1932. Etwa einen Monat danach teilte CHADWICK mit, daß er denselben Versuch unter Verwendung einer Ionisationskammer mit Verstärker und Oszillograph sowie einer Reihe anderer leichter Stoffe wiederholt hatte. Das Experiment ermöglichte es ihm, neben dem Protonenrückstoß auch den Rückstoß von Lithium- und Berylliumkernen sowie einigen anderen Stoffen zu bestimmen. Daraus folgte, daß man den Quanten der BOTHE-BECKER-Strahlung eine noch höhere Energie zuschreiben müßte (nach den Ergebnissen des Rückstoßes von Stickstoffkernen bis zu 70 MeV) [33]. Kurz nach der Mitteilung von CHADWICK und unabhängig von ihm berichteten die französischen Physiker über die Beobachtung des Effekts in der WILSON-Kammer, wobei sie auch den Rückstoß von Wasserstoff- und Heliumkernen feststellten. Damit erzielten die französischen Physiker im wesentlichen die gleichen Resultate wie CHADWICK, sie zogen aus ihnen jedoch andere Schlußfolgerungen.

Wir haben die hauptsächlichsten Fakten zusammengestellt, auf deren Grundlage die Idee vom Neutron geboren wurde. In gewisser Weise haben wir so schon die Entdeckung des Neutrons dargelegt. Da jedoch das Wort „Neutron“ noch nicht ausgesprochen war, muß man diese Entdeckung als noch verborgen ansehen. Um sie sichtbar zu machen, würde es reichen, zu sagen: „Der von I. CURIE und JOLIOT gefundene Effekt wird durch Neutronen verursacht“. Wahrscheinlich formulierten seinerzeit viele Leser des Artikels der französischen Physiker diesen schwerwiegenden Satz. Über einen von ihnen, MAJORANA, schreibt AMALDI in seinen Erinnerungen (s. S. 46); einen analogen Sinn hat CHADWICKS Darstellung, wie er, FEATHER und RUTHERFORD darauf reagierten (s. S. 18). In der Geschichte der Entdeckung des Neutrons hätte sich die Situation, wie Amerika entdeckt wurde, wiederholen können: COLUMBUS, der es zuerst erreichte, hielt es für Ostindien, und es bedurfte nur der unbedeutenden Einmischung Amerigo Vespuccis, um die Entdeckung vollständig zu machen. Es kam jedoch ganz anders, da Chadwick dem von I. Curie und Joliot gewiesenen Weg folgte, teilweise ihre Versuche wiederholend und sie teilweise weiterentwickelnd.

8. Neutronen

Nicht nur die Idee von der Existenz eines Neutrons, sondern auch der Terminus „Neutron" behaupteten sich in der Physik bereits in den zwei bis drei Jahrzehnten, die seiner experimentellen Entdeckung vorausgingen. Dafür gibt es die verschiedensten Ursachen: das Primat des Atoms als kleinste Einheit elektrisch neutraler Materie, die Möglichkeit der Bildung eines neutralen Systems aus einem negativen und einem (hypothetischen) positiven Elektron, die breiten Diskussionen über den Aufbau der Atomkerne aus Protonen und Elektronen und die Modifikation des Wasserstoffatoms. Die zuletzt genannte Hypothese erwies sich als besonders fruchtbar, indem sie dazu anregte, die zu erwartenden Eigenschaften eines „neutralen Dubletts" [34] allseitig zu betrachten und darüber hinaus eine Reihe von Experimenten zum Nachweis eines solchen Systems durchzuführen. Einen derartigen Nachweis versuchte man zum Beispiel über Kernprozesse, deren Anregung durch Neutronen wahrscheinlich sein sollten [35], bzw. durch die Beobachtung des zu erwartenden Energiegewinns bei der Bildung eines Neutrons aus Proton und Elektron [36]. Beide Experimente wurden mit einer elektrischen Gasentladung durchgeführt. Dabei konzentrierte sich im ersten Versuch die Aufmerksamkeit auf mögliche Reaktionsprodukte und im zweiten auf die Bilanz der Energien, die dem Entladungsrohr zugeführt und von ihm abgegeben werden. Beide Versuche lieferten negative Resultate.

Den Grund für den Mißerfolg dieser Experimente muß

man darin sehen, daß die Größe des Effektes und die zu seiner Realisierung angewandten Mittel sich nicht entsprachen. Die Experimentatoren strebten danach, Neutronen durch räumliche Annäherung von Elektronen und Protonen zu erzeugen. Etwas Ähnliches geschieht in der Tat beim K-Einfang, der vor anderthalb Jahrzehnten entdeckt wurde, aber erstens spontan und zweitens in komplizierteren Atomen als den Wasserstoffatomen. Für seine künstliche Anregung braucht man wesentlich höhere Energien, als sie bei Gasentladungen vorliegen.

Später wurde versucht, Neutronen bei Beschuß verschiedener Stoffe mit α-Teilchen zu beobachten. Dieser Weg erschien um so verlockender, da er schon bei der Photonen- und Protonenerzeugung beschritten worden war. Besonders sorgfältige Untersuchungen wurden bei der Bestrahlung von Aluminium vorgenommen, sie führten jedoch, wie alle früheren Versuche, zu keinem positiven Resultat [37].

Die zuletzt genannten Versuche sind gerade deshalb bemerkenswert, weil man dabei jene Methode anwandte, mit der einige Jahre später Neutronenquellen geschaffen wurden. Ihr Mißerfolg läßt sich durch die Verwendung verhältnismäßig schwerer Targets erklären.

Verschiedentlich wurden noch weitere, ebenfalls erfolglose Versuche unternommen, das Neutron zu beobachten; sie wurden in der Fachliteratur jedoch nicht publiziert [38].

Die genannten zielstrebigen Experimente, das hypothetische Teilchen zu finden, wurden alle im Laboratorium von Rutherford durchgeführt. Das erlaubt es, von einem festen, intuitiven Glauben Rutherfords an die Idee des Neutrons zu sprechen. Es war sein Wunsch, dieses neue Teilchen in den Alltag der Physik einzuführen, das vor allem durch seine Fähigkeit auffällt, sich frei bis an den Kern heranzubewegen und eventuell in ihn einzudringen.

Um den Mißerfolg der Suche nach dem Neutron zu rechtfertigen, sagte Rutherford später: „Niemand konnte die Bedingungen voraussehen, unter denen dieses bemerkenswerte Teilchen letztendlich entdeckt wurde“ [39]. Ist das wirklich richtig? Wir verwiesen bereits darauf, daß die Orientierung auf α-Teilchen-induzierte Kernreaktionen natürlich war. Es ist auch nicht schwierig, folgende Gedankenkette zu konstruieren: Da das Verhältnis der Zahl der „Neutronen“ (der Systeme „Proton + Elektron“) und der Protonen im Kern mit zunehmendem Atomgewicht wächst (dies war seit 1913 bekannt), bewirkt das Eindringen von α-Teilchen in den Kern bei leichten Kernen eine stärkere relative Änderung der Neutronenzahl als bei schweren Kernen, so daß leichte Kerne besonders zum Neutronenzerfall neigen sollten. Auf einen solchen Gedankengang ist damals niemand gekommen. Ihm am nächsten kam wahrscheinlich ROSENBLUM, indem er annahm, daß Neutronen aus Kernen abfließen [40]. Das bedeutet aber nicht, daß niemand hätte darauf kommen können. Hätte man jedoch diesen Schluß gezogen, dann wäre es nur natürlich gewesen, sich auf die Untersuchung leichter Kerne wie Lithium, Beryllium und Bor zu konzentrieren, bei deren Beschuß mit α-Teilchen die Entdeckung des Neutrons in Wirklichkeit auch gelang.

In der Geschichte der Wissenschaft kommt es häufig vor, daß man der Entwicklung eines Gedankens, der in der Folgezeit allgemein anerkannt und geläufig wird, vernachlässigt. Diese Erscheinung ist zu rechtfertigen: Was in den nachfolgenden Stadien einfach erscheint, ist es in den vorangehenden keineswegs. Das schließt aber trotzdem die Möglichkeit nicht aus, sich in jedem gegebenen Entwicklungsstadium die für die Zukunft der Wissenschaft heuristischen Gesichtspunkte anzueignen, die es erlauben zu behaupten: „So muß es sein“. Und das, noch bevor geklärt wird, wie es in der Tat ist. Das Studium der Wissenschaftsgeschichte überzeugt uns immer mehr davon, daß der Weg, den die Erkenntnis der Natur nimmt, einmalig und vorbestimmt ist [41]. Folglich ist eine Erkenntnis der Natur im Prinzip nicht nur a posteriori (analytisch) möglich, wie dies in der modernen Naturwissenschaft der Fall ist, sondern auch a priori (deduktiv), wie es die Naturphilosophen versuchten und es durch die Formulierung des Prinzips der kleinsten Wirkung, des Prinzips des kürzesten Weges und anderer Variationsprinzipien bereits teilweise gelang.

9. Entdeckung des Neutrons

Kehren wir nun zu der Erklärung zurück, die I. CURIE und JOLIOT für ihre Versuchsergebnisse und den von ihnen entdeckten Effekt gaben. Ihn als COMPTON-Effekt interpretierend, erklärten sie die Abweichung in der Quantenenergie um das Dreifache durch die Ungenauigkeiten des Experiments und die Abweichung in den Wahrscheinlichkeiten um das Tausendfache durch die Existenz einer neuen Wechselwirkung von Photonen mit Materie. Das war eine mögliche Erklärung, jedoch nicht die einzige. Eine andere Interpretation hätte auf der Idee des Neutrons aufbauen können. Die Wechselwirkung eines α-Teilchens mit einem Berylliumkern würde dann die Form $^{9}Be + \alpha \rightarrow {}^{12}C + n$ annehmen. Der von I. CURIE und JOLIOT gefundene Effekt hätte den Charakter eines Stoßes zweier schwerer Körper bekommen, wobei man die Rückstoßenergie wiederum mit den Erhaltungssätzen für Energie und Impuls berechnen könnte. Bei diesem Vorgehen ließen sich durch Variation der Neutronenmasse schon annehmbare Werte für die Neutronenenergie erreichen. Die Formel von KLEIN-NISHINA ist jedoch überhaupt nicht mehr anwendbar, und das Problem der Wahrscheinlichkeit für die Neutron-Proton-Streuung mußte in der Zukunft gelöst werden [33].

So lautete die Erklärung, die CHADWICK in einer Notiz vom 17. Februar 1932 vorschlägt.

Die von CHADWICK gegebene Interpretation beseitigte auch einige andere Widersprüche, die bei der Untersuchung der BOTHE-BECKER-Strahlen aufgetreten waren.

So zum Beispiel WEBSTERS Beobachtung, daß die in Einfallsrichtung der α-Teilchen emittierten Strahlen schwächer absorbiert werden als die in entgegengesetzter Richtung auslaufenden [42]. Es ist interessant, daß WEBSTER diese Feststellung nicht im gleichen Artikel traf, der die Mitteilung über den genannten Fakt enthielt, sondern in einem nachgesandten Brief; in WEBSTERS Artikel klang die Idee des Neutrons noch nicht an. Da WEBSTER unter der Leitung von CHADWICK arbeitete, kann man darauf schließen, daß CHADWICK die richtige Erklärung des Effektes von I. CURIE und JOLIOT zwischen dem 19. Januar (Eingangsdatum des Artikels von WEBSTER) und dem 17. Februar 1932 fand. Möglicherweise wirkte sich hierbei die Verzögerung der Publikation von I. CURIE und JOLIOT aus: Am 11. Januar der Pariser Akademie der Wissenschaften eingereicht, wurde sie erst in der Ausgabe der C. r. Acad. Sci. vom 18. Januar abgedruckt.

Eine zweite Publikation über ihren Effekt reichten die französischen Physiker am 22. Februar ein, das heißt, nach der Mitteilung von CHADWICK, ohne diese jedoch zu kennen. In der zweiten Mitteilung entwickelten sie die Photonenerklärung des Effektes weiter [32]. Das bedeutet, daß in Frankreich die Idee des Neutrons noch einige Tage unbekannt blieb, obwohl sie in England bereits veröffentlicht war.

Wir sprachen bereits davon, daß sich auch die französischen Physiker bei der Erklärung ihres Effektes in gewissem Sinn vom Begriff des Photons gelöst hatten. Man könnte sogar sagen, daß das auf besondere Weise mit Substanzen wechselwirkende Photon eben das Neutron ist. Damit waren alle möglichen Unterschiede zwischen Neutron und Photon (endliche Ruhmasse, halbzahliger Spin etc.) auf die Wechselwirkungskraft zurückgeführt. Die Möglichkeit einer solchen Denkweise ist auch in unserer Zeit nicht ausgeschlossen. Die französischen Physiker gingen jedoch diesen Weg nicht. Ihre erste Reaktion auf die Hypothese von CHADWICK reduzierte sich auf die Frage: Wie ist diese Hypothese mit dem Auftreten schneller Elektronen in Einklang zu bringen, die bereits von BOTHE und BECKER beobachtet wurden und die eindeutig für das Auftreten von Photonen sprechen? [43]. Sie versuchten demnach die gesamte Erscheinung einheitlich zu erklären, obwohl sie sich als kompliziertes Phänomen erwies, an dem Photonen und Neutronen beteiligt sind.

Die Erklärung von I. CURIE und JOLIOT trug ihrem Wesen nach negativen Charakter, da sie der These gleichkam: „Das Agens, das die Atomkerne in Bewegung versetzt, ist kein Photon". Damit ist gesagt, was das Agens nicht ist. Es wird jedoch keine Aussage getroffen, was es ist. Diesen positiven Teil der Antwort gab CHADWICK, der das Agens mit dem Neutron identifizierte. Unter dem Begriff des Neutrons wurde dabei ein Teilchen mit einer endlichen Ruhmasse, etwa der Ruhmasse des Protons, verstanden. Wenn der Begriff des Neutrons nicht bereits gebräuchlich gewesen wäre, dann hätte CHADWICK durchaus die Formulierung „Photon mit der Ruhmasse des Protons" benutzen können. In diesem Sinn haben die französischen Physiker das Neutron mitentdeckt.

Nachdem die deutschen Physiker von der CHADWICKschen Hypothese erfahren hatten, erklärten sie, kurz davor ebenfalls den Schluß gezogen zu haben, daß in der Strahlung angeregter Kerne eine neuartige Strahlung auftritt. Sie unterstrichen nachdrücklich die Unzulässigkeit des Versuchs, die ganze Vielfalt dieser Strahlung, die in der Neutronen- und Photonenerzeugung bei Beschuß leichter Elemente mit α-Strahlen liegt, auf Neutronen zurückzuführen [44]. Mit einer abgeänderten Zählerkonstruktion wiesen sie nach, daß sowohl Neutronen als auch Photonen beobachtet werden [45].

Um das historische Bild zu präzisieren, müssen wir folglich anerkennen, daß nicht mit der BOTHE-BECKER-Strahlung, sondern erstmals im Effekt von I. CURIE und JOLIOT Neutronen beobachtet wurden. Gleichzeitig umfaßt die Definition der BOTHE-BECKER-Strahlung als sehr durchdringende Strahlung, die bei der Bombardierung einiger leichter Stoffe mit α-Strahlen entsteht, sowohl die Photonen- als auch die Neutronenkomponente. Mit anderen Worten, BOTHE und BECKER entdeckten eine Neutronenquelle auf Grund der Photonen, die zusammen mit den Neutronen auftreten, ohne jedoch die Neutronen selbst zu beobachten. Das war durch die Besonderheiten ihres Meßgrätes, eines GEIGER-MÜLLER-Zählers, bedingt, das zwar auf Photonen, aber nicht auf Neutronen anspricht.

Wir haben zu zeigen versucht, daß die Ereignisse, die die Bedingungen für die Entdeckung des Neutrons schufen, ihre eigene Logik besaßen. Besonders bemerkenswert ist, daß sie sich vollkommen unabhängig von der Vorgeschichte der Idee des Neutrons entwickelten. In dem Schema auf Seite 164 drückt sich dieser Umstand dadurch aus, daß die achte Linie von allen vorhergehenden isoliert ist. Im allgemeinen hätte es passieren können, daß diese Linie bei der Entdeckungsgeschichte des Neutrons keine Rolle gespielt hätte, wenn zum Beispiel I. CURIE und JOLIOT selbst der Gedanke gekommen wäre, ihren Effekt mit Hilfe eines neutralen Teilchens endlicher Ruhmasse zu erklären. Dann wäre die Entdeckung des Neutrons historisch mit dem Nachweis des Effektes von I. CURIE und JOLIOT einhergegangen. In Wirklichkeit wurde die Erklärung des Effektes durch die Neutronenhypothese in einem wissenschaftlichen Milieu vorgeschlagen, in dem die Idee des Neutrons über eine Reihe von Jahren reifte. Man ist daher berechtigt, die Linie „Idee des Neutrons“ in den allgemeinen Fluß der Entwicklung einzubeziehen und sogar einen tiefen Sinn darin zu sehen, daß das Primat bei der Entdeckung des Neutrons einem Schüler von RUTHERFORD gebührt.

10. Aufbau des Atomkerns aus Neutronen und Protonen

Die Entdeckung des Neutrons regte das wissenschaftliche Schöpfertum stark an. Neue Ideen und Begriffe flossen in den allgemeinen Strom der Erkenntnis ein, in dem sie in Bewegung blieben, das heißt, sich mit anderen Ideen und Begriffen vereinigten, neue erzeugten und als Grundbestandteile in das ständig wachsende Gebäude der Wissenschaft eingingen. Man vermag keine einzige Arbeit zu nennen, in der das Neutron an sich, unabhängig von den anderen Errungenschaften der Wissenschaft, untersucht worden wäre. Andererseits konnte bereits keine einzige, in irgendeiner Form mit Neutronen verbundene Erscheinung über längere Zeit ohne die Hypothese von der Existenz des Neutrons studiert werden.

Das schließt jedoch die Möglichkeit nicht aus, die Bewegungen der neuen Idee zu verfolgen, ihre Verbindungen mit anderen Erkenntnissen herauszustellen und ihre effektivste und fruchtbarste Anwendung aufzuzeigen. Der Terminus, unter dem eine neue Idee in die Wissenschaft eintrat, dient dabei als eine Art „Schwimmer", der es erlaubt, diese Idee nicht nur bei ihren verborgenen Bewegungen im Auge zu behalten, sondern auch in ihren Wandlungen, nach denen sie ihren Sinn mitunter bis zur Unkenntlichkeit, bis ins glatte Gegenteil ändert. Die Entdeckung des Neutrons im bereits erwähnten engeren Sinn des Wortes, in dem man sie gewöhnlich sieht, bildet nur den Anfang der Entdeckung des Neutrons im weiteren Sinn des Wortes. Dieser zuletzt genannte Prozeß, der sich aus der Entwicklung der Idee selbst und allen ihren Anwendungen zusammensetzt, dauert bis zum heutigen Tag an und wird noch lange währen.

Bereits als man den Begriff des Atomkerns einführte, ließ sich feststellen, daß das Gewicht des Kerns in atomaren Einheiten ungefähr doppelt so groß ist wie seine in Elementarladungen ausgedrückte elektrische Ladung

[46]. Wollte man also die Proutsche Hypothese auf den Kern übertragen, dann mußte man sie einfach in folgender Weise modifizieren: Die Kerne aller Atome bestehen aus Protonen, die deren Gewicht bestimmen, und aus Elektronen in der notwendigen Anzahl, um den Überschuß an positiven Protonenladungen gegenüber der Kernladungszahl zu kompensieren. Diesen Schritt tat im Jahr 1913 van den Broek [47]. Die Selbstverständlichkeit der van den Broekschen Hypothese sicherte ihr eine breite Anerkennung für längere Zeit, ungeachtet der mit den Jahren anwachsenden Zahl von Widersprüchen, zu denen sie führte. Die Widersprüche betrafen die Masse, den Spin und das magnetische Moment des Elektrons, wobei sie in jedem Fall auf den gleichen Gedanken führten, daß es in Kernen keine Elektronen gibt. Parallel dazu entwickelte sich die andere Vorstellung, daß ein System „Proton—Elektron" oder „Neutron" im Kern eine wichtige Rolle spielt. Die Entdeckung des Neutrons bestätigte beide Ansichten. Zwei Monate nach der Entdeckung des Neutrons durch Chadwick postulierte Iwanenko die Zusammensetzung der Kerne aus Protonen und Neutronen [48].

Die Hypothese von Iwanenko gewann nur in dem Maß die Oberhand über die Vorstellungen van den Broeks, wie den Neutronen ein Fermionencharakter und ein magnetisches Moment zugeschrieben wurde, das kleiner ist als das magnetische Moment des Elektrons. Mit anderen Worten, sie forderte, von dem Bild des Neutrons als Proton-Elektron-System abzugehen und an seine Stelle die Vorstellung eines Elementarteilchens von der Art des Protons und Elektrons zu setzen. Gleichzeitig geriet die Iwanenkosche Hypothese dadurch in eine schwierige Lage. Erstens entstand das Problem des β-Zerfalls der Kerne. Wie ist die Fähigkeit der Kerne zu erklären, Elektronen zu emittieren, wenn sie diese Teilchen nicht enthalten? Zweitens ergab sich das Problem der Kernkräfte, die man vorher in der einen oder anderen Weise mit den elektrischen und magnetischen Eigenschaften der Kernbestandteile in Zusammenhang brachte. Drittens mußte man die jahrelange Tradition, das Neutron als Miniaturform des Wasserstoffs anzusehen, für unzulässig erklären. Letzten Endes ließ sich gegen die neue Hypothese einwenden, daß sie in keiner Weise das α-Teilchen hervorhob, das man mitunter neben Protonen und Elektronen als selbständige Komponente der Kerne ansah.

Die Hypothese von Iwanenko hatte deshalb Bestand, weil sich zeigte, daß all diese Schwierigkeiten überwunden werden konnten. In der ersten Zeit schien das allerdings keineswegs der Fall zu sein. Damit kann man erklären, warum einerseits niemand vor Iwanenko (21. April 1932) eine solche scheinbar natürliche Hypothese aufstellte und warum andererseits auch danach noch versucht wurde, das Neutron als kompliziertes System aus Proton und Elektron und in Analogie dazu das Proton als System aus Neutron und Positron zu betrachten. Diese Versuche lassen sich erst im Rahmen der modernen Vorstellungen über die Struktur der Elementarteilchen rechtfertigen. Die Historiker glätten alle diese Nuancen, indem sie etwa folgendes erklären: „Die Hypothese von Iwanenko, die durch ihre Einfachheit besticht und durch die anschließenden Untersuchungen der Kernumwandlungen bestätigt wurde, fand schnelle Verbreitung und wurde bald zur vorherrschenden Ansicht“ [49].

11. Kernkräfte

Eine weitere Eigenschaft des Atomkerns lieferte der minimale Abstand zwischen Kern und α-Teilchen im Stoßprozeß. Aus den vorliegenden experimentellen Daten bestimmte ihn Rutherford größenordnungsmäßig zu 10^{-12} cm, was selbst verglichen mit dem Atomradius klein war [46]. Im Fall eines α-Teilchens und eines Protons fand man für diesen Abstand einen Wert von etwa $2 \cdot 10^{-13}$ cm [50]. Dabei blieb ungeklärt, ob das Coulomb-Gesetz für noch kleinere Abstände vom Kernmittelpunkt gilt. Allgemeine Überlegungen führten zu dem Schluß, daß Coulomb-Kräfte bei Abständen von 10^{-13} cm und darunter mit den Regeln der Quantentheorie unvereinbar sind und durch stärker abfallende Kräfte ersetzt werden müssen [51]. Streuversuche mit schnellen α-Teilchen an den leichtesten Kernen (Protonen) wiesen auch auf eine Abweichung von der Rutherford-Darwin-Formel, die auf dem Coulomb-Gesetz aufbaut, hin, so daß für Abstände kleiner als $3 \cdot 10^{-13}$ cm nichtzentrale, stark abfallende Kräfte angenommen werden mußten [52].

Bei der Untersuchung verschiedener stark abfallender Potentiale zeigte sich als eine interessante Besonderheit, daß alle praktischen Schlußfolgerungen von der Potentialform nur schwach abhingen. Das wurde zunächst durch klassische [53], später durch quantenmechanische Rechnungen [54] gezeigt. In der Folgezeit war es daher möglich, auf der Grundlage der Iwanenkoschen Hypothese die verschiedensten Potentiale zu betrachten: Kastenpotential, Exponentialpotential, Gauss-Potential und die Potentiale von Morse, Yukawa u. a.

Alle Arbeiten mit dem Ziel, stark abfallende Kräfte entweder aus einer komplizierten Konfiguration des Proton-Elektron-Systems oder aus der magnetischen Wechselwirkung der Kernteilchen oder einer besonderen Polarisation des Kerns abzuleiten, verloren mit dem Übergang zur Iwanenkoschen Hypothese ihre Bedeutung, da klar wurde, daß mit der Einbeziehung des Neutrons in den Kernaufbau notwendigerweise ein neuer Typ von Kräften – die Kernkräfte – postuliert werden mußte. Somit entstand das Problem der Kernkräfte als neuer Wechselwirkungstyp erst nach der Entdeckung des Neutrons, obwohl die Idee der stark abfallenden Kräfte, die bis auf Abstände von 10^{-12} bis 10^{-13} cm wirken, bereits in der Rutherfordschen Arbeit aus dem Jahr 1919 enthalten war. Die Untersuchung der Kernkräfte auf einem neuen Niveau begann im Juni 1932, als Hei-

SENBERG Vorstellungen über ihren Austauschcharakter entwickelte [55].

Die Notwendigkeit, eine β-Radioaktivität der Kerne zu erklären, die traditionelle Vorstellung über das Neutron als Proton-Elektron-System sowie die Analogie zu den Austauschkräften in H_2^+-Ionen brachten es mit sich, daß von den Austauschkräften zuerst der Ladungsaustausch betrachtet wurde. Ladungsaustauschkräfte wirken hauptsächlich zwischen Proton und Neutron. Sie können aber auch zwei Neutronen verbinden (analog zu den Kräften im H_2-Molekül), obwohl ihre Intensität in diesem Fall als relativ gering zu erwarten ist. Die Ladungsaustauschkräfte ermöglichten es, den wichtigsten Begriff der gesamten späteren Kernphysik – den Begriff des Nukleons – einzuführen, und lieferten eine natürliche Erklärung der linearen Abhängigkeit der Bindungsenergie von der Nukleonenzahl [55]. Im Widerspruch zu der Tatsache, daß erst das α-Teilchen maximale Stabilität besitzt, tritt bei Ladungsaustausch jedoch bereits beim Deuteron Sättigung ein. Damit wurde angeregt, dem Ladungsaustausch den gleichzeitigen Austausch von Ladung und Spin oder, was das gleiche bedeutet, den Austausch der Ortskoordinaten gegenüberzustellen [56]. Man führte auch den Austausch des Spins ein, der den gleichen Mangel wie der Ladungsaustausch aufwies [57].

In allgemeinster Form werden Kernkräfte als Linearkombination der genannten drei Austauschkräfte (der HEISENBERG-Kräfte, der MAJORANA-Kräfte und der BARTLETT-Kräfte) und einer gewöhnlichen Kraft dargestellt, die man allgemein als WIGNER-Kraft bezeichnet.

Die Idee der Austauschkräfte führte, befruchtet vom Bild des Feldmechanismus einer Wechselwirkung, zu der Vorstellung, daß zwischen Proton und Neutron zwei Leptonen – ein Elektron und ein Neutrino – ausgetauscht werden können [58]. Obwohl diese Vorstellung zu einem gravierenden quantitativen Widerspruch führte, entwickelte sie sich in natürlicher Weise zu der Vorstellung über den Austausch eines hypothetischen Mesons und wurde in dieser Form zur Grundlage einer ersten quantitativen Theorie der Kernkräfte – der Mesonentheorie von Yukawa (1935) [59]. Zwei Jahre später wurden in der kosmischen Strahlung Teilchen entdeckt mit Eigenschaften, die in gewissem Maß den Eigenschaften des postulierten Mesons entsprachen. Damit erhielt die Theorie von Yukawa prophetischen Charakter. Obwohl die erwähnte Identifizierung der Teilchen sich als falsch herausstellte, wurde zehn weitere Jahre später ebenfalls in der kosmischen Strahlung ein anderes Teilchen – das Pion – entdeckt, das alle wichtigen theoretischen Erwartungen erfüllte.

Nach den Pionen entdeckte man weitere Teilchen, die ebenfalls an der starken Wechselwirkung beteiligt sind – die Kaonen und Hyperonen. In dieser Gruppe stark wechselwirkender Teilchen oder Hadronen nehmen die Neutronen nach modernen Vorstellungen einen gleichberechtigten, durch nichts hervorgehobenen Platz ein. Das Problem der Kernkräfte, das mit der Entdeckung des Neutrons auf eine neue Stufe gehoben wurde, erwies sich mit anderen Worten keineswegs als spezifisches Neutronen- oder gar Nukleonenproblem. Richtiger ist die Aussage, daß es sich hierbei um ein Problem der Elementarteilchenphysik handelt. In diesem Sinn stellte die Entdeckung des Neutrons den Prolog eines neuen Abschnitts der modernen Physik dar.

12. Theorie des β-Zerfalls

Von den drei Arten des radioaktiven Zerfalls haben α- und γ-Zerfall „normale", das heißt diskrete Spektren, das Spektrum des β-Zerfalls ist „anomal", das heißt kontinuierlich [60]. Dieser Umstand beeinflußte sowohl die Geschichte der Untersuchung des β-Zerfalls als auch dessen Theorie.

Der erste Schritt auf dem Weg zu einer Theorie des

β-Zerfalls war die Idee des Neutrinos, eines schwer nachweisbaren Teilchens, das gemeinsam mit dem Elektron den Kern verläßt und einen beliebigen Teil der für den gegebenen Kern charakteristischen Energie trägt [61]. Diesen Gedanken äußerte PAULI im Juni 1930. Er selber glaubte jedoch so wenig daran, daß er es nicht einmal für notwendig hielt, darüber eine Publikation zu schreiben. Man kann sich vorstellen, daß zum Zweifel an der Existenz des Neutrino die Ansicht beitrug, Elektron, Proton und Photon seien die einzigen Elementarteilchen, zumal diese Meinung sich in den zwei vorangegangenen Jahrzehnten stabilisiert hatte. Die Entdeckung des Neutrons versetzte dieser Ansicht den ersten Schlag. Tatsächlich begannen nach der Entdeckung des Neutrons viele Autoren, darunter auch PAULI [62], über das Neutrino zu schreiben. Es ist selbstverständlich auch nicht zufällig, daß der Entdecker des Neutrons als erster versuchte, das Neutrino durch seine magnetische Wirkung zu beobachten [63].

Eine weitere Idee, die sich nach der Entdeckung des Neutrons ebenfalls bestätigte, bestand in einer Analogie zwischen der Emission von β-Teilchen durch den Kern und der Ausstrahlung von Photonen durch das Atom. Bei dieser Vorstellung ist wesentlich, daß sich das emittierte Teilchen zum Zeitpunkt der Emission bildet und nicht als im Kern bereits vorhanden angesehen wird [64].

Die Theorie des β-Zerfalls wurde zur ersten Theorie des Atomkerns, die von seinem Aufbau aus Protonen und Neutronen ausgeht [55, 65]. Eine erstrangige Rolle spielten dabei solche Begriffe wie Nukleon, Ladungsaustausch zwischen Nukleonen sowie Isospin, der durch die PAULI-Matrizen beschrieben wird. Das prinzipiell Neue, wodurch FERMI die Theorie von HEISENBERG ergänzte, bestand in der Einführung einer Vier-Fermionen-Wechselwirkung, die per definitionem für den β-Zerfall verantwortlich ist. Dieser Wechselwirkung gab FERMI in Analogie zur Elektrodynamik Vektorcharakter.

Gleichzeitig ging in die Theorie eine neue Konstante ein, die Fermische Konstante der schwachen Wechselwirkung [66].

Eine vorläufige Mitteilung über seine Theorie machte Fermi im Dezember 1933, ein vollständiger Artikel erschien im Januar 1934. Die zwei Jahre, die das Erscheinen dieses Artikels von der Entdeckung des Neutrons trennten, waren eine notwendige Frist, um die genannten Meilensteine zu setzen, die eine innere Verbindung dieser beiden Ereignisse deutlich markierten. Die Frage, ob die Theorie des β-Zerfalls unabhängig von der Entdeckung des Neutrons hätte entwickelt werden können, muß man verneinen.

Die Fermi-Theorie wurde in folgenden Punkten erweitert: Positronenzerfall (Wick, 1934), höhere Ableitungen im Wechselwirkungsanteil und Berücksichtigung von Antiteilchen (Konopinski und Uhlenbeck, 1935), Übergänge mit Drehimpulsänderung (Gamow und Teller, 1936), Linearkombination aus relativistisch invarianten Wechselwirkungsgliedern (Fierz, 1937), von denen, wie sich ein Vierteljahrhundert später herausstellte, die Kombination V-A die entscheidende Rolle spielt (Feynman und Gell-Mann, Sakurai, 1957). Die verallgemeinerte Fermi-Theorie wurde nicht nur auf den Kernzerfall, sondern auch auf den Zerfall aller danach entdeckten instabilen Elementarteilchen – der Myonen, Pionen, Kaonen und Hyperonen – erfolgreich angewendet. Die Möglichkeit, den spontanen Zerfall aller instabilen Mikroobjekte einheitlich zu erklären, spricht dafür, daß nicht nur das Neutron, sondern eine Gruppe von Elementarteilchen schwachen Wechselwirkungen unterliegt.

Das Neutron als Träger der Eigenschaften der starken und schwachen Wechselwirkung ist eines von vielen Mikroobjekten, von denen einige, insbesondere die radioaktiven Atome, die Atomkerne und das Proton, früher als das Neutron entdeckt wurden. Die stimulierende Rolle der Entdeckung des Neutrons in der Entwicklung der Theorie der starken und schwachen Wechselwirkungen beruht auf einer Besonderheit, die das Neutron von allen anderen Mikroobjekten unterscheidet, seine elektrische Neutralität.

Bis zur Entdeckung des Neutrons beherrschte das Bild der elektromagnetischen Kräfte die Physik der Mikroobjekte. Alle Naturkräfte, die bei atomaren Systemen eine Rolle spielen, wurden auf elektromagnetische Wechselwirkungen zurückgeführt. Die Existenz des Neutrons bewies die Unzulänglichkeit dieser Vorstellung. Es wurde klar, daß zwischen atomaren und subatomaren Objekten auch andersartige Kräfte wirken. Solche Kräfte sind eben die starke Wechselwirkung, die die Stabilität der Atomkerne gewährleistet, und die schwache Wechselwirkung, die für den β-Zerfall der Atomkerne und der Elementarteilchen verantwortlich ist.

13. Kernmodelle

Nach dem Aufbau der Atomkerne wurde ständig die Frage nach der Verteilung der Kernbestandteile über sein Volumen diskutiert.

Die vielfach bestätigte Beobachtung, daß ein α-Teilchen nur ein einziges Proton aus dem Kern herausschlagen kann, führte auf die Vorstellung von Protonenbahnen im Kern [67]. Der gleiche Fakt ließ jedoch auch eine Interpretation des Kerns als kompliziertes System zu, das unter Einwirkung des α-Teilchens soweit angeregt wird, daß ein Proton den Kern verlassen kann [68]. Diese zwei Hypothesen, die in der ersten Hälfte der zwanziger Jahre entstanden und im wesentlichen einander ausschließen, wurden in den darauffolgenden Jahren mit wechselndem Erfolg diskutiert. Sie überdauerten gerade in dieser rivalisierenden Form die Entdeckung des Neutrons, die die Entwicklung entsprechender Theorien aktivierte. Die erste Hypothese nannte man in der Folgezeit „Schalenmodell“, die zweite „Tröpfchenmodell“.

Die von der Entdeckung des Neutrons hervorgerufenen wissenschaftlichen Aktivitäten waren zunächst darauf gerichtet, das Schalenmodell zu bestätigen. Bereits die einfache Anwendung der Regeln, die für die Quantenzahlen der Elektronen in den Atomen aufgestellt wurden, erlaubte es, die bekannte Folge der stabilen Isotope leichter Elemente zu erklären [69]. Betrachtet man die besondere Häufigkeit der Nukleonensysteme mit Protonen- und Neutronenzahlen von 2, 8, 20, 50, 82, so war es natürlich, diese „magischen Zahlen“ mit aufgefüllten Protonen- und Neutronenschalen in Verbindung zu bringen [70].

Die ersten Publikationen über diese Zahlenfolgen erschienen von Bartlett im Juli 1932 und von Gapon und Iwanenko im August 1932.

Wir wollen die Aufmerksamkeit auf folgendes lenken: Einer der ersten Autoren zum Schalenmodell auf der Grundlage der Neutron-Proton-Hypothese für den Aufbau des Atomkerns war Iwanenko. Sein Name war außerdem bereits im Zusammenhang mit der Hypothese von der Bildung des Elektrons zum Zeitpunkt des β-Zerfalls des Kerns und der Theorie der Kernwechselwirkung durch ein Elektron-Neutrino-Feld gefallen. Die Geburt dieser Ideen im Kopf ein und desselben Menschen zeugt von seiner systematischen Arbeit am Problem des Neutrons. Dabei ist wesentlich, daß diese Arbeit mindestens zwei Jahre vor der Entdeckung des Neutrons begonnen wurde.

Das Interesse am Tröpfchenmodell wurde unter dem Einfluß der Entdeckung des Neutrons ebenfalls wiederbelebt, wenngleich nur mittelbar: zunächst durch die Untersuchung von Kernreaktionen mit Neutronen verschiedener Energien [71], später im Zusammenhang mit der Entdeckung der Kernspaltung durch Neutronen [72]. Diese beiden Momente brachten das Verständnis der statistischen Eigenschaften der Kerne sowie der Gesetze verschiedener Kernumwandlungen stark voran.

Der weitere Fortschritt auf dem Gebiet des Schalenmodells wurde durch den glücklichen Gedanken bedingt, die Kopplung zwischen Spin und Bahndrehimpulsen der Nukleonen zu berücksichtigen [73]. Anstatt eines weiteren Ausbaus des Tröpfchenmodells ging etwas qualitativ Neues vor sich – die Synthese des Tröpfchen- und des Schalenmodells und die Schaffung des verallgemeinerten Kernmodells [74]. Zweifellos wäre diese originelle Richtung, die die langjährige Rivalität der beiden Modelle beendete und das Problem der Atomkernstruktur auf eine qualitativ höhere Stufe stellte, ohne die Entdeckung des Neutrons und einer Reihe dadurch bedingter Ereignisse undenkbar gewesen.

In den letzten vier Abschnitten sind Hinweise auf Arbeiten sowjetischer Physiker zu finden, die in der Periode, die der Entdeckung des Neutrons voranging, fehlten. Die ersten Arbeiten der sowjetischen Physiker waren Beiträge zur Theorie des Atomkerns; die wichtigsten Arbeiten stammen von TAMM und IWANENKO. Wir wollen hier zwei Äußerungen ausländischer Physiker anführen, die es erlauben, über die historische Bedeutung dieser ersten sowjetischen Arbeiten zu urteilen.

Der japanische Physiker TAKETANI erinnerte sich: „YUKAWA war sehr erregt, als er die Arbeiten von TAMM und IWANENKO gelesen hatte, in denen die Kernkräfte unter der Annahme abgeschätzt worden waren, daß der Austausch von Elektron-Neutrino-Paaren zwischen Proton und Neutron zu einem kurzreichweitigen Potential führt“ [75].

Über den Einfluß dieser Arbeiten der sowjetischen Wissenschaftler auf die europäischen Physiker sprach KEMMER [76]. Nachdem er die zentrale Stellung unterstrichen hatte, die das Problem der Kernkräfte nach der Entdeckung des Neutrons besaß, gab er seiner Verwunderung darüber Ausdruck, daß die meisten Physiker bis zur Theorie von FERMI dieses Problem nicht mit der Quantenfeldtheorie in Zusammenhang gebracht hatten, und erklärte: „Damals bedurfte es des Beitrags der sowjetischen Physiker TAMM und IWANENKO, um die

Idee der Erzeugung und Vernichtung von Teilchen mit bereits bekannten Austauschkräften zwischen Proton und Neutron zu verbinden und die Möglichkeit zu untersuchen, die Fermi-Wechselwirkung für die Kernkräfte verantwortlich zu machen, ähnlich wie die elektromagnetische Wechselwirkung auf die Coulomb-Kräfte führt.“

Die Bedeutung der erwähnten Arbeiten der sowjetischen Physiker ist nicht auf die Kernphysik beschränkt. Die in diesem Zusammenhang interessanteste Anerkennung äußerte Sakata [77]. Indem er sich daran erinnerte, wie er zu dem nach ihm benannten Modell für stark wechselwirkende Elementarteilchen kam, sagte er: „Nachdem das Neutron entdeckt war, schlugen Iwanenko und Heisenberg ein Modell vor, in dem die Atomkerne als komplizierte Systeme von Neutronen und Protonen angesehen wurden. Dadurch reduzierten sich die gerade-ungerade-Regel und andere vorher schwer erklärbare Kerneigenschaften auf die einfache und klare Logik der Materie. Diese Geschichte im Auge und nach einer Analogie zur Theorie der Atomkerne suchend, kam ich zu einem Modell komplizierter Elementarteilchen und verstand, daß das Λ-Hyperon darin eine ebensolche historische Rolle spielen muß wie das Neutron in der Theorie der Atomkerne.“

Noch vor dem Debüt der sowjetischen Theoretiker traten die sowjetischen Experimentatoren (Skobelzyn, Myssowski u. a.) in die internationale Arena der Kernphysik. Das Auftreten sowohl der sowjetischen Theoretiker wie auch der sowjetischen Experimentatoren erwies sich nicht als Episode, sondern begründete den Anfang eines breiten Stroms systematischer Untersuchungen, die auch heute noch fortgesetzt werden. Unter anderem war es dadurch möglich, daß die UdSSR nach den USA zur zweiten Nuklearmacht wurde. Gesetzmäßig ist ebenfalls, daß die Pioniere der Kernphysik in der UdSSR (Kurtschatow, Blochinzew u. a.) in der Folgezeit Projekte leiteten, die auf die praktische Anwendung der Kernenergie abzielten.

14. Neutroneninduzierte Kernreaktionen

Wie wir bereits feststellten, wirkte gerade die hypothetische Annahme der Fähigkeit des Neutrons, frei in Atomkerne eindringen zu können, lange vor der experimentellen Entdeckung dieses Teilchens anziehend auf die Gedankenwelt RUTHERFORDS. Es ist daher nicht verwunderlich, daß sofort nach seiner Entdeckung im Laboratorium von RUTHERFORD mit der Untersuchung der Kernreaktionen mit Neutronen begonnen wurde. Solche Experimente waren möglich, weil gleichzeitig mit der Entdeckung des Neutrons auch Neutronenquellen entdeckt wurden (genauer gesagt, ging die zweite Entdeckung sogar der erstgenannten voraus, war bis dahin jedoch niemandem bewußt). Nebenbei sei bemerkt, daß man die Neutronenquellen gewöhnlich mit dem Symbol des Elements, dessen α-Strahlen die BOTHE-BECKER-Strahlen erzeugten, und des Elements, in dem die Anregung erfolgte, bezeichnete, z. B. (Po + Be)-Quelle.

Die Streuung von Neutronen an Kernen wurde in einer mit Stickstoff gefüllten WILSON-Kammer und einer (Po + Be)-Quelle untersucht. Man fertigte etwa 1500 fotografische Aufnahmen an, von denen etwa 30 die paarigen Rückstoßspuren aufwiesen. Das wurde als Hinweis darauf interpretiert, daß in Einzelfällen beim Zusammenstoß des Neutrons mit dem Stickstoffkern zwei Kerne gebildet werden. Es schien möglich, einen der Kerne als Proton, Deuteron oder α-Teilchen und den anderen als entsprechenden Restkern des Stickstoffisotops zu identifizieren. Außerdem ließ sich die Bildung von Neutronen oder γ-Quanten nicht ausschließen. Mit der größten Wahrscheinlichkeit lief die Reaktion $^{14}N + n \rightarrow {}^{11}B + \alpha$ ab, die, wie man leicht sieht, die Umkehrreaktion zur Bildungsreaktion des Neutrons darstellt [78].

Die beschriebenen Versuche wurden von FEATHER durchgeführt. Eine Publikation darüber erschien am 10. Mai 1932 zusammen mit zwei anderen Mitteilungen (von Chadwick und Dee), mit denen das Rutherford-Laboratorium den Beginn der systematischen Untersuchungen mit Neutronen ankündigte.

Es sei auf den „Stickstoffcharakter" aller anfänglichen Entdeckungen auf dem Gebiet der Kernumwandlungen verwiesen: Rutherford entdeckte 1919 die Entstehung von Protonen beim Durchgang von α-Teilchen durch Stickstoff, Blackett erzielte 1925 mit einer Wilson-Kammer die erste Fotografie einer künstlichen Elementumwandlung an Stickstoff, und schließlich beobachtete Feather 1932 an Stickstoff als erster neutroneninduzierte Kernreaktionen. Die Ursachen für diese häufige Verwendung des Stickstoffs muß man vor allem in der relativen Instabilität der Stickstoffkerne sehen, die zu den ungerade-ungeraden Kernen gehören. Eine gewisse Rolle spielte zweifellos auch der Zufall.

Die Arbeit von Feather eröffnete das vielleicht breiteste kernphysikalische Forschungsgebiet – die Physik der neutroneninduzierten Kernreaktionen. Ähnliche Arbeiten folgten unmittelbar darauf und erweiterten sofort das Gebiet der Untersuchungen [79, 80]. In der Folgezeit wurde die Wechselwirkung von Neutronen verschiedener Geschwindigkeiten mit Kernen aller stabilen Isotope der bekannten Elemente untersucht. Die Gesamtzahl der bis zum heutigen Tag beobachteten Reaktionen mit Neutronen geht offensichtlich in die Milliarden. Viele Neutronenreaktionen erlangten selbständige Bedeutung und liegen neuen Untersuchungsrichtungen zugrunde. Es wurden die Bedingungen für die detaillierte Klassifizierung dieser Reaktionen geschaffen, beispielsweise nach der Art ihrer Produkte, wie dies bereits Feather in seiner ersten Arbeit andeutete.

Im folgenden betrachten wir einige spezielle Reaktionen. Ihre Vielfalt und große Bedeutung beweisen, daß Rutherford sich in seinen früheren Vermutungen über die Eigenschaften des Neutrons nicht geirrt hatte. Wie fast immer in ähnlichen Fällen, zeigte sich die Natur gleichzeitig reicher als selbst die kühnste Phantasie. Einige neutroneninduzierte Reaktionen hatte sogar bis zu ihrer empirischen Entdeckung keiner auch nur vermutet.

15. Neutron-Proton-Streuung

Ein Spezialfall der neutroneninduzierten Kernreaktionen ist die elastische Neutron-Proton-Streuung. Mit der Untersuchung dieser Prozesse begannen I. CURIE und JOLIOT bei der Entdeckung ihres Effektes, da das dabei beobachtete Proton das Rückstoßproton aus der Neutron-Proton-Streuung ist. Aktuelle Bedeutung erlangten diese Prozesse im Zusammenhang mit den Kernkräften, deren Eigenschaften vor allem im Zweinukleonensystem geklärt werden mußten. Außer dem Deuteron ist besonders das System, das in der Streuung des Neutrons am Proton realisiert wird, von Interesse.

Bei der Neutron-Proton-Streuung werden bei jeder gegebenen Neutronenenergie zwei Größen gemessen: Die Winkelverteilung der gestreuten Neutronen (oder der Rückstoßprotonen) und der totale Wirkungsquerschnitt des Prozesses. Die Aufgabe der Experimentatoren war es, diese beiden Größen im gesamten zugänglichen Energiebereich zu bestimmen. Die Theoretiker hatten die Aufgabe, die erhaltenen Ergebnisse mit einer minimalen Zahl von Annahmen über die Eigenschaften der Kernkräfte zu erklären.

Die ersten Messungen wurden mit Neutronen aus der BOTHE-BECKER-Strahlung (Energie in der Größenordnung 1 MeV) durchgeführt. Sie lieferten für den totalen Querschnitt den Wert 1 bis 2 barn [80, 81] und eine etwa isotrope Winkelverteilung der gestreuten Neutronen [81—83]. Beide Ergebnisse waren mit der Quantentheorie der Streuung am Kastenpotential gut vereinbar. Für den totalen Querschnitt lieferte die Theorie den Ausdruck

$\sigma = \frac{4\pi\hbar^2}{m} \frac{1 + \alpha r_0}{|\varepsilon| + \frac{1}{2} E}$ (WIGNER-Formel), wobei E die kinetische Energie des einlaufenden Neutrons ist. Außerdem bedeutet ε die Bindungsenergie des Deuterons, r_0 bezeichnet die Reichweite der Kernkräfte, und es gilt $\alpha = \sqrt{m|\varepsilon|}/\hbar$ [84]. Bei Fortführung der Untersuchungen ergaben sich jedoch Schwierigkeiten. Experimente mit Neutronen aus unterschiedlichen Quellen und damit verschiedener Energie zeigten mit abfallender Energie einen schnelleren Anstieg des totalen Streuquerschnitts, als aus der WIGNER-Formel folgt [83, 85]. Als mögliche Ursachen dieser Abweichung betrachtet man unter anderem die Spinabhängigkeit der Kernkräfte [86]. Es bedurfte jedoch noch einiger Experimente, ehe diese Idee anerkannt wurde. Entscheidend war dabei die Entdeckung der Neutronenbremsung beim Durchgang durch wasserstoffhaltige Materialien [87].

Die Versuche mit bis zu thermischen Energien abgebremsten Neutronen führten zu vollkommen unerwarteten Werten des totalen Querschnitts der Neutron-Proton-Streuung: 20 bis 40 barn und mehr [88]. Es wurde klar, daß die ursprüngliche Theorie grundlegend ergänzt werden mußte. Die Berücksichtigung der Spinabhängigkeit der Kernkräfte löste das Problem weitgehend. Die WIGNER-Formel nahm die Form

$$\sigma = \frac{\pi \hbar^2}{m} \left(3 \, \frac{1 + \alpha r_0}{|\varepsilon| + 1/2\,E} + \frac{1 + \alpha' r_0}{|\varepsilon|' + 1/2\,E} \right)$$

an, wobei ε' die Energie des Neutron-Proton-Systems im Singulettzustand des Spins darstellt. Man setzte diese Größe etwa gleich 100 keV und konnte damit die gesamten experimentellen Daten erklären [89].

Wir haben nur einige erste Ergebnisse erwähnt, die sich in einer der neuen, nach der Entdeckung des Neutrons entstandenen Forschungsrichtungen ergaben. Die folgenden Abschnitte dieses Weges waren nicht weniger reich an Ereignissen. Die hierbei gewonnenen Erkenntnisse waren nicht nur für die Physik des Neutrons im engeren Sinne des Wortes, sondern auch für die benachbarten Wissenschaftsgebiete von Bedeutung, zum Beispiel für die Theorie der chemischen Bindung. Andererseits war die Untersuchung der Neutron-Proton-Streuung nur ein Teil des riesigen Stroms von Arbeiten, die die Streuung von Neutronen an den verschiedensten Kernen untersuchten. Die mit anderen Kernen erzielten Resultate spielten nicht selten eine wichtige Rolle bei der Schaffung der entsprechenden Theorie für die Protonenstreuung. Die Neutron-Proton-Streuung zog jedoch immer die erhöhte Aufmerksamkeit der Physiker auf sich, da das Zweinukleonensystem einfach zu behandeln ist.

Im vorliegenden Abschnitt haben wir häufiger als in den vorangegangenen Arbeiten amerikanischer Physiker berücksichtigt. Wie sich später herausstellte, war das Anwachsen der amerikanischen Aktivitäten in den ersten Jahren nach der Entdeckung des Neutrons symptomatisch für die stürmische Entwicklung der Kernphysik in den USA, die in den folgenden Jahren einsetzte. Die Verlagerung des Zentrums der Kernforschung und darunter auch der Neutronenphysik von Europa nach den USA wurde dadurch begünstigt, daß eine Reihe hervorragender Physiker Europas (wir haben hier Fermi und Wigner genannt) nach den USA emigrierten.

16. Künstliche Radioaktivität

Die künstliche Radioaktivität der Atomkerne wurde bei Bestrahlung einiger leichter Elemente (Aluminium, Magnesium und Bor) mit α-Strahlen entdeckt [90]. Kurz darauf gelang es, sie durch beschleunigte Protonen und Deuteronen anzuregen. Um so natürlicher mußte der Wunsch sein, die Wirkung von Neutronen zu untersuchen, für die leichte und schwere Kerne gleichermaßen zugänglich sind.

Eine möglichst intensive (Rn + Be)-Neutronenquelle wurde in der Mitte eines kleinen Zylinders aus verschiedenen reinen Materialien untergebracht (die Wahl der zylindrischen Targetform hatte das Ziel, die effektive Intensität der Quelle zu erhöhen). Nach unterschiedlichen Bestrahlungszeiten (in den verschiedenen Fällen waren es Minuten bis zu einigen Stunden) wurde der Zylinder mit einem Geiger-Müller-Zähler untersucht. Die Mehrzahl der betrachteten Elemente wies β-Radioaktivität auf. Erwartungsgemäß handelt es sich dabei im Unterschied zur β^+-Radioaktivität, die von α-Teilchen verursacht wird, um β^--Radioaktivität. Für viele Elemente wurden die Halbwertszeiten gemessen (einige Elemente wiesen jeweils zwei oder gar drei Halbwertszeiten auf) und ihre chemische Natur durch chemische Abtrennung der aktiven Produkte bestimmt. Letzteres ermöglichte es, den wahrscheinlichen Reaktionsablauf zu bestimmen. So wurden beispielsweise für die bei der Bestrahlung von Magnesium entstandene 15stündige Aktivität und für die gleiche Aktivität bei der Bestrahlung von Aluminium die Reaktionen angenommen:

$$^{24}\mathrm{Mg} + \mathrm{n} \rightarrow {}^{24}\mathrm{Na} + \mathrm{p}, \quad {}^{27}\mathrm{Al} + \mathrm{n} \rightarrow {}^{24}\mathrm{Na} + \ldots$$
$$\hookrightarrow {}^{24}\mathrm{Mg} + \beta \qquad\qquad \hookrightarrow {}^{24}\mathrm{Mg} + \beta$$

Die doppelte Umwandlung ist eine Besonderheit dieser Reaktionen, wodurch gewährleistet wird, daß der Endkern in einen stabilen Zustand übergeht. Bei schweren Elementen wurden die aktiven Produkte als Isotope der beschossenen Elemente identifiziert [91, 92].

Die erste Mitteilung über die neutroneninduzierte künstliche Radioaktivität publizierte Fermi im März 1934, das heißt, weniger als drei Monate nach der Entdeckung der mit Hilfe von α-Teilchen angeregten künstlichen Radioaktivität. Ein vollständiger Bericht über die Arbeit der italienischen Gruppe erschien vier Monate später. Zu dieser Zeit war es auch in anderen Laboratorien gelungen, die neue Erscheinung zu beobachten [93] und sie dabei so weiter zu verfolgen, daß zum Beispiel die γ-Strahlung beobachtet werden konnte, die mit der gleichen Periode auftrat wie der β-Zerfall [94]. Damit wird deutlich, daß ein solcher Weg der Erkenntnis, auf dem man die künstliche Radioaktivität zuerst nicht mit α-Teilchen, sondern mit Hilfe von Neutronen gefunden hätte, durchaus möglich gewesen wäre.

In der Folgezeit wurde die neutroneninduzierte künstliche Radioaktivität bei der Erzeugung von „markierten" Atomen breit angewendet. Die mit diesem Verfahren erzielten Resultate können wir hier nicht alle berücksichtigen. Wir werden später nur über eines dieser Ergebnisse sprechen, das es ermöglichte, bei der Untersuchung „der Isotopie höherer Ordnung" – der Isomerie der Atomkerne – ein wesentliches Stück voranzukommen.

Etwa gleichzeitig, jedoch in den Laboratorien dreier verschiedener Länder, wurde nachgewiesen, daß einige Elemente, nämlich Brom [95], Indium [69] und Rhodium [97], nach Bestrahlung mit Neutronen mit einer Anzahl von Halbwertszeiten zerfallen, die größer ist als die Zahl ihrer bekannten stabilen Isotope. Diese Erscheinung ließ verschiedene, etwa gleichwahrscheinliche Erklärungen zu. Unter anderem konnte man sie mit Hilfe der Isomerie erklären, die man damals bei einem einzigen Element, noch dazu einem radioaktiven – dem Uran-X_2 (^{234}Pa) –, beobachtet hatte [98]. Eine solche Interpretation auf der Grundlage der Isomerie gewann erst an Gewicht, nachdem bewiesen war, daß die zwei Halbwertszeiten von Brom zu Bromatomen der gleichen Massenzahl gehören. [99].

Die Kernisomerie wurde also mit Hilfe von Neutronen entdeckt. Dies war eine jener Erscheinungen, die man wohl schwerlich voraussehen konnte. Nachdem jedoch die Kernisomerie durch den hohen Wert des Kernspins in verschiedenen metastabilen Zuständen erklärt worden war [100], änderte sich die Situation. Nun schien es natürlich, daß ein in den Kern eingedrungenes Neutron unter bestimmten Bedingungen in der Lage ist, die

Nukleonen des Kerns „in Rotation zu versetzen“. An diesem Beispiel erkennen wir folglich zwei zusammenhängende Entwicklungstendenzen: Das Neutron ermöglicht es, immer feinere Besonderheiten der Atomkerne aufzuklären, gleichzeitig werden dabei immer neue Eigenschaften des Neutrons selbst sichtbar.

17. Kernspaltung

Die β-Radioaktivität der mit Neutronen bestrahlten Kerne weckte auf natürliche Weise den Wunsch, Kerne des Urans, des schwersten Elements des Periodensystems, zu bestrahlen. Schließlich hätte der β-Zerfall des Urankerns zur Bildung eines Kerns mit der Ordnungszahl 93 führen müssen. Dieses Experiment wurde durchgeführt. Es zeigte sich, daß dabei wirklich β-aktive Kerne gebildet werden, sogar mit mehreren Halbwertszeiten. Besonders sorgfältig untersuchte man eine 13-Minuten Aktivität des bestrahlten Urans. Durch chemische Abtrennung des aktiven Produkts wurde die Möglichkeit ausgeschlossen, den Träger dieser Aktivität mit einem Element der Ordnungszahlen 82, 83 und von 86 bis 92 zu identifizieren. Man zog den Schluß, daß es sich möglicherweise um das zu Mangan und Rhenium chemisch homologe Element, das heißt das Element 93, handelt [101, 92].

Die Idee der Transurane als β-Zerfallsprodukt der Urankerne mit hohem Neutronenüberschuß schien so verlockend, daß kaum jemand die Möglichkeit beachtete, dieselben Resultate anders zu deuten, nämlich mit der Vorstellung über den Zerfall der Urankerne in etwa gleichgroße Bruchstücke, das heißt in Isotope bekannter Elemente weitab vom Uran [102]. Einige Jahre lang wurde das mit Neutronen bestrahlte Uran nur unter dem Blickwinkel der Transurane untersucht, wobei man Elemente mit immer höherem Atomgewicht herstellte. Diese Denkweise wurde zweifellos von der jahrelangen

Tradition der Arbeiten zu Kernreaktionen genährt, da diese immer mit der Emission irgendeines Teilchens (α, β, γ, p oder n) einhergingen. Von den früher untersuchten Prozessen kam die Reaktion von WALTON und COCKCROFT $^7Li + p \rightarrow \alpha + \alpha$ der Spaltung am nächsten, hierbei werden aber α-Teilchen gebildet.

Den ersten Hinweis auf das Mißgeschick mit den Transuranen gab es, als unter den Produkten von mit Neutronen bestrahltem Uran eine 3,5-Stunden Aktivität entdeckt wurde. Ihr Träger, der in den chemischen Reaktionen, die man gewöhnlich zur Ausfällung der transuranen Elemente verwendet, nicht ausgefällt werden konnte, wies die Eigenschaften von Lanthan auf [103]. Endgültige Klarheit erhielt man durch eine sorgfältige radiochemische Untersuchung der Folge von Produkten, die die β-Zerfallsreihen bilden. Dadurch war es möglich, diese Produkte mit Elementen in der Mitte des Periodensystems zu identifizieren und alle Zerfallsketten auf die Reihe Barium—Lanthan—Cer zurückzuführen. Die Bestrahlung des Urans mit Neutronen führt nicht zur Bildung von Transuranen, wie die Mehrzahl der Physiker mehr als vier Jahre lang angenommen hatte, sondern zur Spaltung der Urankerne in Kerne mit Massenzahlen zwischen 100 und 140 [104].

Diese Resultate, die die Entdeckung der Kernspaltung bedeuteten, publizierten HAHN und STRASSMANN im Dezember 1938.

Die Entdeckung der Kernspaltung war von gewaltiger wissenschaftlicher und technischer Bedeutung. Erstens sind diese Reaktionen exotherm, und zweitens entsteht dabei eine Vielzahl von Neutronen. Während der exotherme Charakter dieser Reaktion niemals bezweifelt wurde, da er aus der bekannten Abhängigkeit des Massendefekts von der Ordnungszahl des Elements folgte, schien die zweite Aussage in der ersten Zeit nach der Entdeckung der Spaltung keineswegs offensichtlich und regte zahlreiche Experimente an. Im März und April 1939 wurden nicht weniger als vier unabhängige

Experimente durchgeführt, um die mittlere Anzahl der in einem Spaltakt eines Urankerns gebildeten Neutronen zu bestimmen. In allen Fällen war diese Zahl größer als 1 [105]. In der Folgezeit waren die Anstrengungen darauf gerichtet, die Bedingungen zu schaffen, unter denen der „Neutronenverlust“ den Multiplikationsfaktor nicht kleiner als 1 werden läßt und eine Kettenreaktion möglich wird. Diese Bedingungen ließen sich im Dezember 1942 in einem Aufbau aus Uran- und Graphitblöcken verwirklichen.

In den letzten Abschnitten, in denen über verschiedene Anwendungen des Neutrons berichtet ist, haben wir häufig Arbeiten von Fermi zitiert. Zusammen mit seinen italienischen und amerikanischen Kollegen entdeckte er die neutroneninduzierte künstliche Radioaktivität, die Neutronenbremsung in wasserstoffhaltigen Materialien, bestimmte die Zahl der bei der Uranspaltung freiwerdenden Neutronen und führte noch eine Reihe anderer wichtiger Arbeiten aus. Von ihm stammt auch die Idee, Transurane durch Neutronenbestrahlung von Uran zu erzeugen. Die aufgezählten Arbeiten charakerisieren Fermi überzeugend als einen Mitbegründer der Neutronenphysik. Mit dem Jahr 1934 beginnend, widmete er seine wissenschaftliche Laufbahn der Untersuchung des Neutrons und hielt diesem Ruf über viele Jahre die Treue. Die Tatsache, daß ausgerechnet ihm die Ehre gebührt, den ersten Atomreaktor in Betrieb genommen zu haben, scheint daher gesetzmäßig.

18. Transurane

Die Entdeckung der Kernspaltung, die im Gefolge der Arbeiten zum Problem der Transurane gemacht wurde, rief unter den Physikern einige Verwirrung hervor. Sie bewirkte bei einigen, daß sie die Möglichkeit verneinten, diese Elemente jemals zu beobachten. Andere hielten im Gegensatz dazu am transuranen Charakter aller Erscheinungen fest, für die das Gegenteil nicht bewiesen war. Nur ein Fakt überstand diese Kritik — die Entdeckung der β-Radioaktivität, die im Uran unter Neutronenbeschuß entsteht und durch eine Halbwertszeit von 23 Minuten charakterisiert ist. Diese Aktivität spricht für die Bildung des Elements mit der Ordnungszahl 93. Es gelang jedoch nicht, dieses Element oder wenigstens seine Strahlung zu beobachten [106].

Die neuen Vorstellungen über die Wechselwirkung zwischen Neutronen und Urankernen bedingten ein neues Herangehen an die Suche nach Transuranen. Da sowohl die Spaltung der Urankerne als auch die Bildung transuraner Elemente möglich war, teilte man die Produkte der Neutronenbestrahlung von Uran in „Produkte mit Rückstoß" und „Produkte ohne Rückstoß" ein. Unter den „Produkten ohne Rückstoß" wurde eine β-Aktivität mit einer Halbwertszeit von etwa zwei Tagen beobachtet [107]. Zuerst identifizierte man ihren Träger mit den Seltenen Erden (wobei die Halbwertszeit genauer auf 2 bis 3 Tage bestimmt wurde) [108]. Eine sorgfältigere Untersuchung zeigte jedoch, daß der Träger von den Seltenen Erden verschieden und dem Uran ähnlich ist. Außerdem ließ sich zeigen, daß er sich aus ^{239}Uran bei β-Zerfall mit der Halbwertszeit von 23 Minuten bildet und selber β-Strahlen mit einer Maximalenergie von 0,5 MeV emittiert. All das berechtigte dazu, ihn mit dem Element $^{239}93$ zu identifizieren und außerdem die Existenz einer Gruppe von „Uraniden" anzunehmen, die der Gruppe der Lanthaniden analog ist [109].

Diesen Nachweis führten McMillan und Abelson im Juni 1940. Sie entdeckten das erste Transuran, das Element 93, das in der Folgezeit „Neptunium" genannt wurde.

Bald darauf wurde das zweite Transuran mit der Ordnungszahl 94, „Plutonium", unter den Produkten der Bestrahlung von Uran mit beschleunigten Deuteronen entdeckt [110]. Gleichzeitig damit wies man durch die Reaktion ^{238}U(d, 2n)$^{238}93$ ein zweites Isotop des Elements

93 nach, dessen β-Zerfall auf das Element $^{238}94$ führt, das durch seinen α-Zerfall mit einer Halbwertszeit von 50 Jahren bestätigt wurde. Diese Entdeckung unterlag aber bereits der Geheimhaltung aller Arbeiten zum Uranproblem, mit der sich die amerikanischen Physiker einverstanden erklärt hatten. So erfuhr die breite Öffentlichkeit erst im Jahr 1946 davon.

Die Forschungsarbeiten zwischen den alternativen Polen „Bildung transuraner Elemente oder Uranspaltung" dauerten sechs Jahre an, von 1934 bis 1940. So eine lange Suche nach der richtigen Lösung muß ebenso wie einige ernsthafte Fehler, die dabei von solchen erstklassigen Experimentatoren wie Fermi, Hahn, I. Curie und L. Meitner gemacht wurden, gewichtige Ursachen haben. Eine allgemeine Ursache kann man in der launenhaften Verflechtung der Erkenntnismöglichkeiten des Menschen und der quantitativen Naturgesetze in diesem Bereich der wissenschaftlichen Forschung sehen. Unter Einfluß langsamer Neutronen sind die ^{235}Urankerne leicht spaltbar. Diese Kerne treten jedoch im natürlichen Isotopengemisch mit geringer Häufigkeit auf. Die ^{239}Urankerne gehen durch β-Zerfall in Transurane über, sie werden jedoch aus den häufigen ^{238}Uran-Kernen nur durch Neutronen bestimmter Energie gebildet (Resonanzreaktionen). Dem quantitativen Verhältnis zwischen den Größen, die diese Prozesse bestimmen, entsprechend, wäre Spaltung einfacher zu beobachten als die Bildung von Transuranen. Es ist denkbar, daß die italienischen Physiker die Spaltung bereits 1934 beobachteten. Den Beweis dafür erbrachten erst die deutschen Physiker im Jahre 1938. Sie wiederum beobachteten bereits 1936 die Bildung transuraner Elemente, obwohl erst die amerikanischen Physiker im Jahre 1940 die Existenz dieser Elemente zu beweisen vermochten.

Die für eine Synthese der Transurane erforderlichen Bedingungen wurden in den USA vor allem dank der Anwendung eines Beschleunigers als intensive Neutronenquelle ermöglicht. In Europa wurden die gleichen

Bedingungen bald darauf durch die Vervollkommnung der Isotopentrennung [111] erreicht. Die Kriegssituation verhinderte jedoch eine weitere Entwicklung auf diesem Gebiet, so daß die amerikanischen Physiker für einige Jahre das Monopol in der Synthese transuraner Elemente eroberten. In den folgenden Jahren, insbesondere in den Nachkriegsjahren, entdeckten sie noch neun Transurane und benannten vier davon zu Ehren ihres Landes (Americium, 95), ihres Staates (Californium, 98), ihrer Stadt (Berkelium, 97) und ihres Wissenschaftlers (Lawrencium, 103). Weiteren Elementen gaben die amerikanischen Physiker Namen nach französischen Radiochemikern (Curium, 96) und einem russischen Chemiker (Mendelevium, 101). Sie erkannten auch den Namen Nobelium für das Element 102 an, über dessen (sich nicht bestätigende) Entdeckung eine schwedische Gruppe berichtet hatte. Sieben Elemente, wie auch die ersten beiden „planetaren" Elemente, wurden zielgerichtet im Laboratorium entdeckt, wobei nicht nur Neutronen und Deuteronen, sondern auch schwere Ionen als Geschoßteilchen verwendet wurden; die Elemente 99 und 100 fand man in den Rückständen einer Wasserstoffbombenexplosion und benannte sie nach EINSTEIN und FERMI.

Vom Element 102 an begannen die umstrittenen Entdeckungen. Später befand sich das Element 105 im Zentrum der Diskussion, auf dessen Entdeckung und Benennung verschiedene Wissenschaftlergruppen Anspruch erheben. Die Lösung dieses Streites wird erschwert, weil ein ausgearbeitetes System von wissenschaftshistorischen Begriffen, vor allem des Begriffs der wissenschaftlichen Entdeckung selbst, fehlt. Die Ausarbeitung eines solchen Systems ist eine der dringenden Aufgaben, die vor den Wissenschaftshistorikern stehen.

Das Problem der Transurane führte uns über die Grenzen der Geschichte des Neutrons im engeren Sinn hinaus. Die Synthese der schwersten transuranen Elemente wurde ohne Neutronen verwirklicht. Wir haben es hier folglich mit einer neuen Entwicklungslinie zu tun, die durch die Anwendung von Neutronen entstand. Diese Verästelung ist eine typische Erscheinung des Erkenntnisprozesses, die der von uns entwickelten retrospektiv-perspektivischen Methode der wissenschaftshistorischen Untersuchungen zugrunde liegt.

19. Magnetisches Moment des Neutrons

In den Abschnitten 10 bis 18 haben wir zwei Themen betrachtet — die Rolle des Neutrons in der Theorie des Atomkerns und die Anwendung von Neutronen als Inzidenzteilchen bei der Anregung von Kernreaktionen. Die abschließenden Abschnitte dieser Arbeit widmen wir dem Neutron selbst als einem Elementarteilchen.

Unter den Eigenschaften des Neutrons ruft das magnetische Moment sowohl durch sein Auftreten bei einem elektrisch neutralen Teilchen als auch durch seinen von Eins verschiedenen Wert wohl die meiste Verwunderung hervor. Während die Entdeckung des Neutrons das alte, auf elektromagnetischen Wechselwirkungen beruhende Bild der Mikrowelt zerstört hatte, machte es die Entdeckung des anomalen magnetischen Moments des Neutrons notwendig, die herkömmlichen Vorstellungen über den Zusammenhang zwischen Elektrizität und Magnetismus zu korrigieren.

Die Notwendigkeit, dem Neutron ein von Null verschiedenes magnetisches Moment zuzuschreiben, zeigte sich bereits bei der Analyse der Hyperfeinstruktur verschiedener Atomspektren. Die Aussage über die Größe und sogar über das Vorzeichen von μ_n waren freilich äußerst widersprüchlich. Den ersten unmittelbaren Hinweis auf ein magnetisches Moment des Neutrons erhielt man in einem Experiment, bei dem die Neutronenstreuung an einem Ferromagneten in verschiedenen Magnetisierungszuständen untersucht und ein Einfluß der Magnetisierung auf die Streuung festgestellt wurde [112]. Analoge Experimente mit ferromagnetischem Polarisator und Analysator ließen eine Abschätzung des magnetischen Moments des Neutrons auf einen Wert der Größenordnung von zwei Kernmagnetonen zu [113]. Die Einführung eines Magnetfeldes zwischen Polarisator und Analysator sowie die Anwendung der Molekülstrahlresonanzmethode (nach RABI) ermöglichten die Bestimmung des negativen Vorzeichens von μ_n [114]. Die weiteren Messungen wurden im allgemeinen mit der Molekülstrahlresonanzmethode vorgenommen. In kurzer Zeit war es gelungen, dieses Verfahren so zu vervollkommnen, daß das magnetische Moment des Neutrons auf drei Ziffern genau bestimmt werden konnte: $\mu_n = 1{,}93\ \mu_0$ [115]. In den seither vergangenen dreißig Jahren erhöhte sich die Meßgenauigkeit von μ_n nur um 2 bis 3 Ziffern.

Der Ursprung der magnetischen Eigenschaften des Neutrons wird verständlich, wenn man virtuelle Zustände des Nukleons berücksichtigt [116]. Man muß annehmen, daß das Neutron bis zu 20% der Zeit in einem in Proton, Elektron und Antineutrino dissoziierten Zustand vorliegt. Das magnetische Moment dieses Elektrons wird im wesentlichen auch als magnetisches Moment des Neutrons beobachtet. Eine solche Ansicht über das magnetische Moment des Neutrons bedeutet, daß in der Mikrowelt keine scharfen Grenzen zwischen Wirklichem und Möglichem bestehen. Zur damaligen Zeit war diese Erkenntnis für die Physik nicht neu. Das Neutron ermöglichte es aber, den Geltungsbereich dieser Ansicht zu erweitern. Es wurde klar, daß die Elementarteilchen ähnlich wie Atome und Atomkerne bestimmten Wahrscheinlichkeitsgesetzen unterworfen sind.

20. Zerfall des Neutrons

Die zweite nichttriviale und deshalb immer wieder erhöhtes Interesse hervorrufende Eigenschaft des Neutrons ist seine Instabilität gegen β-Zerfall. Diese Eigenschaft wurde nicht sofort entdeckt. A priori schienen die beiden Prozesse $n \to p + \beta + \bar{\nu}$ und $p \to n + \bar{\beta} + \nu$ gleichermaßen möglich. Die Frage, ob einer von ihnen abläuft, und welcher, mündete in die Frage nach dem Massenverhältnis von Proton und Neutron. Offensichtlich kann nur das Nukleon spontan zerfallen, dessen Masse die des anderen um mehr als eine Elektronenmasse übersteigt.

Die ersten Messungen der Neutronenmasse ließen lediglich darauf schließen, daß die Masse des Neutrons wahrscheinlich größer als die Masse des Protons ist. Eine hinreichend gesicherte Aussage über die Möglichkeit des β-Zerfalls des Neutrons wurde erst in der Mitte der dreißiger Jahre getroffen, nachdem eine Korrektur der Massen der leichten Kerne auf Grund der Energiebilanz von Kernreaktionen erfolgt war [117]. Auf gleichem Weg wurde auf Grund immer genauerer Messungen des Massenunterschieds zwischen dem Neutron und dem Wasserstoffatom die Maximalenergie der hypothetischen β-Strahlen zu 780 keV bestimmt. Erst viele Jahre später gelang es, einen direkten Beweis der Radioaktivität des Neutrons zu erbringen, nämlich gegen Ende der vierziger Jahre mit Hilfe eines Neutronenstrahls aus einem Kernreaktor: Wird dieser Neutronenstrahl zwischen zwei Elektroden hindurchgeführt, dann beobachtet man das Auftreten von Protonen und Elektronen [118]. Auf einer gleichartigen Anlage wurde die maximale Elektronenenergie gemessen und der früher aus der Massendifferenz abgeleitete Wert bestätigt [119]. Die Bestimmung der Halbwertszeit des Neutrons forderte größere Anstrengungen. Erst gegen Ende der fünfziger Jahre wurde ihr Wert zuverlässig zu etwa 12 Minuten bestimmt [120].

Der Neutronenzerfall ist die letztliche Ursache aller β-Zerfälle der Kerne. Deshalb ist die Theorie der β-Radioaktivität in erster Linie eine Theorie des Neutronenzerfalls. Wie wir bereits in Abschnitt 12 festgestellt haben, bildet sie den historischen Ausgangspunkt einer allgemeinen Theorie der schwachen Wechselwirkung der Elementarteilchen.

Die Rolle der Instabilität des Neutrons im allgemeinen Weltbild ist noch nicht vollkommen geklärt. Infolge dieser Eigenschaft können aus dem Kosmos praktisch keine Neutronen auf die Erde gelangen. Mit etwas mehr Bestimmtheit kann man Aussagen über die wissenschaftliche Bedeutung der relativ großen Halbwertszeit des Neutronenzerfalls treffen: Bei geringerer Halbwertszeit hätte man das Neutron in den Experimenten, die zu seiner Entdeckung führten, nicht nachweisen können. Außerdem wäre es schwieriger, Neutronen als Inzidenzteilchen für Kernreaktionen zu verwenden. Als Illustration dieser Alternative kann beispielsweise das neutrale Pion mit seiner Halbwertszeit von 10^{-15} s dienen. Noch verwunderlicher ist das Verhältnis zwischen der Stärke der Kernkräfte und dem Grund der Instabilität des Neutrons: Das Neutron wird stabil, nachdem es in den Kern eingedrungen ist. Ohne diese Eigenschaft würde offenbar die uns bekannte materielle Welt aus Neutronen und Protonen nicht existieren.

In den letzten drei Abschnitten mußten wir, um die Knotenpunkte des Erkenntnisgangs zu kennzeichnen, hauptsächlich Arbeiten amerikanischer Physiker zitieren. Das entspricht jener Verlagerung des Zentrums der physikalischen Forschung von Europa nach den USA, auf die wir im Abschnitt 15 hinwiesen und die in der zweiten Hälfte der dreißiger Jahre endgültig sichtbar wurde. Wie aus dem Literaturverzeichnis ersichtlich ist, traten in den USA als Pioniere der Neutronenphysik außer den bereits erwähnten Wissenschaftlern u. a. DUNNING, PEGRAM, POWERS, MCMILLAN und ALVAREZ auf.

21. Schlußbemerkungen

Zum Abschluß wollen wir einige Bemerkungen zu dem Schema auf Seite 164 machen, in dem die betrachteten Entwicklungslinien in einer logarithmischen Zeitskala durch Geraden dargestellt sind. Wir erinnern daran, daß

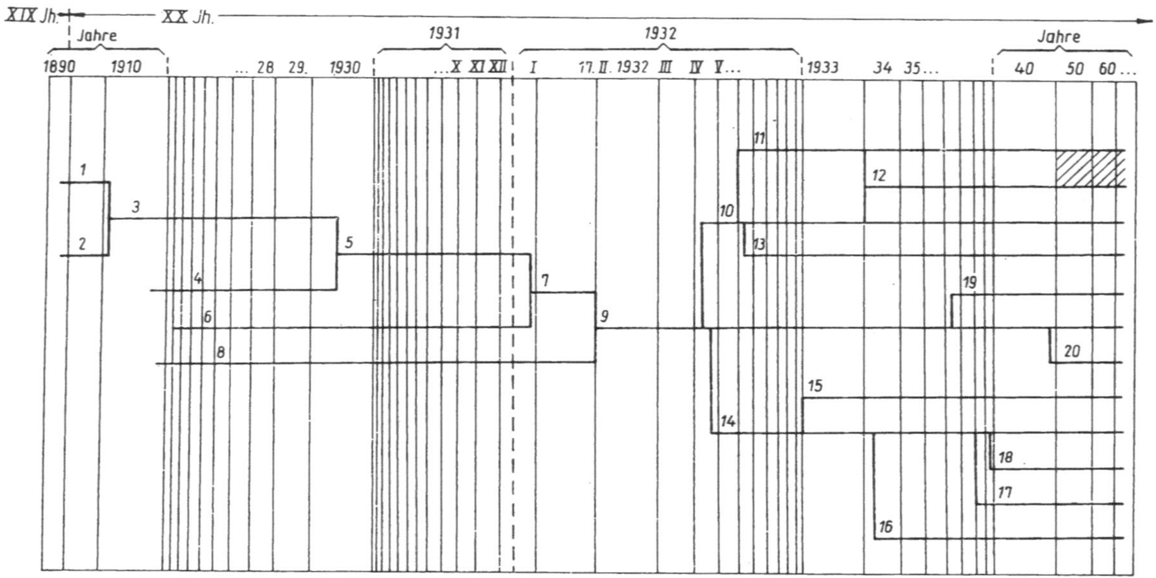

Graphik der Entwicklungslinien

die Nummern der Entwicklungslinien mit den Nummern der Abschnitte dieses Artikels übereinstimmen.

Für die Periode der Vorgeschichte ist eine Entwicklung durch Anhäufung von Erkenntnissen charakteristisch. Das ist allem Anschein nach eine ziemlich allgemeine Besonderheit der Bildung neuer Entwicklungslinien. Wissenschaftliche Ideen entstehen ähnlich wie lebende Organismen nicht spontan, sondern durch die Vereinigung ihrer Vorgänger.

Die Radioaktivität als historische Quelle für das Auffinden des Neutrons darzustellen, dürfte kaum Protest hervorrufen. Die Radioaktivität öffnete der Wissenschaft das Tor zur Welt der Atomkerne. Deshalb wird in der Erkenntnis dieser Welt, wie weitläufig sie auch sein mag, immer die Lehre von der Radioaktivität am Anfang stehen. Verständlich ist auch die außerordentliche Rolle der α-Strahlen als wichtigste Geschosse bei der Bombardierung der Kerne. Die γ-Strahlen treten infolge ihrer Ähnlichkeit und genetischen Verwandtschaft mit den Neutronenstrahlen auf. Im allgemeinen hätte man die Neutronen auch ohne die Hilfe von γ-Strahlen entdecken können, indem man nur die Begriffe verknüpft, die auf den Entwicklungslinien 1, 4 und 8 herausgearbeitet wurden. Nachdem die Entdeckung des Neutrons vollzogen war, begannen alle mit den γ-Strahlen verbundenen Entwicklungslinien als nebensächlich und zufällig zu erscheinen. Aus dem Umstand, daß die Forscher den Weg zum Neutron in Wirklichkeit auch auf „γ-Pfaden" beschritten, läßt sich ersehen, daß die Einheit von Notwendigkeit und Zufall für die Wissenschaft charakteristisch ist.

Für die betrachtete historische Periode ist vor allem typisch, daß die Wissenschaft sehr schnell auf das Neutron reagierte. Viele wichtige Entwicklungsrichtungen, die mit dem Neutron zusammenhängen, entstanden im ersten Jahr nach der Entdeckung des Neutrons. Diese rasche Entwicklung ist der beste Beweis dafür, daß der Boden für das Neutron bereitet war, daß man sozusagen auf das Neutron „wartete". Unter etwas glücklicheren

Umständen hätte das Neutron früher entdeckt werden können.

Mit der Entdeckung des Neutrons beginnen zwei breite Entwicklungsrichtungen zum Problem des Kernaufbaus und zum Problem der Kernreaktionen. In dieser Hinsicht ergänzen die Entwicklungslinien 10 und 14 die Linie 9, so daß die Geschichte der Neutronenphysik einem Baum mit drei Ästen entspricht. Auf der Entwicklungslinie 10 entstanden ihrerseits „Triebe", die teilweise aus dem Gebiet der eigentlichen Kernphysik in das benachbarte Gebiet der Elementarteilchenphysik führten. Noch wichtiger in den Konsequenzen und vielfältiger in ihren Erscheinungen sind die „Triebe" der Entwicklungslinie 14. Gerade hier sind solche Phänomene wie die Kernspaltung, die künstliche Radioaktivität und die Isomerie stabiler Kerne konzentriert.

Der Hauptast der Geschichte des Neutrons bekam auch „Zweige", von denen wir nur zwei berücksichtigt haben (19 und 20). Das ist die Neutronenphysik im engeren Sinn des Wortes.

Fast alle von uns hervorgehobenen Ereignisse beziehen sich auf die Anfänge der Geschichte des Neutrons. Das entspricht genau der Tatsache, daß grundlegende Ideen und Hauptentwicklungsrichtungen schon bald nach einer bedeutenden Entdeckung ausgesprochen bzw. angedeutet werden. Dieses Gesetz der geistigen Entwicklung kam bereits in der Geschichte der altgriechischen Naturphilosophie zum Ausdruck. In den einer bedeutenden Entdeckung folgenden Epochen werden in erster Linie die in der ersten Periode vorgezeichneten Themen präzisiert und ausgearbeitet. Als Beispiel einer solchen Präzisierung dienen auf unserer Zeichnung die relativ späte Entdeckung der Transuransynthese (Linie 18) und der noch spätere experimentelle Beweis der Radioaktivität des Neutrons (Linie 20).

Gleichzeitig damit können beim Verfolgen einer epochalen Entdeckung auch äußerst originelle und wichtige Erkenntnisse gesammelt werden. Ein Beispiel dafür ist die Entdeckung der Kernspaltung (Linie 17), die etwa sieben Jahre nach der Entdeckung des Neutrons erfolgte. Sie war jedoch auch die letzte derartige Entdeckung. Als charakteristische spätere Erfolge sind zu nennen: die Entdeckung der Helizität als allgemeine Eigenschaft von Elementarteilchen mit Spin, die an der schwachen Wechselwirkung beteiligt sind; die Vorhersage der „Inseln relativer Stabilität" im Gebiet superschwerer Elemente; die Entdeckung des „Serpuchow-Effekts".

Kann man für die Zukunft im Zusammenhang mit Neutronen neue bedeutende Entdeckungen erwarten? Obwohl natürlich niemand auf eine negative Beantwortung dieser Frage drängen wird, darf man trotzdem nicht übersehen, daß die Entwicklungstendenz der Neutronenphysik in den letzten drei Jahrzehnten eine optimistische positive Antwort nicht gerade stimuliert.

Literatur

[1] H. Becquerel, C. r. Acad. sci. Paris **122** (1896) 501.
[2] H. Becquerel, C. r. Acad. sci. Paris **122** (1896) 559.
[3] E. Rutherford, Phil. Mag. **47** (1899) 109.
[4] E. Rutherford, A. Grier, Phil. Mag. **4** (1902) 315; F. Soddy, J. Chem. Soc. **81** (1902) 862.
[5] W. Crookes, Proc. Roy. Soc. **A 66** (1900) 409.
[6] H. Becquerel, C. r. Acad. sci. Paris **131** (1900) 137.
[7] P. Villard, C. r. Acad. sci. Paris **130** (1900) 1010.
[8] E. Rutherford, Phil. Mag. **5** (1903) 177.
[9] J. McClelland, Phil. Mag. **8** (1904) 67.
[10] W. Müller, Z. Phys. **48** (1928) 624.
[11] W. Bothe, H. Becker, Z. Phys. **66** (1930) 289.
[12] J. Chadwick, Phil. Mag. **24** (1912) 600. Siehe auch E. Rutherford, Phil. Mag. **24** (1912) 462.
[13] J. Chadwick, Phil. Mag. **25** (1913) 193.
[14] J. Chadwick, A. Russell, Proc. Roy. Soc. **A** 88 (1913) 217.
[15] F. Slater, Phil. Mag. **42** (1921) 904.
[16] W. Bothe, H. Becker, Naturwissenschaften **18** (1930) 705 (siehe S. 217).

[17] H. Webster, Proc. Roy. Soc. **A 136** (1932) 428.
[18] E. Rutherford, Phil. Mag. **37** (1919) 581.
[19] P. Blackett, Proc. Roy. Soc. **A 107** (1925) 349.
[20] W. Bothe, H. Fränz, Z. Phys. **49** (1928) 1.
[21] W. Bothe, Phys. Z. **32** (1931) 661.
[22] W. Bothe, Z. Phys. **63** (1930) 394, Anmerkung bei der Korrektur.
[23] H. Becker, W. Bothe, Naturwissenschaften **19** (1931) 753.
[24] F. Joliot, C. r. Acad. sci. Paris **193** (1931) 1415.
[25] Irène Curie, C. r. Acad. sci. Paris **193** (1931) 1412.
[26] M. Planck, Verhandl. Dtsch. Phys. Ges. **2** (1900) 237.
[27] A. Einstein, Phys. Z. **18** (1917) 121.
[28] A. Compton, Phys. Rev. **21** (1923) 483; P. Debye, Phys. Z. **24** (1923) 161.
[29] P. Dirac, Proc. Roy. Soc. **A 117** (1928) 610, **A 118** 351.
[30] O. Klein, Y. Nishina, Z. Phys. **52** (1929) 853.
[31] Irène Curie, F. Joliot, C. r. Acad. sci. Paris **194** (1932) 273 (siehe Anhang, S. 220).
[32] Irène Curie, F. Joliot, C. r. Acad. sci. Paris **194** (1932) 708, 1032.
[33] J. Chadwick, Nature **129** (1932) (siehe Anhang, S. 223); Proc. Roy. Soc. **A 136** (1932) 692.
[34] E. Rutherford, Proc. Roy. Soc. **A 97** (1920) (siehe Anhang, S. 215).
[35] J. Glasson, Phil. Mag. **42** (1921) 596.
[36] J. Roberts, Proc. Roy. Soc. **A 102** (1922) 72.
[37] E. Rutherford, J. Chadwick, Proc. Cambridge Phil. Soc. **25** (1929) 186.
[38] J. Chadwick, siehe in diesem Buch S. 14.
[39] E. Rutherford, The Newer Alchemy. Cambridge (1937).
[40] S. Rosenblum, Phys. Z. **29** (1928) 737.
[41] W. I. Wernadski (В. И. Вернадский), Очерки и статьи, 2. Ausgabe, 1922, S. 35.
[42] H. Webster, Nature **129** (1932) 402.
[43] Irène Curie, F. Joliot, C. r. Acad. sci. Paris **194** (1932) 876.
[44] H. Becker, W. Bothe, Naturwissenschaften. **20** (1932) 349; Z. Phys. **76** (1932) 421; siehe auch F. Rasetti, Naturwissenschaften **20** (1932) 252; P. Auger, C. r. Acad. sci. Paris **194** (1932) 877; Irène Curie, F. Joliot, C. r. Acad. sci. Paris **194** (1932) 1229.

[45] H. Becker, W. Bothe, Naturwissenschaften **20** (1932) 757.
[46] E. Rutherford, Phil. Mag. **21** (1911) 669.
[47] A. van den Broek, Phys. Z. **14** (1913) 32.
[48] D. Iwanenko, Nature **129** (1932) 798 (siehe Anhang, S. 225); Phys. Z. Sowjetunion **1** (1932) 820; C. r. Acad. sci. Paris **195** (1932) 439.
[49] M. Ljuzzi, (М. Люцци), История физики, Moskau 1970, S. 436.
[50] C. Darwin, Phil. Mag. **27** (1914) 499.
[51] W. Lenz, Sitzungsber. math.-phys. Kl. Akad. Wiss. München, 1918, S. 355.
[52] E. Rutherford, Phil. Mag. **37** (1919) 537.
[53] E. Bieler, Proc. Cambridge Phil. Soc. **21** (1923) 868; P. Debye, W. Hardmeier, Z. Phys. **27** (1926) 196.
[54] G. Beck, Z. Phys. **62** (1930) 331; J. Taylor, Proc. Roy. Soc. A **136** (1932) 605; H. Massey, Proc. Roy. Soc. **A 137** (1932) 447.
[55] W. Heisenberg, Z. Phys. **77** (1932) 1 (siehe Anhang, S. 229).
[56] E. Majorana, Z. Phys. **82** (1933) 137.
[57] J. Bartlett, Phys. Rev. **49** (1936) 102.
[58] I. Tamm, Nature **133** (1934) 981; D. Iwanenko, Nature **133** (1934) 981 (siehe Anhang, S. 241, 244); A. Nordsieck, Phys. Rev. 46 (1934) 234.
[59] H. Yukawa, Proc. Phys.-Math. Soc. Japan. **17** (1935) 48. (siehe Anhang, S. 246).
[60] J. Chadwick, Verhandl. Dtsch. Phys. Ges. **16** (1914) 383.
[61] W. Pauli, Zit. nach J. Carlson, J. Oppenheimer, Phys. Rev. **38** (1931) 1787.
[62] J. Carlson, J. Oppenheimer Phys. Rev. **41** (1932) 763; F. Perrin, C. r. Acad. sci. Paris **197** (1933) 1625; W. Pauli, Structure et Propriétés des Noyaux Atomiques, Paris 1934, S. 324.
[63] J. Chadwick, D. Lea, Proc. Cambridge Phil. Soc. **30** (1934) 59.
[64] V. Ambarzumian, D. Iwanenko, C. r. Acad. sci. Paris **190** (1930) 582.
[65] W. Heisenberg, Z. Phys. **78** (1932) 156; **80** (1933) 587.
[66] E. Fermi, Nuovo cimento **11** (1934) 1; Z. Phys. **88** (1934) 161 (siehe Anhang, S. 239).
[67] E. Rutherford, J. Chadwick, Phil. Mag. **42** (1921) 809.
[68] H. Petterson. Proc. Phys. Soc. London **36** (1924) 194.
[69] J. Bartlett, Nature **130** (1932) 165; Phys. Rev. **41**

(1932) 370; **42** (1932) 145; E. GAPON, D. IWANENKO, Naturwissenschaften **20** (1932) 792; Phys. Z. Sowjetunion **2** (1932) 99.

[70] E. ELSASSER, J. phys. rad. **4** (1933) 549; **5** (1934) 389, 625; K. GUGGENHEIMER, J. phys. rad. **5** (1934) 253, 475; I. SELINOW, (И. Селинов), ЖЭТФ **4** (1934) 666.

[71] N. BOHR, Nature **137** (1936) 344, 351; Naturwissenschaften **24** (1936) 241; J. FRENKEL, Phys. Z. Sowjetunion **9** (1936) 533; G. BREIT, E. WIGNER, Phys. Rev. **49** (1936) 519; H. BETHE, Phys. Rev. **50** (1936) 332.

[72] J. FRENKEL, (Я. Френкель), ЖЭТФ **9** (1939) 641; N. BOHR, J. WHEELER, Phys. Rev. **56** (1939) 426.

[73] O. HAXEL, J. JENSEN, H. SUESS, Naturwissenschaften **35** (1948) 376; **36** (1949) 153, 155; Phys. Rev. **75** (1949) 1766; Z. Phys. **128** (1950) 295; MARIA GOEPPERT MAYER, Phys. Rev. **75** (1949) 1969; **78** (1950) 16, 22.

[74] A. BOHR, Dansk. Mat. Phys. Medd. **26** (1952) no. 14.

[75] M. TAKETANI, Suppl. Progr. Theoret. Phys. **50** (1971) 18.

[76] N. KEMMER, Suppl. Progr. Theoret. Phys. 1965, Extra Number, S. 604.

[77] S. SAKATA, Suppl. Progr. Theoret. Phys. **50** (1971) 193.

[78] N. FEATHER, Proc. Roy. Soc. **A 136** (1932) 709.

[79] N. FEATHER, Nature **130** (1932) 237; W. HARKINS, D. GANS, H. NEWSON, Phys. Rev. **43** (1933) 208, 584; F. KURIE, Phys. Rev. **43** (1933) 771.

[80] LISE MEITNER, K. PHILIPP, Naturwissenschaften **20** (1932) 929.

[81] J. DUNNING, G. PEGRAM, Phys. Rev. **43** (1933) 497.

[82] P. AUGER, G. MONOD-HERZEN, C. r. Acad. sci. Paris **196** (1933) 1102; F. KURIE, Phys. Rev. **43** (1933) 672; **44** 463.

[83] J. CHADWICK, Proc. Roy. Soc. **A 142** (1933) 1.

[84] E. WIGNER, Z. Phys. **83** (1933) 253.

[85] T. BONNER, Phys. Rev. **45** (1934) 601.

[86] J. CHADWICK, Rapports et discussions du Septième Conseil de physique, Bruxelles, 22 au 29 octobre 1933, Paris 1934, S. 109.

[87] E. FERMI, E. AMALDI, B. PONTECORVO, F. RASETTI, E. SEGRÈ, Ric. sient. **5** (1934) (2) 282.

[88] M. JEREMEJEW, I. KURTSCHATOW, G. STSCHEPKIN, (М. Еремеев, И. Кирчатов, Г. Щепкин), ЖЭТФ **5** (1935) 355; C. WESTCOTT, T. BJERGE, Proc. Cambridge Phil. Soc. **31** (1935) 145; Proc. Roy. Soc. **A 150** (1935) 709;

J. Dunning, G. Pegram, G. Fink, D. Mitchell, Phys. Rev. **47** (1935) 970; **48** (1935) 265.

[89] V. Rajewsky, Phys. Z. Sowjetunion **8** (1935) 511; J. Nishina, S. Tomonaga, H. Tamati, Scient. Papers Inst. Phys. Chem. Res. **30** (1936) 61.

[90] Irène Curie, F. Joliot, C. r. Acad. sci. Paris, **198** (1934) 254, 559; Nature **133** (1934) 201.

[91] E. Fermi, Ric. scient. **5** (1) (1934) 283; Nature **133** (1934) (siehe Anhang, S. 255).

[92] E. Fermi, E. Amaldi, O. D'Agostino, F. Rasetti, E. Segrè, Proc. Roy. Soc. **A 146** (1934) 483.

[93] Lise Meitner, Naturwissenschaften **22** (1934) 420.

[94] R. Fleischmann, Naturwissenschaften **22** (1934) 434.

[95] B. Kourtchatow, I. Kourtçhatow, L. Myssowsky, L. Roussinow, C. r. Acad. sci. Paris **200** (1935) 1201.

[96] L. Szilard, T. Chalmers, Nature **135** (1935) 98.

[97] E. Amaldi, E. Fermi, Ric. scient. **6** (2) (1935) 344.

[98] O. Hahn, Ber. Dtsch. Chem. Ges. Abt. **B 54** (1921) 1131.

[99] W. Bothe, W. Gentner, Naturwissenschaften **25** (1937) 284.

[100] C. Weizsäcker, Naturwissenschaften **24** (1936) 813.

[101] E. Fermi, Nature **133** (1934) 898.

[102] Ida Noddack, Angew. Chem. **47** (1934) 653.

[103] Irène Curie, P. Savitch, C. r. Acad. sci. Paris **206** (1938) 906, 1643.

[104] O. Hahn, F. Strassmann, Naturwissenschaften **27** (1939) 11 (siehe Anhang, S. 257).

[105] H. Anderson, E. Fermi, H. Hanstein, Phys. Rev. **55** (1939) 797; L. Szilard, W. Zinn, Phys. Rev. **55** (1939) 799; G. Droste, Naturwissenschaften **27** (1939) 198; H. Halban, F. Joliot, L. Kowarski, Nature **143** (1939) 680; G. Droste, H. Reddemann, Naturwissenschaften **27** (1939) 371.

[106] O. Hahn, Lise Meitner, F. Strassmann, Naturwissenschaften **24** (1936) 158; Ber. Dtsch. Chem. Ges. **69** (1936) 905; **70** (1937) 1374; Z. Phys. **106** (1937) 249.

[107] E. McMillan, Phys. Rev. **55** (1939) 510.

[108] E. Segrè, Phys. Rev. **55** (1939) 1104.

[109] E. McMillan, Ph. Abelson, Phys. Rev. **57** (1940) 1185 (siehe Anhang, S. 262).

[110] G. Seaborg, E. McMillan, J. Kennedy, A. Wahl, Phys. Rev. **69** (1946) 366.

[111] K. Starke, Naturwissenschaften **30** (1942) 107, 577; F. Strassmann, O. Hahn, Naturwissenschaften **30** (1942) 256.
[112] J. Dunning, P. Powers, H. Beyer, Phys. Rev. **51** (1937) 51.
[113] J. Hoffmann, M. Livingston, H. Bethe, Phys. Rev. **51** (1937) 214; P. Powers, H. Beyer, J. Dunning, Phys. Rev. **51** (1937) 371.
[114] O. Frisch, H. Halban, J. Koch, Nature **139** (1937) 1021; P. Powers, H. Carroll, H. Beyer, J. Dunning, Phys. Rev. **52** (1937) 38.
[115] L. Alvarez, F. Bloch, Phys. Rev. **57** (1940), 111.
[116] G. Wick, Atti Accad. Naz. Lincei **21** (1935) 170.
[117] H. Bethe, Phys. Rev. **47** (1935) 633; M. Oliphant, A. Kempton, E. Rutherford, Proc. Roy. Soc. **A 150** (1935) 241; J. Chadwick, M. Goldhaber, Proc. Roy. Soc. **A 151** (1935) 479.
[118] A. Snell, L. Miller, Phys. Rev. **74** (1948) 1217.
[119] J. Robson, Phys. Rev. **83** (1951) 349.
[120] A. Sosnowski, P. Spiwak, Ju. Prokofjew, I. Kutikow, Ju. Dobrynin (А. Сосновский, П. Спивак, Ю. Прокофьев, И. Кутиков, Ю. Добрынин), **35** (1958) 1059; **36** (1959) 1012; N. D'Angelo, Phys. Rev. **114** (1959) 285.

B. M. Kedrow

Drei bedeutende Jahre der Kernphysik: 1932–1934

In den letzten vier Jahrhunderten entstanden nacheinander drei Konzeptionen, mit denen die Natur der Materie und ihre Umwandlungen unterschiedlich interpretiert wurden. Die erste, die mechanische Konzeption, entsprach dem mechanischen Weltbild, das sich im 17. Jahrhundert herausgebildet hatte und in modifizierter Form fast bis zum Ausgang des 19. Jahrhunderts existierte. In dieser Periode wurde das Atom als kompaktes Materieteilchen angesehen. Die zweite, die elektromagnetische Konzeption, entstand im 19. Jahrhundert. Sie fand im ersten Drittel des 20. Jahrhunderts entsprechend dem allgemeinen elektromagnetischen Weltbild jener Zeit ihren Platz in der Physik.

Die dritte Konzeption vereinigte einige Merkmale der ersten beiden und erwies sich gleichzeitig als von ihnen grundlegend verschieden. Sie entstand in den drei für die Kernphysik bedeutenden Jahren 1932—1934 in Verbindung mit einer Reihe von Entdeckungen auf diesem Gebiet. In vielerlei Hinsicht wurden die Entdeckungen des Neutrons und des Deuterons (1932) ihr Ausgangspunkt. Es folgten die Entdeckung des Positrons (1933), der künstlichen Radioaktivität (1934) usw. Seit dieser Zeit galt das Hauptaugenmerk der Physiker dem Atomkern. Folglich rückten der Reihe nach das Atom, seine Hülle und sein Kern in den Mittelpunkt der physikalischen Forschungen. Damit in unmittelbarem Zusammenhang stand die Ablösung der mechanischen durch die elektromagnetische Konzeption, die wiederum durch eine neue, umfassendere Konzeption abgelöst wurde.

Um diese Frage tiefgründiger zu analysieren, muß man sie historisch betrachten.

1. Mechanische Konzeption (bis 1895)

Dieser Konzeption liegt der Begriff der mechanischen Masse zugrunde, die in der Folgezeit als ihre Ruhmasse interpretiert wurde. Die Masse wurde als konstant und als unveränderliches Merkmal aller physikalischen Körper, das heißt, als eine ihrer fundamentalen Eigenschaften, angesehen. Den Ansichten des 17. bis 19. Jahrhunderts entsprechend, ist sie unabhängig von irgendwelchen physikalischen Prozessen, insbesondere von der Bewegung der Körper und von ihrer Geschwindigkeit.

Dalton (1803) sah in der Masse des Atoms (Atomgewicht) das bestimmende Merkmal der chemischen Elemente: Alle Atome eines bestimmten Elements sind absolut untereinander gleich und haben ein und dieselbe Masse, die spezifisch für das gegebene Element ist. Von dem Gedanken ausgehend, daß das Atomgewicht ein charakteristisches Merkmal jedes chemischen Elementes ist, von dem alle sonstigen Eigenschaften abhängen, fand

Mendelejew (1869) das Periodensystem der chemischen Elemente. Es stellte einen Kulminationspunkt der mechanischen Interpretation der Natur der Materie dar.

In analoger Weise wurden auch Materieumwandlungen betrachtet: Man nahm an, daß die Atome in den Verbindungen unverändert bleiben und sich lediglich jeweils benachbarte Atome aneinanderlagern (Anlagerungsprinzip). Eine Stoffumwandlung besteht darin, daß die innerhalb eines Moleküls bereits vorher existierenden Atome entweder umgruppiert oder voneinander getrennt bzw. von außen andere Atome angelagert werden.

Parallel zur Entwicklung der mechanischen Konzeption entstand im 19. Jahrhundert die elektrische Konzeption der Natur der Materie und ihrer Umwandlungen. Eine solche Konzeption schlug Berzelius in der ersten Hälfte des 19. Jahrhunderts vor. Sie erwies sich jedoch schon in der Mitte des 19. Jahrhunderts als unhaltbar, da sie in Widerspruch zu neuen Erkenntnissen der Physik (Erhaltung und Umwandlung der Energie) und der Chemie (Substitutionsreaktion) geraten war. Eine andere elektromagnetische Konzeption ist mit dem Namen Faradays und seiner Lehre über die Elektrochemie und das elektromagnetische Feld verbunden. Gegen Ende des 19. Jahrhunderts erfuhr die Faradaysche Theorie durch die Entdeckungen von Maxwell und seine elektromagnetische Strahlungstheorie sowie durch die Theorie der elektrolytischen Dissoziation von Arrhenius (1887) mit ihrem zentralen Begriff des Ions (elektrisch geladenes Restmolekül) eine Weiterentwicklung.

Die Anhänger der mechanischen Konzeption erkannten jedoch diese neuen physikalischen Ansichten über die Materie und die ihnen entsprechenden neuen physikalischen und physikalisch-chemischen Theorien nicht an. Sie beharrten darauf, als bestimmende Eigenschaft materieller Körper die mechanische Masse und nicht etwa die elektrische Ladung anzusehen. Überhaupt betrachteten sie die elektromagnetischen Eigenschaften der Körper als ihren zeitweiligen, sich ändernden physikalischen Zustand. So versuchte MENDELEJEW (1902) sogar auf dem Höhepunkt der „neuesten Revolution in den Naturwissenschaften“ die Radioaktivität als eine Art Elektrisierung zu erklären: Zuerst werden die Körper unter Beteiligung des Weltäthers elektrisiert, worauf sie dann allmählich wieder abstrahlen, womit sie vorher elektrisiert worden waren. In diesem Geist schrieb MENDELEJEW (1902) seinen „Versuch eines chemischen Verständnisses des Weltäthers“. Es ist verständlich, daß ein solcher Versuch, die mechanische Konzeption zu halten, sich als vollkommen hoffnungslos erweisen mußte. Die mechanische Konzeption wurde abgelehnt, auch MENDELEJEW konnte sie nicht retten. Anfang des 20. Jahrhunderts war sie endgültig widerlegt.

2. Elektromagnetische Konzeption (1895—1923)

Die elektromagnetische Konzeption begann sich bereits gegen Ende des 19. Jahrhunderts zur dominierenden Konzeption zu formieren. Sie entwickelte sich auf der Grundlage der damals beginnenden „neuesten Revolution in den Naturwissenschaften“. Folgende Entdeckungen sprachen zugunsten der neuen Konzeption: die HERTZschen elektromagnetischen Wellen (achtziger Jahre), die RÖNTGEN-Strahlen und die Erfindung des Radios durch POPOW (1895), die Entdeckung der Radioaktivität (spontane Emission elektrisch geladener Teilchen) durch H. BECQUEREL (1896) und des Elektrons durch J. THOMSON (1897), die Entdeckung des Radiums durch das Ehepaar CURIE (1898), die Schaffung der PLANCKschen Quantentheorie und die Messung des Lichtdruckes durch LEBEDEW (1900) sowie viele andere. Unter diesen Entdeckungen nahm die Schaffung der Theorie der Radioaktivität durch RUTHERFORD und SODDY (1902) als Theorie des spontanen Atomzerfalls einen besonderen Platz ein. Kurz zuvor klassifizierte RUTHERFORD die gesamte radioaktive Strahlung in drei Strahlungsarten:

α-Strahlen (Strom positiv geladener schwerer Teilchen), β-Strahlen (Strom negativ geladener leichter Teilchen) und γ-Strahlen (harte elektromagnetische Strahlung). Wie wir sehen, ordnen sich alle drei Strahlungsarten vollständig in die allgemeine elektromagnetische Konzeption ein. Sie bestehen aus elektrische Ladung tragenden Materieteilchen oder stellen elektromagnetische Strahlung dar.

Nachdem das erste Elementarteilchen — das Elektron — entdeckt war, stellte sich heraus, daß seine Masse von der Geschwindigkeit abhängt. Man nahm deshalb an, daß sie elektromagnetischen und nicht mechanischen Charakter besitzt. (Diesem Umstand entsprechend, definierte man später die bewegte Masse im Unterschied zur Ruhmasse.)

Bald darauf machte EINSTEIN (1905) zwei wesentliche Entdeckungen. Er stellte erstens das spezielle Relativitätsprinzip auf, aus dem er das fundamentale Gesetz $E = mc^2$ ableitete, das die Masse eines Körpers m mit seiner gesamten inneren Energie E verknüpft. Er führte zweitens den Begriff des „Lichtteilchens", des Photons, ein. Damit war das zweite Elementarteilchen gefunden. Die elektromagnetische Konzeption der Materie und ihrer Umwandlungen festigte sich immer mehr. „Mit jedem Tage wird es wahrscheinlicher, daß die chemische Affinität sich auf elektrische Vorgänge zurückführen läßt"[1]), — so charakterisierte W. I. LENIN die Ansichten der Physiker und Chemiker zu Beginn des 20. Jahrhunderts. Die Entdeckung des Atomkerns durch RUTHERFORD (1911) und die Idee des planetaren Aufbaus des Atoms wirkten stimulierend auf die weitere Entwicklung der elektromagnetischen Konzeption. Man hatte jetzt ein weiteres, das insgesamt dritte, Elementarteilchen entdeckt — das Proton (Kern des Wasserstoffatoms).

Die physikalischen Entdeckungen des Jahres 1913 spielten für das Schicksal der elektromagnetischen Kon-

---

[1]) W. I. LENIN, Werke, Dietz Verlag Berlin, 1962, Bd. 14, S. 249.

zeption eine entscheidende Rolle. Sie verbanden die um die Jahrhundertwende gemachten Entdeckungen (Röntgen-Strahlen, Radioaktivität, Elektron, Quanten, Photonen) mit dem Mendelejewschen Periodensystem der Elemente. Konkreter ausgedrückt, förderte die elektromagnetische Konzeption solche Entdeckungen wie die Übereinstimmung von Ordnungszahl und Kernladung (Mosley), die Verschiebungsregel (Soddy, Fajans, Russell) und die Isotopie (Soddy). Auf der Grundlage aller dieser Entdeckungen wurde ein Atommodell entwickelt (Bohr).

In der Endkonsequenz begann man anzunehmen, daß, wenn alle Körper der Natur aus Atomen bestehen und wiederum alle Atome aus elektrisch geladenen Teilchen (Kerne und Elektronen), die gesamte Natur der Materie und ihrer Umwandlungen folglich elektromagnetischen Charakter trägt.

Es hatte den Anschein, daß der Elektromagnetismus das eigentliche Fundament der Materie, ihre physikalische Grundlage, darstellt und nicht etwa ihren zeitweiligen Zustand, wie es bis dahin die Verfechter der mechanischen Konzeption annahmen. Mehr noch, es schien, als ob das frühere Hauptmerkmal der mechanischen Masse (Ruhmasse) für immer wieder auf seinen alten Platz zurückversetzt wurde. Schließlich zeugte die Erscheinung der Isotopie davon, daß Atome ein und desselben Elementes sich in ihrer Masse (d. h. in ihren Massenzahlen) unterscheiden können. Da sie jedoch die gleiche positive Ladung der Atomkerne haben, weisen sie gleichartige chemische Eigenschaften auf. Das wurde damit erklärt, daß die chemischen Eigenschaften von der Konfiguration der Elektronenhülle des Atoms abhängen (insbesondere durch ihren äußeren Teil, in dem die Valenzelektronen konzentriert sind). Ihre Konfiguration wird vollständig durch die Kernladung bestimmt. Bohr stellte sogar folgende These auf, die die elektromagnetische Konzeption klar zum Ausdruck bringt und ihre direkte Folge darstellt: Die chemischen Eigenschaften der

Elemente hängen ausschließlich von der Kernladung ab, so daß sie für Isotope ein und desselben Elementes absolut gleich sein müssen.

In voller Übereinstimmung mit dieser Konzeption gab Paneth (1916) eine neue Definition des chemischen Elementes: Ein chemisches Element ist eine Art von Atomen, die durch eine für alle Atome gleiche positive Ladung des Atomkerns charakterisiert wird.

Im Sinn einer solchen Konzeption entwickelten sich die späteren Untersuchungen von Rutherford und vieler seiner Schüler. So führte Rutherford (1919) die erste künstliche Elementumwandlung durch, womit der Weg zur späteren Beherrschung der Atomenergie gebahnt wurde.

Alle diese und noch viele andere Entdeckungen wurden im Fahrwasser der elektromagnetischen Konzeption gemacht. Es entstand jedoch die Frage, wie man sich alle Atome des Universums aus den drei bereits bekannten Elementarteilchen zusammengesetzt denken kann, die ihrer Natur nach elektrischen (magnetischen) Charakter tragen: Elektron, Proton und Photon. Da das Proton eine Masse von etwa einer atomaren Einheit aufweist und eine positive Ladung trägt, muß man zum Aufbau des Kerns eines beliebigen Elements annehmen, daß der Überschuß an positiven Ladungen durch eine entsprechende Zahl von „Kernelektronen" aufgehoben wird. So mußte man sich beispielsweise den Natriumkern $^{23}_{11}Na$ aus 23 Protonen und 12 „Kernelektronen" zusammengesetzt denken. Nach dieser Vorstellung erklärte man auch die β-Zerfallsprozesse: Vom Kern werden bereits vorher existierende „Kernelektronen" abgegeben (Neutrino und Spin waren noch nicht entdeckt).

Später machte Rutherford (1920) die kühne Annahme, daß das Proton mit dem Elektron eine starke Bindung eingehen kann, so daß ein solches System in allen äußeren Erscheinungen als elektrisch neutral auftritt. Damit war im Rahmen der elektromagnetischen Konzeption die Idee des Neutrons ausgesprochen. Weiterhin nahm RUTHERFORD in gleicher Weise an, daß ein „Kernelektron“ zwei Protonen bindet, wobei sich ein Kern des schweren Wasserstoffs ($^2_1$H) bildet.

In allen hier betrachteten Ansichten wurde das Anlagerungsprinzip aufrechterhalten, das der mechanischen Konzeption zugrunde lag. Der Unterschied bestand dabei darin, daß man in der mechanischen Konzeption innerhalb der Materieteilchen Atome mit konstanter Masse erhält und miteinander kombiniert, in der elektromagnetischen Konzeption jedoch elektrisch geladene Teilchen (Ionen, Kerne, Protonen, Elektronen).

Freilich war das Anlagerungsprinzip bei den Photonen, ihrer Emission und Absorption nicht anwendbar. Das Photon blieb als solches bei der Absorption durch den Kern nicht erhalten. Bei Emission wurde es nicht als bereits vorgebildetes Teilchen abgegeben. Trotzdem ordnete sich das Photon vollständig in das elektromagnetische Bild der physikalischen Prozesse ein, da es elektromagnetischer Natur war. Die Entdeckung des COMPTON-Effektes (1923) kann man möglicherweise als Kulminationspunkt der Entwicklung der elektromagnetischen Konzeption einschließlich ihres Anlagerungsprinzips ansehen. Er bezeichnet eine elastische Wechselwirkung („Stoß“) eines Elektrons mit einem Photon, wobei sich die Wellenlängen der RÖNTGEN-Strahlen und die Geschwindigkeit der Elektronen bei der Streuung ändern. Die darauffolgenden physikalischen Entdeckungen auf dem Gebiet der Mikroerscheinungen begannen jedoch die vorherrschende elektromagnetische Konzeption bereits zu untergraben.

3. *Einschränkung der elektromagnetischen Konzeption (1923–1931)*

Die Einschränkung der elektromagnetischen Konzeption begann in den zwanziger Jahren des 20. Jahrhunderts. Bereits die Quantenmechanik barg den Keim eines breiteren und tiefgründigeren Verständnisses der Mikroprozesse in sich. Sie bildete zwar keine spezielle theoretische Erklärung und Beschreibung der Bewegung und des Verhaltens des Elektrons (und im allgemeinen der elektrisch geladenen Mikroteilchen der Materie), widersprach jedoch auch nicht explizit der elektromagnetischen Konzeption. Sie stellte faktisch wiederum nicht die elektrischen Ladungen der Teilchen und überhaupt nicht die elektromagnetische Natur der Materie, sondern die Eigenschaft der Masse der Mikroteilchen in den Vordergrund. So tritt in allen Grundgleichungen und -beziehungen der Quantenmechanik die Masse der Mikroteilchen auf, wobei sie keine zweitrangige, sondern die entscheidende Rolle spielt. Das trifft sowohl auf die Beziehung von De Broglie (1923–1924), die das Mikroteilchen mit der Wellenlänge der ihm zugeordneten Welle in Zusammenhang bringt, als auch auf die Schrödingersche Wellengleichung (1926) und auf die Heisenbergsche Unschärferelation (1927) zu.

Andererseits wurden durch die Entdeckung des Spins des Elektrons durch Goudsmit und Uhlenbeck (1925) sowie die Aufstellung des Pauli-Prinzips (1926) neue Momente in die immer noch vorherrschende elektromagnetische Konzeption hineingetragen. Dabei verband man ursprünglich die Idee des Spins mit dem mechanischen Modell des rotierenden Kreisels. Erst später nahm sie als besonderer quantenmechanischer Zustand oder als eine Eigenschaft der Mikroteilchen genauere Formen an.

Für die spätere Untergrabung der elektromagnetischen Konzeption erwies sich die von Pauli (1931) aufgestellte Hypothese der Existenz des Neutrinos als sehr wesentlich. Pauli hatte dadurch die scheinbaren Anomalien in der Energieverteilung der β-Teilchen (Elektronen), die beim β-Zerfall emittiert werden, zu erklären versucht. Gleichzeitig ermöglichte diese Hypothese eine Erklärung der Tatsache, daß beim β-Zerfall der Gesamtspin ganzzahlig bleibt. Dazu mußte man die gleichzeitige Emission zweier leichter Teilchen mit jeweils halbzahligem Spin annehmen: Elektron und Neutrino (genauer Antineutrino).

Das hypothetische Neutrino war (nach Elektron, Photon und Proton) nunmehr das vierte Elementarteilchen, mit dem die moderne Physik in Berührung kam. Konnte man für die drei vorhergehenden eine elektromagnetische Natur annehmen, so war diese Annahme bezüglich des Neutrinos schwerlich zu begründen. Damit wurde offensichtlich die Universalität der elektromagnetischen Konzeption untergraben, die bis dahin noch nicht auf ähnliche Schwierigkeiten gestoßen war. Ungeachtet dessen konnte sie bis zum Jahr 1932 als fast unangefochten herrschende Konzeption in der Physik betrachtet werden.

4. Entdeckung des Neutrons (1932). Empirie und Theorie

Der entscheidende Schritt zur Ausarbeitung und Anerkennung der neuen dualistischen Konzeption der physikalischen Natur der Materie und ihrer Umwandlungen war zweifellos die Entdeckung des Neutrons durch Chadwick (1932). Das Neutron war das fünfte von der Physik gefundene Elementarteilchen.

Bevor wir untersuchen, wie die Entdeckung des Neutrons das Scheitern der elektromagnetischen Konzeption und die Ausarbeitung der neuen (dualistischen) Konzeption beeinflußte, scheint interessant zu klären, worin das Wesen der Chadwickschen Entdeckung bestand. Die Geschichte der wissenschaftlichen Erkenntnis zeigt, daß der entscheidende Schritt in der Wissenschaft nicht von dem getan wird, der eine neue Erscheinung nur beobachtet und empirisch konstatiert, sondern von demjenigen, der in ihr Wesen eindringt und eine theoretische Erklärung dafür gibt. Es sei hier nur an die Geschichte der Entdeckung der Zelle (in der Biologie), des Sauerstoffs (in der Chemie), des Periodensystems (in der Chemie), der Radioaktivität (in der Physik) und des Hafniums (in der Physik und Geochemie) erinnert. In all diesen Fällen wurde eine Revolution in den Naturwissenschaften nicht durch die Beobachtung einer neuen, vorher unbekannten Erscheinung oder eines Naturobjekts selbst, sondern durch ihre theoretische Interpretation hervorgerufen.

So beobachtete Hooke (17. Jahrhundert) zwar den zellartigen Aufbau pflanzlicher Gewebe, kam jedoch dabei zu keinerlei theoretischen Schlußfolgerungen. Er erkannte in keiner Weise, was der von ihm beobachtete Fakt für das Verständnis der Funktionsweise von Organismen bedeutete. Das gelang dann erst Schleiden und Schwann (1838—1839), von denen die Zelltheorie geschaffen wurde. Deshalb entdeckten eigentlich sie die Zelle und nicht Hooke.

In gleicher Weise fanden Priestley und Scheele (1774) empirisch als erste ein neues chemisches Element, das später Sauerstoff genannt wurde. Sie erkannten jedoch nicht die eigentliche Rolle, die dieses Element in vielen wichtigen chemischen Prozessen spielt, da sie sich nicht von den Kategorien der alten, falschen Theorie des Phlogistons zu trennen vermochten. Demgegenüber erklärte Lavoisier als erster die Rolle des Sauerstoffs in solchen Prozessen wie Verbrennung, Oxydation und Atmung. Deshalb entdeckte in Wirklichkeit er den Sauerstoff für die Wissenschaft.

Wesentlich komplizierter, im Prinzip jedoch ähnlich, war es mit der Entdeckung des Periodensystems der chemischen Elemente. Vor Mendelejew versuchte bereits eine Reihe von Chemikern (Chancourtois, Lothar Meyer u. a.) die Elemente nach der Größe des Atomgewichts zu ordnen. Sie erhielten empirische Elementetabellen, die formal gesehen den Tabellen ähnlich waren, die später Mendelejew aufstellte. Das gilt insbesondere für die empirisch gefundene Tabelle von L. Meyer (1868). Auf dieser Grundlage beanspruchte L. Meyer später die Priorität bei der Entdeckung des Periodengesetzes. L. Meyer verblieb jedoch vor Mendelejew vollständig im Rahmen der empirischen Entdeckungsphase und verstand ihren theoretischen Sinn nicht. Mendelejew (1869) fand als erster die theoretischen Grundlagen der empirisch aufgestellten Tabellen: Er ging über die empirische Phase hinaus und entdeckte das Periodengesetz der Elemente, worauf vor ihm weder L. MEYER noch CHANCOURTOIS gekommen waren. Nur bei NEWLANDS (1864) waren zaghafte Andeutungen eines ähnlichen Gesetzes sichtbar („Oktavenregel").

Im allgemeinen ähnlich verlief die Geschichte der Entdeckung der Radioaktivität. H. BECQUEREL (1896) beobachtete diese Erscheinung lediglich empirisch. Eine erste theoretische Erklärung dafür gaben RUTHERFORD und SODDY (1902), indem sie zeigten, daß es sich hierbei um einen spontanen Zerfall der Atome, eine selbständige Umwandlung eines chemischen Elements in ein anderes handelt. Deshalb haben eigentlich gerade sie das Radium als den „großen Revolutionär" in der Wissenschaft entdeckt.

Bei der Entdeckung des Hafniums wiederholte sich im allgemeinen die gleiche Geschichte: Französische Chemiker mit URBAIN an der Spitze waren fest davon überzeugt, daß es sich bei dem noch unbekannten Element Nr. 72 um den letzten Vertreter der Gruppe der Lanthaniden (seltene Erden) handelt. Als URBAIN erstmals im Röntgenspektrum schwache Linien entdeckte, die dem Element Nr. 72 entsprechen und in Wirklichkeit zum Hafnium gehören, nahm er an, daß es sich um die Linien des letzten Lanthanids handelt. Er hatte also Hafnium beobachtet, ohne es aber zu verstehen. Demgegenüber sagte BOHR (1921) auf der Grundlage seiner Atomtheorie voraus, daß das Element Nr. 72 nicht ein Analogon des Lanthans, sondern des Zirkoniums sein muß. Man sollte es deshalb in natürlichen Mineralien unter den Begleitern dieses Metalls suchen. Dem Hinweis BOHRS folgend, entdeckten COSTER und HEVESY (1922) das gesuchte Element Nr. 72 (Hafnium) tatsächlich in norwegischem Zirkoniumerz.

Die Geschichte der Wissenschaft kennt viele derartige Beispiele. Zu ihnen gehört auch die Entdeckung des Neutrons, bei der Empirie und Theorie, Beobachtung und

Erklärung sowohl zeitlich als auch örtlich voneinander getrennt waren. Und erst die theoretische Erklärung der neuen Erscheinung, die man bereits vorher an anderer Stelle beobachtet hatte, erwies sich als die eigentliche wissenschaftliche Entdeckung, als der entscheidende Schritt auf dem betrachteten Wissenschaftsgebiet. Damit kristallisieren sich die zwei Dinge heraus, die für eine Aufklärung der Geschichte jeder hinreichend bedeutenden Entdeckung wesentlich sind:

1. Wer war wann und wo der unmittelbare Vorgänger und Wegbereiter der gegebenen Entdeckung, mit anderen Worten, wer beobachtete empirisch die neue Erscheinung und konstatierte einen zu erklärenden Fakt?

2. Wer lieferte wo und wann eine richtige theoretische Erklärung des neuen Fakts und erwies sich damit hinsichtlich des Wesens der Entdeckung als ihr Schöpfer und Autor?

Mitunter löst eine Person beide Aufgaben. So war es im Fall der Entdeckung des COMPTON-Effektes (1923), der künstlichen Radioaktivität, durch das Ehepaar JOLIOT-CURIE (1934) sowie der Erscheinung der Kernisomerie bei künstlich radioaktiven Elementen durch KURTSCHATOW und seine Mitarbeiter (1936). In diesen Fällen lieferten die Wissenschaftler eine theoretische Erklärung, die die neue Erscheinung empirisch gefunden hatten.

In der Geschichte der Entdeckung des Neutrons lagen die Dinge folgendermaßen: Zuerst wurden empirisch neue Strahlungen und ihre physikalischen Effekte beobachtet, die jedoch nicht richtig theoretisch interpretiert wurden. BOTHE und BECKER (1930) fanden eine neue, außerordentlich harte Strahlung, die bei Beschuß leichter Kerne mit α-Teilchen entstand. Sie schrieben ihr natürlicherweise elektromagnetischen Charakter zu, indem sie annahmen, daß es sich um die Bildung von hochenergetischen Photonen handelt. Da diese Strahlung auch bei Beschuß von Beryllium mit α-Teilchen entstand, wurde sie „Beryllium-Strahlung" genannt. Das Ehepaar JOLIOT-CURIE (1932) begann, die Wirkung dieser Strahlung auf in verschiedenen Stoffen enthaltenen Wasserstoff zu untersuchen. Dabei stieß es auf einen besonderen Effekt, der in der Bildung einer großen Anzahl schneller Protonen bestand. JOLIOT-CURIE erklärten die von ihnen beobachtete neue Erscheinung damit, daß hier ein besonderer Fall des COMPTON-Effekts vorliegt. Ein außerordentlich hartes Photon, das über eine riesige Energie verfügt, streut Protonen (schlägt sie aus dem Wasserstoff heraus) auf irgendeine vollkommen ungewöhnliche Weise, die nicht mit den bislang angenommenen theoretischen Leitgedanken in Übereinstimmung steht.

In Wirklichkeit beobachteten JOLIOT-CURIE Neutronenstrahlung und deren Wirkung auf Wasserstoffatome (das Herausschlagen von Protonen unter großer Energieübertragung). Sie verblieben jedoch vollständig im Rahmen der Kategorien der zu dieser Zeit noch herrschenden elektromagnetischen Konzeption und interpretierten deshalb (ähnlich wie BOTHE und BECKER) die von ihnen beobachtete Strahlung und den von ihnen gefundenen neuen physikalischen Effekt als eine ihrer Natur nach elektromagnetische Erscheinung. Darin ist die Wurzel dafür zu sehen, warum sie die von ihnen begonnene Entdeckung nicht zu Ende führten, sondern in ihrer empirischen Phase stehenblieben. Sie erreichten die Tür, die zur Enträtselung eines neuen Naturgeheimnisses führte, sie ertasteten diese Tür und klopften sogar an, vermochten sie jedoch nicht zu öffnen, da sie nicht in ihre Richtung (d. h. nach der elektromagnetischen Konzeption), sondern in die andere Richtung zu öffnen war (d. h. in Richtung auf eine grundlegende Abwendung von dieser Konzeption).

Die Ideen von JOLIOT und CURIE hatten in dieser Hinsicht ein ähnliches Schicksal wie die Ideen von HOOKE, PRIESTLEY und SCHEELE, H. BECQUEREL und URBAIN. Sie beobachteten früher als andere etwas Neues, verstanden jedoch nicht, worin dessen Bedeutung bestand. Ohne eine grundlegende wissenschaftliche Entdeckung vollendet zu haben, bereiteten sie diese trotz allem vor, ähnlich wie die empirische Darstellung des Sauerstoffs den Weg zur späteren Schaffung der LAVOISIERschen Sauerstofftheorie. Die empirische Entdeckung der Radioaktivität bereitete die Theorie des radioaktiven Zerfalls der Atome durch RUTHERFORD und SODDY vor. Auch bei einer wissenschaftlichen Entdeckung kann man beobachten, daß sich ohne vorangegangene Sammlung empirischen Materials keine spätere theoretische Erklärung erreichen läßt, wie es überhaupt ohne Empirie keine Theorie geben kann. Die Experimente von JOLIOT und CURIE, die zur Entdeckung eines neuen, schwer zu erklärenden physikalischen Effekts führten, dienten als direkte Voraussetzung und unmittelbarer Anstoß zur Entdeckung des Neutrons durch CHADWICK.

CHADWICK war als RUTHERFORD-Schüler von den Ideen seines Lehrers durchdrungen. Er war viele Jahre mit der experimentellen Suche nach dem Neutron beschäftigt gewesen und sah daher im JOLIOT-CURIE-Effekt ebenfalls vor allem die Möglichkeit, daß ein schweres, elektrisch neutrales Teilchen – das Neutron – beteiligt sein könnte. Diese Tatsache spricht dafür, daß die Hypothese tatsächlich eine Entwicklungsform der Naturwissenschaften darstellt, da die Naturforscher theoretisch denken, worauf bereits ENGELS hinwies. Nimmt man, zumindest für den Anfang, rein hypothetisch die Existenz irgendeiner unbekannten Form der Materie an, so werden sich die experimentellen Untersuchungen auf bestimmte Art und Weise um diese Hypothese mit dem Ziel gruppieren, sie zu überprüfen und entweder zu bestätigen oder abzulehnen. Diesen Charakter besaßen die DALTONsche Atomhypothese in der Chemie des 19. Jahrhunderts, die Neutrinohypothese von PAULI in der Physik des 20. Jahrhunderts und überhaupt alle echt wissenschaftlichen Hypothesen.

Da CHADWICK theoretisch dachte und vor allem richtig dachte, betrachtete er natürlich das gesamte entsprechende experimentelle Material – sowohl sein eigenes als auch das von anderen Autoren – wie durch den

Filter der von ihm aufgestellten Hypothese (der Neutronenhypothese). Er fand letztendlich in einer äußerst kurzen Frist nach der ersten Mitteilung über die Experimente von JOLIOT und CURIE eine richtige theoretische Erklärung für den beobachteten Effekt. Indem er die Strahlung analysierte, die sich bei der Bestrahlung von Beryllium mit α-Teilchen bildet, bewies er, daß es sich nicht um eine besondere Art der elektromagnetischen Strahlung handelt, wie andere Physiker annahmen, sondern daß sie einen Strom elektrisch neutraler Teilchen darstellt, deren Masse etwa gleich der Protonenmasse ist. So wurde das Neutron entdeckt. Nachdem CHADWICK dieses Ergebnis erzielt hatte, schlug er die Hände über dem Kopf zusammen, weil man das Neutron viel früher hätte entdecken können. Er wollte die Gründe dafür finden, warum dies nicht geschah. Unserer Meinung nach braucht man sich nicht darüber zu wundern, sondern viel eher über die Tatsache, daß die Zeit zwischen der ersten Nachricht über die Experimente von JOLIOT und CURIE (11. Januar 1932) und der ersten Mitteilung CHADWICKS über die mögliche Existenz von Neutronen (17. Februar 1932) so kurz war.

Es erhebt sich die Frage, ob man das Ehepaar JOLIOT-CURIE als Mitautoren der Entdeckung des Neutrons betrachten kann. Nach allem zu dieser Frage bisher Gesagten kann man mit einem kategorischen Nein antworten. Sie haben lediglich diese Entdeckung vorbereitet, der Sprung in der Wissenschaft jedoch, der entscheidende Schritt im Begreifen der Wahrheit, wurde von CHADWICK getan, wobei er sich auf ihre Ergebnisse stützte. Nicht neue experimentelle Ergebnisse (in Form des JOLIOT-CURIE-Effekts) stellten, wie selbst CHADWICK annahm, diesen entscheidenden Schritt dar, sondern ihre richtige theoretische Erklärung. Darin und nur darin bestand streng genommen die Entdeckung des Neutrons.

Was die historischen Parallelen anbetrifft, die freilich stets riskant sind, so könnte man sagen, daß die Geschichte des COMPTON-Effekts zum Teil an die Geschichte der Entdeckung des JOLIOT-CURIE-Effekts erinnert, was die empirische Phase der wissenschaftlichen Entdeckung anbetrifft. COMPTON fand jedoch nicht nur den Effekt selbst, sondern auch seine theoretische Erklärung, während das JOLIOT und CURIE bei dem von ihnen festgestellten Effekt nicht gelang. Diese theoretische Phase der wissenschaftlichen Entdeckung und damit die gegebene Entdeckung selber wurde, wir wiederholen dies nochmals, erst von CHADWICK durchlaufen.

5. Andere Entdeckungen des Jahres 1932. Beginn des Übergangs zur neuen Konzeption

Obwohl sich das Neutron in allen seinen äußeren Erscheinungen als elektrisch neutral erwies, wie das RUTHERFORD bereits 12 Jahre vor dessen Entdeckung voraussah, wurde die elektromagnetische Konzeption durch die Tatsache der Existenz und des Nachweises allein noch nicht überwunden. Schließlich war es noch möglich, sich das Neutron als System aus stark miteinander wechselwirkendem Proton und Elektron vorzustellen, so daß man es wie früher aus elektrisch geladenen Materieteilchen aufbauen konnte. So hatte sich RUTHERFORD auch das zukünftige Neutron vorgestellt.

Bald darauf wurde jedoch der Beweis erbracht, daß im Inneren des Atomkerns und folglich auch im Neutron kein fertiges Elektron in unmittelbarer Nähe des Protons existieren kann. Das Anlagerungsprinzip erwies sich hier folglich als genauso unhaltbar wie im Fall der Photonenabsorption und -emission durch entsprechende Mikrokörper. In gemeinsam mit AMBARZUMJAN und GAPON durchgeführten Untersuchungen zeigte IWANENKO (1932), daß der Atomkern keinerlei „innere“ Elektronen in fertiger Form enthalten und nur aus schweren Teilchen — Protonen und Neutronen — bestehen kann. Insbesondere folgte diese Forderung auch aus dem Prinzip der Erhaltung des Gesamtspins, das durch die frühere Annahme, der Atomkern bestehe aus Protonen und Elektronen, verletzt wird.

Wenn jedoch innerhalb des Atomkerns ebenso wie im Neutron keine fertigen Elektronen existieren, so erhebt sich die Frage: Woher kommen die Elektronen beim Zerfall eines β-radioaktiven Kerns? Darauf konnte es nur eine Antwort geben: Das Elektron (ebenso wie das Antineutrino) wird bei der Emission erzeugt, ähnlich wie das bei der Photonenemission der Fall ist. Das mechanische Anlagerungsprinzip wurde von einem neuen Prinzip abgelöst, das die Möglichkeit der Erzeugung und Vernichtung bestimmter Materieformen sowie ihre grundlegende Umwandlung in qualitativ andere Formen einschließt.

Nun wurde klar, daß neben den elektrisch geladenen Materieteilchen auch in ihrem Wesen neutrale Teilchen existieren, die nicht elektromagnetischer Natur sind.

Die Entdeckung des Neutrons war für die gesamte Kernphysik von entscheidender Bedeutung. Für die Theorie lieferte sie die Möglichkeit, eine neue Konzeption zu entwickeln, in der beide Seiten (Masse und Elektromagnetismus) berücksichtigt werden konnten, die bis dahin von den früheren Konzeptionen einzeln und in Gegenüberstellungen widergespiegelt wurden. Weiterhin ermöglichte die Entdeckung des Neutrons, Modelle des Atomkerns zu schaffen, in denen nur von der Vorstellung schwerer Teilchen ausgegangen wird (Protonen und Neutronen).

Für das Experiment eröffneten sich vielfältige Möglichkeiten, das Neutron als ideales Kerngeschoß zu verwenden. Wegen seiner elektrischen Neutralität spürt das Neutron die Wirkung der abstoßenden Kräfte nicht, die von der positiven Ladung des Kerns hervorgerufen werden. Es kann sich sogar bei nur geringer Geschwindigkeit dem Kern nähern. Einen vernichtenden Schlag erhielt die elektromagnetische Konzeption mit der Entdeckung des schweren Wassers, des schweren Wasserstoffs (Deuterium) und des Deuterons durch Urey (1932).

Damit wurde eine andere Vorhersage Rutherfords bestätigt, die dieser 12 Jahre zuvor ausgesprochen hatte, allerdings auf der Grundlage der früheren elektromagnetischen Konzeption. Nach heutigen Vorstellungen besteht der Kern des Deuteriums — das Deuteron — nicht aus drei Kernteilchen (zwei Protonen und einem Elektron), sondern nur aus zwei — einem Proton und einem Neutron.

Die Hauptsache bestand jedoch darin, daß sich die chemischen und physikalisch-chemischen Eigenschaften des Deuteriums (schwerer Wasserstoff ^2_1H) merklich von den gleichen Eigenschaften des leichten Wasserstoffs ^1_1H unterschieden. Bereits die Entdeckung des schweren Wassers hing mit dem Unterschied in einer solch wichtigen physikalisch-chemischen Eigenschaft der beiden Arten von Wasser wie ihre Dissoziationskonstante zusammen.

Das alles bedeutete, daß der zentrale Punkt der früheren elektromagnetischen Konzeption (vollständige Identität der chemischen Eigenschaften von Isotopen ein und desselben Elements und die Abhängigkeit dieser Eigenschaften nur von der Konfiguration der Elektronenhülle der Atome und nicht von der Massenzahl der Isotope) zusammenbrach.

Die Eigenschaften des Deuteriums im Unterschied zu denen des leichten Wassers sowie die Geschichte der Entdeckung des schweren Wassers selbst zeugten anschaulich davon, daß das chemische Verhalten der Atome nicht nur von der Konfiguration ihrer Hülle, sondern zumindest teilweise auch von ihrer Masse abhängt (worauf Mendelejew stets beharrte).

Damals wurde noch eine weitere wichtige kernphysikalische Entdeckung gemacht. Cockcroft und Walton (1932) entwickelten eine Methode zur Beschleunigung von Protonen und realisierten als erste eine Kernreaktion mit Hilfe künstlich beschleunigter Protonen. Bald darauf beschleunigte Lawrence (1933) Deuteronen in einem Zyklotron und führte mit ihnen Kernreaktionen durch.

Folglich bedeuteten die Entdeckungen des Jahres

1932 einen Wendepunkt in der Entwicklung der gesamten Kernphysik. Sie riefen einen Übergang von der früheren einseitigen elektromagnetischen Konzeption zu einer neuen, breiteren und vollständigeren Konzeption ins Leben. Diese neue Konzeption stellte bekanntlich in der Hinsicht eine Rückkehr zu einigen Seiten der noch älteren (mechanischen) Konzeption dar, daß sie die fundamentale Rolle der Masse der Materieteilchen und ihres bestimmenden Einflusses auf andere Eigenschaften dieser Teilchen berücksichtigte. Diese Rückkehr verlief aber diesmal schon nicht mehr einseitig, durch einfache Negierung dessen, was die elektromagnetische Konzeption bot, sondern unter Aufrechterhaltung alles Positiven, was Physik und Chemie im Rahmen dieser Konzeption hervorgebracht hatten. Kürzer gesagt, die neue Konzeption, die die elektromagnetische abzulösen begann, war ihrem Wesen nach synthetisch, dualistisch: Sie vereinigte in sich beide Momente (Masse und Elektromagnetismus), womit sie die bis dahin bestehende Kluft zwischen ihren beiden Vorgängern überwand.

6. *Entdeckung des Positrons und der gegenseitigen Umwandlung von Stoff und Strahlung (1933)*

Um die Jahreswende 1932/1933 entdeckten Blackett und Occhialini in kosmischen Strahlen Prozesse, die später (nach der Entdeckung des Positrons) als Prozesse der Erzeugung und Vernichtung (Annihilation) eines Elektron-Positron-Paares interpretiert wurden. Damit war die Haltlosigkeit des Anlagerungsprinzips offensichtlich. Diese Elektron-Positron-Annihilation wurde durch direkte Beobachtung nachgewiesen. Folglich erfuhr damit auch die neue (dualistische) Konzeption eine direkte und unmittelbare Bestätigung.

Im Jahr 1933 bewies Anderson die Richtigkeit der von ihm 1932 in der kosmischen Strahlung gemachten Entdeckung des Positrons. Das Positron war das sechste von der Physik entdeckte Elementarteilchen und gleichzeitig das erste Antiteilchen, das den Physikern bekannt wurde. Insbesondere als Antiteilchen (Antielektron) wurde das Positron schon von Dirac (1928) indirekt vorausgesagt, jedoch nicht in Form eines definierten physikalischen Teilchens, sondern in Form eines sogenannten „Lochs", das sich mit einem Elektron auffüllen läßt.

Aus den Eigenschaften der Antiteilchen folgte ihre Fähigkeit, paarig (Teilchen und Antiteilchen) erzeugt und vernichtet zu werden, wobei sie sich in andere Materieformen umwandelten.

Nun waren bereits sechs Elementarteilchen bekannt: drei elektrisch neutrale (Neutron, Neutrino und Photon, wobei die ersten beiden nicht elektromagnetischer Natur sind), zwei positiv (Proton und Positron) und ein negativ geladenes (Elektron) Teilchen. Schon aus der Vielfalt dieser fundamentalen physikalischen Teilchen leitet sich die Aufgabe ab, in der Vorstellung vom physikalischen Fundament der Materie auf bestimmte Weise all das Wesentliche zu vereinen, das von der mechanischen Konzeption (mit ihrer Betonung der Masse als Haupteigenschaft eines Körpers) und von der elektromagnetischen Konzeption (mit ihrer Betonung der elektrischen Eigenschaften und Zustände eines Körpers) einseitig und isoliert widerspiegelt wird.

Wie jedoch die Synthese beider Momente in der neuen dualistischen Konzeption zu erfolgen hat, war noch unklar. In jeder Revolution wird bekanntlich zuerst, und das obendrein ziemlich schnell, ihre negative, kritische, zerstörende Funktion verwirklicht und erst danach, relativ langsam und allmählich, realisiert sich ihre positive, konstruktive, schöpferische Funktion. So geschah es auch im vorliegenden Fall. Die Entdeckung des Neutrons und die Interpretation seiner physikalischen Natur zerstörten sofort die elektromagnetische Konzeption in ihrer früheren Einseitigkeit. Diese Zerstörung enthielt aber noch keine konstruktive Lösung des neu entstandenen Problems. Als eine solche Lösung könnte die Ausarbeitung einer allgemeinen Theorie von der Struktur des Atomkerns und den Wechselwirkungskräften im Kern und im weiteren Sinn eine allgemeine Theorie der Elementarteilchen gelten. In jener Zeit standen jedoch alle Versuche, solche Lösungen zu finden, noch bevor, ja selbst heute sind sie von ihrer relativen Vollendung noch weit entfernt.

Bei der Untersuchung der Umwandlungsprozesse von Stoff und Strahlung nehmen die Arbeiten des Ehepaars JOLIOT-CURIE einen wichtigen Platz ein. Sie zeigten, daß die Bildung eines Teilchenpaares (Elektron und Positron) aus Strahlung im Feld eines schweren Kerns unter Erhaltung der Gesamtmasse und nach dem EINSTEINschen Gesetz der Gesamtenergie der sich umwandelnden Teilchen vor sich geht. JOLIOT und CURIE stellten sorgfältig die Energiebilanz einer solchen Umwandlung auf und bewiesen, daß sich die Energie des primären γ-Photons in die Energie des sich bildenden Paares (d. h. in Ruhenergie (Ruhmasse) von Positron und Elektron und in ihre kinetische Energie) umwandelt. Später untersuchten JOLIOT und CURIE auch den umgekehrten Prozeß der Annihilation eines Positrons beim Zusammentreffen mit einem Elektron.

Damit war gezeigt, daß die Erzeugung eines Teilchenpaares nicht aus dem Nichts vor sich geht, sondern aus der Energie der Licht-„teilchen“ (Photonen), genauso wie auch seine Annihilation nicht über ihre vollständige Auflösung und Umwandlung in Nichts verläuft, sondern bei Energieerhaltung durch den umgekehrten Übergang in Photonen. Es handelt sich hier, wie später S. I. WAWILOW zeigte, um die Umwandlung einer Materieform in eine andere.

Dabei vollziehen sich tiefgreifend qualitative Veränderungen innerhalb der Materie selbst. Es entstehen oder verschwinden so fundamentale physikalische Eigenschaften wie die Ruhmasse, die bei Elektron und Positron vorhanden ist, beim Photon jedoch fehlt. Gleichermaßen erfahren die Teilchen eine elektrische Polarisation, wobei beim Elektron eine negative und beim Positron eine dem Betrag nach gleiche positive Ladung erscheint, wovon bei Photonen keine Rede sein kann. Weiterhin treten Elektron und Positron mit halbzahligem Spin auf, den das Photon nicht besitzt. Die elektromagnetische Konzeption war keinesfalls in der Lage, dies zu erklären, da derartige Umwandlungen über ihren Rahmen hinausgehen.

Außer JOLIOT und CURIE studierten auch andere Physiker diese Erscheinungen. BLACKETT und OCCHIALINI (1933–1934) untersuchten Positronen, γ-Strahlen sowie mit ihrer Hilfe die Paarbildung (Elektron und Positron) und die Paarannihilation.

Im Ergebnis unterstrichen alle diese Arbeiten und Entdeckungen ganz deutlich die Haltlosigkeit des Anlagerungsprinzips und damit auch der gesamten elektromagnetischen (und natürlich auch der noch älteren mechanischen) Konzeption. Es wurde immer notwendiger, von der elektromagnetischen Konzeption abzugehen, die früher von JOLIOT und CURIE selbst befürwortet wurde und die sie daran hinderte, das Neutron zu entdecken, als sie es buchstäblich bereits in ihren Händen hielten. Ihr Zusammenbruch beschleunigte die Entdeckung der künstlichen Radioaktivität, die das Ehepaar JOLIOT-CURIE im darauffolgenden Jahr machte. Diese Entdeckung stellte eine Fortsetzung ihrer früheren Arbeiten zum Beschuß leichter Elemente mit α-Teilchen dar. Diesmal jedoch wurde sie nach dem COMPTONschen Beispiel im Sinn einer theoretischen Erklärung bis zu Ende geführt.

7. Entdeckung der künstlichen Radioaktivität (1934). Vollständiger Zusammenbruch der elektromagnetischen Konzeption

Die Entdeckung der künstlichen Radioaktivität bei leichten Elementen durch das Ehepaar JOLIOT-CURIE (1934) erwies sich als eine Entdeckung, die der einseitigen elektromagnetischen Konzeption den entscheidenden

Schlag versetzte. Diesmal befanden sich JOLIOT und CURIE auf dem nötigen theoretischen Niveau. Sie konstatierten nicht nur den neuen Fakt (empirische Phase der Entdeckung), sondern lieferten dafür auch eine richtige physikalische Erklärung (theoretische Phase der Entdeckung). Offensichtlich übte die wissenschaftliche Atmosphäre, die MARIE SKLODOWSKA-CURIE um sich schuf, sowie die Lehre von der Radioaktivität, die einen wesentlichen Bestandteil der wissenschaftlichen Interessen dieser berühmten Familie bildete, auf die engsten Schüler MARIE CURIES, ihre Tochter IRÈNE CURIE und ihren Schwiegersohn FREDERIC JOLIOT, einen ebenso günstigen Einfluß aus wie die Ideen RUTHERFORDS auf seine Schüler, insbesondere die Idee des Neutrons auf CHADWICK.

JOLIOT und CURIE hatten festgestellt, daß bei Beschuß von Aluminium mit α-Teilchen radioaktiver Phosphor und bei Beschuß von Bor und Magnesium radioaktiver Stickstoff bzw. Silizium gebildet werden. Dabei emittierten einige künstlich gebildete Isotope leichter Elemente beim β-Zerfall nicht Elektronen (zusammen mit einem Antineutrino), sondern Positronen (zusammen mit einem Neutrino). Folglich wurde gleichzeitig eine vollkommen neue, vorher unbekannte Art radioaktiver Umwandlungen entdeckt, die β^+-Aktivität.

Die enorme Bedeutung der Entdeckung der künstlichen Radioaktivität bestand unter anderem darin, daß sie auf die Notwendigkeit hinwies, die Rolle der Masse (der Massenzahl) bei der Charakterisierung des Atomkerns als die fundamentale Eigenschaft zu berücksichtigen, die die Stabilitätsgrenze der Kernladung bestimmt. Betrachten wir zum Beispiel die Sauerstoffisotope, von denen drei stabil sind: ^{16}O, ^{17}O, ^{18}O. In ^{16}O kommen auf acht Protonen auch acht Neutronen, in ^{17}O sind es neun und in ^{18}O zehn Neutronen. Vergrößert man die Masse des schwersten Kerns ^{18}O um eine atomare Einheit (um ein Neutron), dann erhält man das instabile, β-radioaktive Isotop ^{19}O (mit einer bestimmten Halbwertszeit), das

Elektronen (und Antineutrino) ausstrahlt und sich dabei in den stabilen Kern ^{19}F umwandelt. Im Ergebnis erfolgt (im Periodensystem) eine Verschiebung um einen Platz nach rechts (die Kernladung vergrößert sich um eine Einheit).

Verringert man jedoch die Masse des leichten Kerns ^{16}O um eine atomare Einheit (um ein Neutron), dann erhält man das ebenfalls instabile β-radioaktive Isotop ^{15}O (mit einer anderen Halbwertszeit), das aber nun keine Elektronen, sondern ein Positron (und ein Neutrino) emittiert und sich in den stabilen Kern ^{15}N umwandelt. Dieser Vorgang bedeutet im Periodensystem eine Verschiebung um einen Platz nach links (die Kernladung verringert sich um eine Einheit).

Dabei bleibt die Massenzahl (Gesamtzahl der Nukleonen, d. h. der Protonen und Neutronen) konstant und bestimmt die Stabilität der Kernladung sowie die Änderung der Ladungszahl (Art des radioaktiven Zerfalls). Wenn die Massenzahl größer (kleiner) ist als die obere (untere) Stabilitätsgrenze für die Kernladung, wie im Fall von ^{19}O (^{15}O), so bedeutet das, daß die Kernladung zu klein (zu groß) ist im Vergleich zur Kernmasse. Durch den β-Zerfall wird die Kernladung mit der vorliegenden Massenzahl in Einklang gebracht, wie das beim Übergang ^{19}O zu ^{19}F (^{15}O zu ^{15}N) der Fall ist.

Dadurch ist bewiesen, daß die Masse (Massenzahl) die Kernladung reguliert. Die Kernladung erscheint als von der Kernmasse abgeleitet und abhängig.

Das Wesen des β-Zerfalls (β^-- und β^+-Aktivität) besteht darin, daß in einem Fall im Kern ein Neutron in ein Proton („Aufladung" unter Emission eines Elektrons und eines Antineutrino) und im anderen Fall ein Proton in ein Neutron („Entladung" unter Emission eines Positrons und eines Neutrinos) umgewandelt wird.

In Übereinstimmung damit muß die von Paneth gegebene Definition des chemischen Elements so abgeändert und vertieft werden, daß das Artmerkmal (Kernladung) und das Modifikationsmerkmal (Massenzahl) eine Einheit bilden. Ein Element ist eine Art von Atomen, die durch die gleiche Kernladung (Artmerkmal) charakterisiert wird und deren Stabilität durch obere und untere Grenzwerte der Massenzahl (Modifikationsmerkmal) bestimmt ist. Auf diese Weise wird der Masse bei der Charakterisierung eines chemischen Elements in bestimmtem Maß wieder ein Platz eingeräumt. In diesem Umstand äußert sich heute unter anderem die dualistische, synthetische Konzeption, die die frühere einseitige elektromagnetische Konzeption ablöste und das ehemalige Mendelejewsche Merkmal eines Elements (Atomgewicht) als fundamentales und bestimmendes Merkmal wieder einbezog.

Die Entdeckung der künstlichen Radioaktivität durch das Ehepaar Joliot-Curie spielte bei dieser Bestätigung und Vertiefung der dualistischen Konzeption eine entscheidende Rolle. Darin besteht auch der bleibende Wert dieser Entdeckung in der Wissenschaftsgeschichte.

8. Weitere Entdeckungen der Kernphysik im Jahr 1934

Neben der Fortsetzung der traditionellen Untersuchungen α-induzierter Reaktionen an leichten Elementen entwickelten sich um 1934 Arbeiten zur Wechselwirkung eines neuen, effektiveren Geschoßteilchens — des Neutrons — mit Atomkernen. Diese Entwicklung wurde von einem weiteren Studium der Eigenschaften des Neutrons selbst begleitet. So zeigten Joliot-Curie (1934), daß die Masse des Neutrons etwas größer ist als die Protonenmasse. Daraus folgte, daß das Neutron möglicherweise β-radioaktiv ist. Später bestätigte sich diese Voraussicht, als im Jahr 1951 der β-Zerfall des Neutrons entdeckt wurde. Das Neutron ist also in der Lage, ohne in sich Elektronen (und Antineutrino) zu enthalten, diese aus seiner Masse und seiner Energie zu erzeugen.

Im Jahr 1934 stellte Tamm die Hypothese auf, daß die Wechselwirkung zwischen den Nukleonen im Kern durch den Austausch konjugierter Teilchen — Elektron und Neutrino — (heute würde man sagen: Antineutrino) bedingt sind. Diese Hypothese wurde von TAMM mathematisch ausgearbeitet und in eine quantitative Form gebracht. Eine ebensolche Hypothese schlug gleichzeitig IWANENKO vor. Die Grundidee dieser Hypothese brachte YUKAWA auf die Idee des „schweren Elektrons", das später zum Prototyp moderner Vorstellungen über den Mesonenmechanismus der Kernkräfte wurde. Diese gesamte Entwicklung begünstigte weiterhin die Festigung und Entwicklung der dualistischen Konzeption für die Natur der Materie und ihrer Umwandlungen. Gleichzeitig beobachteten FERMI (1934) und seine Mitarbeiter die Wechselwirkung langsamer Neutronen mit schweren Kernen, unter anderem mit Uran. Es wurde eine Reihe negativer β-Strahlungen registriert, die einer theoretischen Erklärung bedurften. Hier wiederholte sich von neuem die alte Geschichte: Faktisch beobachteten FERMI und seine Mitarbeiter die Spaltung schwerer Kerne bei Beschuß mit langsamen Neutronen und die Bildung von β-aktiven Spaltprodukten. Das war die empirische Phase einer Entdeckung. Sie gaben für die empirisch beobachtete Erscheinung jedoch eine Erklärung, die falsch war, da sie das Auftreten der β-Strahlung für einen Hinweis auf die Bildung transuraner Elemente hielten. Es entstand eine typische Kluft zwischen der empirischen und der theoretischen Phase der Entdeckung, die fast fünf Jahre andauerte.

Nach der Entdeckung der Kernspaltung konnten die Wissenschaftler, die diese Reaktion bereits 1934 beobachtet hatten, selber nicht verstehen und erklären, warum sie nicht darauf gekommen waren, was sich in Wirklichkeit vor ihren Augen abgespielt hatte. AMALDI (ein Mitarbeiter FERMIS) bekannte: „Die Möglichkeit der Spaltung, die von der deutschen Chemikerin IDA NODDACK vorgeschlagen worden war, nahmen wir nicht ernst, obwohl wir den Grund dafür später nicht verstehen konnten" (s. S. 54).

Vom psychologischen und methodologischen Gesichtspunkt aus gesehen, ist eine solche Einstellung zur Idee der Kernspaltung durchaus verständlich. Im Bewußtsein der Wissenschaftler war der Gedanke tief verwurzelt, daß Kernprozesse (einschließlich der radioaktiven Zerfälle) ausschließlich durch leichte Teilchen und solche schwereren Kerne induziert werden, deren Masse kleiner als die Masse des α-Teilchens ist. Solche speziellen Kernreaktionen wurden zur Allgemeingültigkeit erhoben und als einzig möglicher Reaktionstyp angesehen. Dieser Gedanke war in das Bewußtsein der Wissenschaftler so tief eingedrungen, daß er alle anderen Lösungen überdeckte. Deshalb erschien auch die Vorstellung einer Spaltung des Kerns in zwei Teile dem allgemeinen Bewußtsein der Physiker vollkommen fremd und paßte in keiner Weise zu den damals allgemein anerkannten Ansichten. Die Meinung von IDA NODDACK war eine einzelne Stimme, die keinerlei Echo fand.

Die falsche Aufwertung einer Besonderheit zur Allgemeingültigkeit, durch die eine Möglichkeit anderer Lösungen des Problems ignoriert oder gar negiert wurde, stellte eine charakteristische Quelle für einseitige Konzeptionen in der Geschichte der Wissenschaft dar. Derartige Ansichten erschwerten es, andere Verbindungen und Beziehungen zwischen den Dingen zu sehen, die sich nicht in die gegebene einseitige Konzeption einfügen, da sie in diesem Moment als einzig richtige angesehen wird. So war es zum Beispiel zur Zeit MENDELEJEWS, als die Besonderheit (die chemische Ähnlichkeit der Elemente, die eine natürliche Gruppe bilden) als allgemeingültig angesehen wurde, das heißt, als allgemeines Systematisierungsprinzip der chemischen Elemente galt. Deshalb war eine Gruppierung chemisch nicht ähnlicher Elemente nach ihrem Atomgewicht dem Bewußtsein des Chemikers vollkommen fremd (z. B. $A_K = 39{,}1$ und $A_{Cl} = 35{,}5$ oder $A_{Na} = 23$ und $A_F = 19$).

Die Entdeckung des Periodengesetzes durch MENDELEJEW (1869) bestand im wesentlichen darin, daß MENDELEJEW faktisch den Rahmen dieser Besonderheit verließ und begann, die chemischen Elemente nicht nur nach ihrer chemischen Ähnlichkeit, sondern auch nach ihrem Atomgewicht zu ordnen, das heißt, er brachte chemisch nicht ähnliche Elemente zusammen. Damit begann er nicht nur das Prinzip der Identität (Ähnlichkeit), sondern auch das Prinzip der Verschiedenheit in seiner Einheit zu berücksichtigen.

Genau die gleiche Situation ergab sich in anderen Bereichen der Naturwissenschaften. In der organischen Chemie wurde die Vorstellung verabsolutiert, daß die Kohlenstoffatome sich zu offenen Ketten verbinden können. Das war jedoch nur eine der möglichen (speziellen) Lösungen des Problems. KEKULÈ verließ als erster den Rahmen dieser Besonderheit und zeigte, daß außer der Verbindung der Kohlenstoffatome zu einer Kette auch die Bildung von geschlossenen Zyklen (Ringen) möglich ist. Darin bestand auch, von der methodologischen Seite aus betrachtet, die Entdeckung der Strukturformel des Benzols durch KEKULÈ (1965).

In den Anschauungen über den Aufbau der Materie bildete sich im Verlauf vieler Jahrzehnte die Situation heraus, daß den beiden physikalischen Hauptformen der Materie — Stoff und Strahlung — jeweils eine besondere Struktur zugeordnet wurde: der stofflichen Form die atomistische (diskrete) und der Strahlung eine wellenförmige (stetige) Struktur. Die Entdeckung des Elektrons (1897) bewies, daß auch der Elektromagnetismus diskrete Struktur aufweist, wie das allen stofflichen Gebilden eigen ist. Die Schaffung der Quantentheorie (1900) und die Einführung des Photonenbegriffs (1905) rief eine Wende in der Optik hervor, da die besondere Struktur einer Materieform (des Stoffs) nun auf andere Form ausgeweitet worden war (Strahlung, elektromagnetisches Feld), für die man diese Struktur als wesensfremd angesehen hatte. Das galt von dem Zeitpunkt an, als sich die Physiker von der NEWTONschen Korpuskulartheorie des Lichtes abwendeten.

Eine Lösung wurde erst gefunden, als DE BROGLIE (1923—1924) zeigte, daß die Wellen- und Teilchenstruktur keine besonderen Strukturen, die eine für Licht, die andere für Stoffe, darstellen, sondern daß beide zusammen die allgemeine, universelle Struktur für sämtliche Mikroobjekte der Natur bilden, von denen die einen Strahlungscharakter tragen (elektromagnetisches Feld) und keine Ruhmasse aufweisen, während die anderen stofflichen Charakter und eine Ruhmasse besitzen.

In der Kernphysik war im Jahr 1934 die Lage hinsichtlich des Verständnisses von Kernprozessen dadurch charakterisiert, daß auch hier das Besondere (die bis dahin bekannten Reaktionstypen) als allgemeingültig angesehen wurde. Die Möglichkeit anderer, bislang unbekannter Arten von Kernreaktionen (z. B. Kernspaltung) zog man nicht in Betracht. Daraus erklärt sich unserer Meinung nach auch die Tatsache, daß sich die Wissenschaftler nicht nur im Jahr 1934, sondern auch in den folgenden Jahren (bis Anfang 1939) dem Gedanken über die Möglichkeit der Spaltung schwerer Kerne beharrlich entzogen.

9. Weitere Entwicklung und Festigung der dualistischen Konzeption. Entdeckungen der Jahre 1935—1939

Sofort nach den drei für die Kernphysik bedeutenden Jahren (1932—1934) begann die Weiterentwicklung der in dieser Zeit gemachten Entdeckungen. Yukawa (1935) nahm Abstand von der Hypothese der sowjetischen Physiker (1934) über den Wirkungsmechanismus der Kernkräfte und setzte an ihre Stelle die Idee des „schweren Elektrons“ (Mesons), das eine Masse von über 100 Elektronenmassen haben sollte und mit dessen Hilfe die Wechselwirkung zwischen den Nukleonen (Neutronen, Protonen) im Atomkern verwirklicht wird. Die Hypothese Yukawas wurde später durch die Entdeckung der π-Mesonen (1947) bestätigt.

Anderson (1936) entdeckte zusammen mit Neddermeyer in kosmischen Strahlen ein „schweres Elektron“

mit einer mittleren Masse von etwa 200 Elektronenmassen, das sich in der Folgezeit als das μ-Meson herausstellte. Er ging dabei den gleichen Weg wie bei der Entdeckung des Positrons. Das μ-Meson war nunmehr das siebente Elementarteilchen, das den Physikern bekannt wurde. Es war das erste in der Reihe der Mesonen. In Wirklichkeit handelt es sich jedoch um eines der leichten Teilchen, die heute Leptonen genannt werden. In der ersten Zeit schien es sich allerdings hierbei um das „schwere Elektron" zu handeln, das YUKAWA (1935) vorausgesagt hatte. BLACKETT (1937) untersuchte die Eigenschaften des „schweren Elektrons", des Myons, genauer.

Es muß ergänzt werden, das KURTSCHATOW und seine Mitarbeiter (1936) die Erscheinung der Kernisomerie an künstlich radioaktiven Atomkernen entdeckten. Sie gaben dafür eine Erklärung, das heißt, sie vollzogen die Entdeckung auf COMPTONsche Weise.

Alle diese Untersuchungen und Entdeckungen förderten die Festigung und weitere Entwicklung der dualistischen Konzeption. Besonders große Bedeutung hatten jedoch die Arbeiten, die die Wechselwirkung von Neutronen mit schweren Atomkernen betrafen. Wie bereits erwähnt, folgten diese Arbeiten in den ersten Jahren jenen Ideen, wonach sich dabei transurane Elemente bilden. Charakteristisch ist, daß auch OTTO HAHN diese Ansichten teilte, bevor er später (1939) zusammen mit STRASSMANN die Kernspaltung der Reaktionsprodukte aus der Wechselwirkung langsamer Neutronen mit Uran theoretisch richtig interpretierte. Aus diesem Anlaß schreibt AMALDI, daß HAHN und MEITNER „in den Jahren 1935 und 1936 nicht nur unsere Resultate bestätigten, sondern auch unsere Untersuchungen weiterführten. Damals glaubten sie, man müsse zwei β-radioaktive Reihen bestimmen, die beim Neutroneneinfang durch zwei verschiedene Uranisotope gebildet werden ..." (s. S. 54). Es ging dabei um die Bildung der Elemente Nr. 93, 94, 95 und möglicherweise solcher mit noch höheren Ordnungzahlen.

Charakeristisch ist, daß das Ehepaar JOLIOT-CURIE

(1938) bei der Untersuchung der künstlichen Radioaktivität, die bei der Einwirkung von Neutronen auf Urankerne entsteht, in den Produkten dieser Reaktionen radioaktive Elemente entdeckte, die ihren chemischen Eigenschaften nach dem Lanthan, das heißt dem Element Nr. 57, entsprachen, das in der Mitte des Periodensystems steht.

Joliot und Curie maßen dieser Tatsache keine besondere Bedeutung bei, da sie weiterhin annahmen, daß sich bei Beschuß von Uran mit Neutronen – aktive Transurane bilden. Wie sich einige Monate später herausstellte, entstanden dabei in Wirklichkeit jedoch keine Transurane, sondern – aktive Spaltprodukte, die in der Mitte des Mendelejewschen Periodensystems stehen. So hätten bei der Bildung von Lanthan (Nr. 57) Joliot und Curie Bromkerne (Nr. 35) als zweites Spaltprodukt des sich teilenden Urans (Nr. 92) erhalten müssen. Hier versagte das theoretische Denken dieser bemerkenswerten Physiker zum zweiten Mal. Sie hielten den direkten Beweis der Kernspaltungsreaktion buchstäblich in den Händen, standen aber auch diesmal wieder unter dem Einfluß alter Kategorien. So vermochten sie nicht, über die empirische Phase der Entdeckung hinauszugelangen. Die Tatsache, daß unter den Reaktionsprodukten Lanthan nachgewiesen wurde, hätte unter bestimmten Bedingungen zum Ausgangspunkt eines neuen, großartigen Aufschwungs in der Revolution der Naturwissenschaften werden können. Die gleiche Tatsache hätte jedoch vollkommen wirkungslos sein können, wenn die Wissenschaftler nicht die Fähigkeit erworben hätten, mit ihrem theoretischen Blick in das innere, versteckte Wesen der Erscheinungen einzudringen.

Im selben Jahr (1938) wurden weitere derartige Fakten festgestellt, als man in den Produkten einer neutroneninduzierten Kernreaktion an Uran das Element Barium (Nr. 56) entdeckte, das heißt wiederum ein Element aus der Mitte des Periodensystems der Elemente. Aus solchen experimentellen Ergebnissen zogen Hahn und Strass-

MANN (1939) die richtige theoretische Schlußfolgerung: Es findet eine Spaltung des Urankerns (Nr. 92) in zwei Reaktionsprodukte statt, zum Beispiel in Barium (Nr. 56) und Krypton (Nr. 36). Die experimentellen Arbeiten von JOLIOT und CURIE spielten eine wichtige Rolle in der Vorbereitung dieser Entdeckung, und darin besteht ihr großes Verdienst.

Die Entdeckung der Kernspaltung stellte ein außerordentlich starkes Argument gegen die einseitige elektromagnetische und für die dualistische Konzeption dar. In der Tat wird offensichtlich die Instabilität des Atomkerns eines schweren Elements (Uran) ausschließlich dadurch hervorgerufen, daß seine Massenzahl um Eins wächst, wenn ein einzelnes Neutron in den Kern aufgenommen wird. Folglich hängt nicht nur die Stabilität der Ladung des Atomkerns (wie bei der künstlichen Radioaktivität leichter Elemente), sondern auch die Stabilität des ganzen Kerns als Gesamtheit der Nukleonen unmittelbar von der Kernmasse (Massenzahl) ab.

Weiterhin spricht die Tatsache, daß in beiden Reaktionsprodukten, in die sich ein schwerer Kern teilt, die Massenzahl wesentlich das für stabile Elemente charakteristische Verhältnis von Masse und Ladung übersteigt, für die bestimmende Rolle der Masse (Massenzahl) gegenüber der Ladung. Deshalb wird erst nach einer ganzen Reihe aufeinanderfolgender β-Zerfälle (d. h. nach einer ganzen Reihe Verschiebungen im Periodensystem nach rechts) letztlich ein solches Element erreicht, für das bei gegebener Massenzahl die Kernladung stabil ist.

Bei allen diesen sekundären β-Zerfällen bleibt die Massenzahl konstant und reguliert das schrittweise Anwachsen der Kernladung so, als ob diese eine von der Massenzahl abhängige Eigenschaft wäre.

Damit schließen wir die geschichtliche Betrachtung über die Ablösung der einseitigen elektromagnetischen Konzeption der Natur der Materie und ihrer Umwandlungen durch die dualistische Konzeption ab, die nicht nur die elektromagnetischen Eigenschaften der Materie, sondern auch die Eigenschaften der Masse und andere Eigenschaften nichtelektromagnetischen Ursprungs berücksichtigt.

Vom Zeitpunkt der Entdeckung der Spaltung schwerer Kerne an (1939) begann eine neue Ära in der Entwicklung von Wissenschaft und Technik, die häufig als Atomzeitalter bezeichnet wird. Ihre Geschichte müßte gesondert untersucht werden. Es sei lediglich festgestellt, daß einer der entscheidenden Fortschritte der Kernphysik in der Vorstufe zu dieser neuen Ära in den kernphysikalischen Entdeckungen der drei Jahre von 1932–1934 und vor allem in der Entdeckung des Neutrons (1932) bestand.

10. Methodologische Aspekte

Wir wollen nun bei zwei methodologischen Fragen verweilen, die man als Schlußfolgerungen aus der oben behandelten Geschichte der Entwicklung und Ablösung der Konzeptionen über die Natur der Materie und ihrer Umwandlungen betrachten könnte.

Die erste Frage betrifft den allgemeinen dialektischen Charakter der Entwicklung der Wissenschaft und der wissenschaftlichen Erkenntnis, die in sich widersprüchlich verläuft. Bekanntlich entwickelt sich die wissenschaftliche Erkenntnis nach den Gesetzen der Dialektik. Zuerst entstehen in der Wissenschaft gegensätzliche Konzeptionen, wobei eine von ihnen, in der Regel die einfachere, durch Experimente scheinbar unmittelbarer bestätigte, die Oberhand gewinnt. Die ihr entgegengesetzte Konzeption wird in dieser Zeit in den Hintergrund gedrängt und mitunter auch vollkommen unterdrückt. Mit der Zeit gewinnt diese früher nicht anerkannte Konzeption an Lebenskraft. Die bis dahin vorherrschenden Ansichten werden gestürzt, so daß beide Konzeptionen sozusagen ihre Plätze vertauschen.

Aber auch diese Bestätigung einer der beiden entgegengesetzten und miteinander konkurrierenden Konzeptionen bedeutet keinen endgültigen Abschluß. Es stellt sich heraus, daß die Konzeption, die die Oberhand behalten hat, selber ihr eigenes Gegenteil enthält und in dieses übergeht, das heißt, ihre eigene Negation in sich birgt. Dann wird die Einheit und die untrennbare Verbindung zwischen beiden Seiten des realen Widerspruchs aufgedeckt, die sich bis dahin in der Gedankenwelt der Forscher getrennt, in ihrer Isoliertheit voneinander und sogar in ihrer Gegenüberstellung darstellten. „Spaltung des Einheitlichen und Erkenntnis seiner widersprechenden Bestandteile ...“, – schrieb W. I. Lenin (1915) – „ist das Wesen ... der Dialektik“[1]).

Dieses Wesen der Dialektik läßt mit aller Deutlichkeit den tiefen philosophischen Sinn der in den Jahren 1932 bis 1934 gemachten großen Entdeckungen deutlich werden. Worin besteht nun das Wesen dieser Entdeckungen, wenn man es kurz ausdrücken will? Es besteht darin, daß das einseitige elektromagnetische Weltbild von der komplizierten dualistischen Konzeption abgelöst wurde, ähnlich wie zu seiner Zeit (an der Wende vom 19. zum 20. Jahrhundert) dieses elektromagnetische Bild, das damals erst im Entstehen begriffen war, das mechanische Weltbild abgelöst hatte.

Auf dem Höhepunkt der „neuesten Revolution in der Naturwissenschaft“ wies W. I. Lenin (1908) die idealistische Auffassung zurück, der Materialismus würde „unbedingt ein ‚mechanisches‘, nicht aber ein elektromagnetisches oder ein anderes noch ungleich komplizierteres Weltbild als das der sich bewegenden Materie behaupten“[2]).

Die Geschichte der Physik hat dies glänzend bestätigt. Die in den zwanziger Jahren des 20. Jahrhunderts entstehende Quantenmechanik begann bereits ein ähnliches „unvergleichlich komplizierteres“ physikalisches Bild

---

[1]) W. I. Lenin, Werke, Dietz Verlag Berlin, 1962, Bd. 38, S. 338.

[2]) W. I. Lenin, Werke, Dietz Verlag Berlin, 1962, Bd. 14, S. 281.

der Mikroprozesse zu schaffen. Die Entdeckungen der Kernphysik der Jahre 1932—1934 führten zur Notwendigkeit, sich von der früheren einseitigen elektromagnetischen Konzeption zu trennen und zur neuen, dualistischen, ungleich komplizierteren Konzeption überzugehen.

Die gesamte oben dargelegte Geschichte der drei Konzeptionen der Natur der Materie und ihrer Umwandlungen zeigt sich aus philosophischer Sicht als ein dialektisch widersprüchlicher Prozeß, der den Weg der Negation der Negation durchläuft. Zuerst wurde von der Wissenschaft die mechanische Konzeption bestätigt (These). Ihr war die später entstehende elektromagnetische Materiekonzeption (Antithese) entgegengesetzt. Der reale Widerspruch tritt jedoch als Einheit der nichtelektromagnetischen Eigenschaften, zum Beispiel der mechanischen Masse, und der elektrischen Eigenschaften und Zustände der Materie zutage. Zunächst zerfiel diese Einheit im Erkenntnisprozeß gedanklich in ihre gegensätzlichen Seiten (die Eigenschaft der Masse einerseits und die elektrischen Eigenschaften andererseits). Jede Seite wurde isoliert und in der Gegenüberstellung mit der anderen als ihre direkte Negation untersucht.

Nachdem eine (die „mechanische") Seite des realen Widerspruchs in ihrer Trennung von der anderen, ihr entgegengesetzten („elektrischen") Seite ausreichend studiert war, folgte die erste Negation im Gang der Erkenntnis des gegebenen Kreises von Erscheinungen: Die nun einseitig erscheinende mechanische Konzeption trat ihre bis dahin dominierende Rolle in der Wissenschaft an die elektromagnetische Konzeption (ihre Antithese) ab. Diese vermochte trotz ihrer Einseitigkeit die fehlende Kenntnis jener Seite des lebendigen Widerspruchs maximal auszufüllen, die im Verlauf der vorangegangenen Etappen in der Entwicklung der Naturwissenschaften im Hintergrund geblieben war (vom Ende des 16. Jahrhunderts bis zum Ende des 19. Jahrhunderts). Folglich war zu Beginn der drei bedeutenden Jahre der Kernphysik (1932—1934) das Studium beider Seiten des betrachteten Widerspruchs beendet. Das analytische Stadium war erschöpft. Der Widerspruch war in zwei entgegengesetzte Seiten getrennt, und jede dieser Seiten war nacheinander, von ihrem Gegensatz isoliert, gründlich erforscht worden.

Deshalb war die Physik beim Übergang vom ersten zum zweiten Drittel des 20. Jahrhunderts bereits vollständig darauf vorbereitet, auf diesem Gebiet vom analytischen (vorbereitenden) zum synthetischen (abschließenden) Stadium überzugehen, in dem beide bis dahin getrennten Gegensätze in eine Einheit, eine wechselseitige Verbindung (Synthese) gebracht werden, was etwa dem entspricht, wie sie beide in der realen Wirklichkeit verbunden sind und miteinander wechselwirken.

Eine solche Synthese der Gegensätze wurde in der dualistischen Konzeption verwirklicht, die aus den kernphysikalischen Entdeckungen der Jahre 1932–1934 hervorging. Gleichzeitig bestand darin die zweite Negation: Die elektromagnetische Konzeption wurde in ihrer Einseitigkeit negiert. Es handelte sich also bereits um die Negation der Negation.

Die neue dualistische Konzeption wies einige Merkmale auf, die an die ursprüngliche, mechanische Konzeption erinnern. So zum Beispiel die Betonung der fundamentalen Bedeutung der Masse und des zeitweiligen Charakters der elektrischen Ladung. Obwohl das nun auf einer vollkommen neuen Grundlage und in einem ganz anderen Zusammenhang geschah als bei MENDELEJEW und vor ihm bei GALILEI und NEWTON, LAVOISIER und DALTON, nahm dennoch neben der elektrischen Ladung der Mikroteilchen ihre Ruhmasse, insbesondere bei neutralen Teilchen, zweifellos einen wichtigen Platz ein.

Vom philisophischen Standpunkt aus betrachtet, äußerten sich hier klar die von W. I. LENIN (1914) erwähnten Elemente der Dialektik, die auf „die Wiederholung bestimmter Züge, Eigenschaften etc. eines niederen Stadiums in einem höheren und ... die scheinbare

Rückkehr zum Alten" hinweisen, wodurch die ‚Negation der Negation' "[1]) zum Ausdruck kommt. Folglich ging die wissenschaftliche Entwicklung hier von der These zur Antithese und von der Antithese zur Synthese.

Die zweite Frage berührt das Wesen jener grundlegenden Wende, die die Entdeckungen der Jahre 1932–1934 im Verständnis der Natur der qualitativen Umwandlungen der Materie hervorriefen. Für beide einseitigen (die „mechanische" und die „elektrische") Konzeptionen war ein mechanistisches Anlagerungsprinzip typisch. Die Teilchen bleiben als solche erhalten, wenn sie sich miteinander verbinden. Sie trennen sich voneinander, wenn ihre Verbindungen zerfallen.

Hier wurde mit außerordentlicher Klarheit ein LENINscher Gedanke konkretisiert, den er in seinen „Philosophischen Heften" (1915) hinsichtlich zweier Prinzipien aussprach, die Umwandlungen von Materie betreffen. Ein Prinzip (das mechanische) wurde oben Anlagerungsprinzip genannt. Das andere (dialektische) Prinzip ist durch die Anerkennung der Erzeugung und Vernichtung von Teilchen gekennzeichnet. Die Ansichten der alten griechischen Philosophen charakterisierend, schrieb W. I. LENIN, daß „die einen die Verwandlung im Sinne des Vorhandenseins kleiner qualitativ bestimmter Teilchen und ihrer Zunahme (respective Abnahme), Vereinigung und Trennung auffassen. Die andere Auffassung (HERAKLIT) – die Verwandlung Eines in ein Anderes"[2]). Im Fall der Paarerzeugung und -vernichtung wird gerade diese dialektische „Verwandlung Eines in ein Anderes" konkretisiert, das heißt, Strahlung in Stoff (bei Paarerzeugung) oder Stoff in Strahlung (bei Paarvernichtung).

Letztendlich tragen also sowohl der Prozeß der Entwicklung der Kernphysik als auch die von ihr erzielten Ergebnisse, vor allem aber die dualistische Konzeption von der Natur der Materie und ihrer Umwandlungen, deutlich

---

[1]) W. I. LENIN, Werke, Dietz Verlag Berlin, 1962, Bd. 38, S. 214.

[2]) W. I. LENIN, Werke, Dietz Verlag Berlin, 1962, Bd. 38, S. 256.

dialektischen Charakter. Hier bestätigt sich erneut, insbesondere in der Physik, die von LENIN über „die neueste Revolution in den Naturwissenschaften" getroffene Einschätzung: „Mag vom Standpunkt des gesunden Menschenverstandes die Verwandlung des unwägbaren Äthers (jetzt würden wir sagen: des elektromagnetischen Feldes — B. K.) in wägbare Materie (Stoff — B. K.) und umgekehrt noch so wunderlich, das Fehlen jeder anderen als elektromagnetischen Masse beim Elektron (genauer wäre hier: Photon — B. K.) noch so ‚seltsam', die Beschränkung der mechanischen Bewegungsgesetze auf nur ein Gebiet der Naturerscheinungen und ihrer Unterordnung unter die tieferen Gesetze der elektromagnetischen Erscheinungen noch so ungewöhnlich sein u. s. w. — das alles ist nur eine weitere Bestätigung des dialektischen Materialismus"[1]).

Alle diese Entdeckungen stellen deshalb eine solche Bestätigung dar, denn „der dialektische Materialismus betont nachdrücklich, daß jede wissenschaftliche These über die Struktur und die Eigenschaften der Materie nur annähernde, relative Geltung hat, daß es in der Natur keine absoluten Schranken gibt, daß die sich bewegende Materie Verwandlungen durchmacht aus einem Zustand in einen anderen, der von unserem Standpunkt aus scheinbar mit dem vorangegangenen unvergleichbar ist u.s.w."[2]).

Hierin besteht im wesentlichen der methodologische (dialektische) Aspekt der Entwicklung und der Ergebnisse der Kernphysik in den Jahren 1932—1934.

11. Erkenntnistheoretische Schlußfolgerungen aus kernphysikalischen Entdeckungen

Um die erkenntnistheoretischen (gnoseologischen) Aspekte der philosophischen Interpretation kernphysikalischer Ergebnisse entstand eine scharfe Auseinandersetzung zwischen den philosophischen Grundrichtungen.

---

[1]) W. I. LENIN, Werke, Dietz Verlag Berlin, 1962, Bd. 14, S. 261.

[2]) W. I. LENIN, Werke, Dietz Verlag Berlin, 1962, Bd. 14, S. 261.

Besonders trifft das auf das EINSTEINsche Gesetz $E = mc^2$ (1905), die Paarbildung und -vernichtung (1933) und die Kernspaltung (1939) zu. Diese bedeutsamen Entdeckungen wurden sowohl von den idealistischen Philosophen als auch von einigen Physikern, die bei philosophischen Schlußfolgerungen aus den Ergebnissen der modernen Physik zum Idealismus neigten, zu ihren Präparationsobjekten gemacht.

Der moderne „physikalische“ Idealismus versuchte auf neue Weise, das „Verschwinden“ von Materie und ihre „Umwandlung“ in Energie zu propagieren. Diesem Zweck diente der folgende, mit einem elementaren logischen Fehler behaftete Gedankengang. Der Stoff (ein Teil, eine der physikalischen Formen der Materie) wurde zur Materie (im allgemeinen) erhoben, und die Strahlung (eine andere physikalische Grundform der Materie) wurde als nicht-materiell bzw. als reine Energie, reine Bewegung bezeichnet. In diesem Fall wurde die Paarvernichtung stofflicher Teilchen (Elektron und Positron) als Annihilation von Materie, als ihre vollständige „Vernichtung“ oder eben als ihre „Umwandlung“ in reine Energie interpretiert. Der umgekehrte Prozeß der Erzeugung des gleichen Paares aus γ-Quanten erschien als Erzeugung von Materie aus Energie.

In analoger Weise wurde im Sinn eines Neoenergetismus das Gesetz von EINSTEIN über den Zusammenhang und die Untrennbarkeit von Masse und Energie behandelt. Die neueren „physikalischen“ Idealisten behaupteten, daß dieses Gesetz die Anerkennung der Äquivalenz zwischen Masse und Energie in dem Sinn ausdrückt, daß Masse in Energie übergeht, sich in Energie umwandelt und daß diese Energie folglich die Grundsubstanz des Universums sei. Da jedoch die Masse (im für die „physikalischen“ Idealisten üblichen Stil) mit Materie gleichgesetzt wird, ergibt sich aus der Umwandlung von Materie in Energie am Ende die gewünschte Schlußfolgerung, daß nicht die Materie, sondern die Energie das Fundament des gesamten Weltgebäudes bildet.

Die dialektischen Materialisten (Philosophen wie Physiker) zeigten, dem von W. I. LENIN in „Materialismus und Empiriokritizismus“ (1908) gegebenen Beispiel folgend, die ganze philosophische Ungereimtheit, die logische Fehlerhaftigkeit und physikalische Unhaltbarkeit derartiger Konzeptionen des „physikalischen“ Idealismus auf. Eine große Rolle spielten dabei die Arbeiten S. I. WAWILOWS, insbesondere sein Artikel „Das LOMONOSSOWsche Gesetz“ (1949), die fünfte Auflage seiner Monographie „Das Auge und die Sonne“ (1950) und andere Werke. In diesen Abhandlungen wird gezeigt, daß es keinerlei „Vernichtung“ („Annihilation“) von Materie oder ihre „Erzeugung“ aus Energie gibt und daß sich vielmehr stets eine ihrer physikalischen Grundformen (Stoff) in eine andere (Strahlung, elektromagnetisches Feld) umwandelt bzw. umkehrt. Masse und Energie sind als fundamentale physikalische Eigenschaften der Materie untrennbar. Sie stehen in einem definierten quantitativen Verhältnis zueinander, was auch durch das Gesetz von EINSTEIN ($E = mc^2$) zum Ausdruck kommt, so daß keinerlei „Umwandlung“ von Masse (und erst recht nicht von Materie) in Energie stattfindet.

S. I. WAWILOW (1950) wies auf ein bestimmtes meßbares Unterscheidungsmerkmal zwischen beiden Grundformen der Materie hin: Stoff (Mikroteilchen) hat eine endliche Ruhmasse, die bei Strahlung (Photonen) hingegen fehlt, so daß ihre gesamte Masse bewegte Masse ist. Deshalb stellt die Paarbildung (von Elektronen und Positronen) aus γ-Quanten gleichzeitig auch Erzeugung von Ruhmasse aus ihr quantitativ gleicher bewegter Masse dar, während die Annihilation des gleichen Paares eine Umwandlung der gesamten Ruhmasse dieses Paares in die ihr gleiche bewegte Masse der sich dabei bildenden Photonen bedeutet.

Das sind die gnoseologischen Aspekte der kernphysikalischen Entdeckungen der Jahre 1932—1934 und der sich daran anschließenden Anfangsentdeckungen der modernen Physik. Die Analyse der Auseinandersetzung zwischen den philosophischen Richtungen, die um diese Entdeckungen geführt wurden, zeigt, daß wie stets in solchen Fällen der wissenschaftliche Materialismus über den Idealismus siegte.

ANHANG

1. E. Rutherford

Aufbau der Atomkerne und Isotope[1])

Bei der Betrachtung des möglichen Aufbaus der Elemente ist es natürlich, anzunehmen, daß sie letzten Endes aus Wasserstoffkernen und Elektronen zusammengesetzt sind. Aus dieser Sicht besteht ein Heliumkern mit der Gesamtladung Zwei aus vier Wasserstoffkernen und zwei negativ geladenen Elektronen. Allgemein vermutet man, daß die gegenüber der Masse von vier Wasserstoffatomen (4,032) geringere Masse des Heliumatoms von 3,997 (ausgedrückt durch das Atomgewicht 16 des Sauerstoffs) durch die starke Wechselwirkung der Felder im Kern bedingt wird. Diese Wechselwirkung führt zu einer elektromagnetischen Masse, die kleiner ist als die Summe aus den Massen der einzelnen Komponenten. Sommerfeld [1] zog daraus den Schluß, daß der Heliumkern eine sehr stabile Struktur darstellen muß, die aufzubrechen starke Kräfte erfordern würde. Eine solche Schlußfolgerung stimmt mit dem Experiment überein, denn es gibt keine Hinweise darauf, daß Helium durch schnelle α-Teilchen zerlegt werden kann, wie das für Stickstoff und Sauerstoffkerne der Fall ist. Bei seinen kürzlichen Experimenten zu den Isotopen der gewöhnlichen Elemente hat Aston [2] gezeigt, daß die Massen aller untersuchten Isotope innerhalb der Meßgenauigkeit ganzzahlig sind, wenn man für die Masse des Sauerstoffs 16 ansetzt. Die einzige Ausnahme bildet der Wasserstoff, der in Übereinstimmung mit chemischen Beobachtungen die Masse 1,008 hat. Diese Tatsache schließt die Mög-

---

1) Auszüge aus E. Rutherford, „Bakerian Lecture: Nuclear Constitution of Atoms". Proc. Roy. Soc. **A97** (1920) 374–400.

lichkeit nicht aus, daß Wasserstoff den letzten Baustein der Kerne bildet. Sie weist aber darauf hin, daß die Wasserstoffkerne und Elektronen entweder so angeordnet sind, daß die mittlere elektromagnetische Masse nahezu Eins ist, oder, was wahrscheinlicher sein sollte, daß die folgenden Einheiten, aus denen das Atom im wesentlichen besteht, z. B. Helium oder seine Isotope, eine etwa ganzzahlige Masse besitzen, wenn Sauerstoff die Masse 16 hat.

Mit den bisherigen Experimenten läßt sich nicht feststellen, ob das neue Atom genau die Masse 3 hat. In Analogie zum Helium erwarten wir aber, daß der Kern des neuen Atoms aus drei Wasserstoffkernen und einem Elektron besteht und eine Masse besitzt, die näher bei 3 liegt als die Summe der einzelnen Massen im freien Zustand.

Wenn diese Annahme richtig ist, dann sollte es sehr wahrscheinlich sein, daß ein Elektron sowohl zwei H-Kerne als auch einen H-Kern binden kann. Im ersten Fall bedeutet dies die mögliche Existenz eines Atoms mit der Masse etwa 2 und der Ladung 1, das als ein Wasserstoff-Isotop anzusehen wäre. Im anderen Fall folgt daraus die Existenz eines Atoms der Masse 1 und der Kernladung Null. Eine solche atomare Struktur scheint keinesfalls unmöglich zu sein. Aus gegenwärtiger Sicht besteht das neutrale Wasserstoffatom aus einem einfach geladenen Kern und einem in einigem Abstand befindlichen Elektron; das Wasserstoffspektrum wird der Bewegung dieses Elektrons zugeschrieben. Unter bestimmten Bedingungen könnte es jedoch möglich sein, daß sich ein Elektron mit dem Kern sehr viel stärker verbindet, eine Art neutrales Dublett bildend. Ein solches Atom hätte recht neuartige Eigenschaften. Sein Feld wäre mit Ausnahme der unmittelbaren Kernnähe praktisch Null, so daß es sich durch Materie frei bewegen könnte. Sein Auftreten ist mit dem Spektroskop wahrscheinlich schwierig nachzuweisen, und es wäre unmöglich, es in einem geschlossenen Gefäß aufzubewahren. Andererseits sollte es sofort in ein Atom eindringen, wobei es sich entweder mit dem Kern vereinigen oder durch dessen starke Felder zerlegt werden könnte, was wahrscheinlich zum Austritt eines geladenen H-Atoms oder eines Elektrons oder auch beider führt.

Wenn solche Atome existieren, dann sollten sie (wahrscheinlich aber nur in sehr kleinen Mengen) in einer elektrischen Entladung in Wasserstoff, bei der sowohl Elektronen als auch H-Kerne in beträchtlicher Anzahl vorliegen, erzeugt werden können. Der Autor beabsichtigt Experimente, um zu überprüfen, ob man unter diesen Bedingungen irgendwelche Hinweise auf die Erzeugung derartiger Atome gewinnen kann.

Literatur

[1] A. Sommerfeld, „Atombau und Spektrallinien", Vieweg und Sohn, 1919, S. 538.

[2] F. W. Aston, Phil. Mag., Dezember 1919, April und Mai 1920.

2. W. Bothe und H. Becker

Eine Kern-γ-Strahlung bei leichten Elementen[1])

Kürzlich angestellte Versuche haben ergeben, daß α-Strahlen beim Auftreffen auf gewisse Leichtelemente eine schwache, aber sehr durchdringende γ-Strahlung erzeugen. Zum Nachweis dieser Strahlung diente ein Spitzenzähler mit sehr großem empfindlichem Bereich. In kleinem Abstand von seiner Stirnfläche befand sich ein auf Silber einseitig niedergeschlagenes Poloniumpräparat, so daß es nach der dem Zähler abgewandten Seite strahlte. Das Präparat wurde mit einer dünnen Schicht der jeweils zu untersuchenden Substanz bedeckt. Die charakteristischen Röntgenstrahlen der Substanz wurden durch die Wandungen des Apparates absorbiert.

[1]) Naturwissenschaften 18 (1930) 705.

Zur Bestimmung des Nulleffektes befand sich das Präparat in einem evakuierten Raum, dessen weit entfernte Wände die α-Strahlen absorbierten, wenn das Präparat unbedeckt war.

In erster Linie wurden solche Elemente untersucht, von denen bekannt ist, ob sie durch Po-α-Strahlen zertrümmert werden (B, N, Mg, Al) oder nicht (Li, C, O, Ag). Die folgende Tabelle zeigt die Resultate der Intensitätsmessungen. Als Maß der Intensität dient das γ-Radiumäquivalent (mg Ra) der von 1 Millicurie Po erregten Strahlung, noch mit 2 multipliziert wegen der nur einseitigen Ausnutzung der α-Strahlen. Diese Zahl gibt gleichzeitig, bis auf einen schwer genauer zu bestimmenden Faktor von der Größenordnung 1, die Ausbeute,

Substanz	Intensität $\times 10^6$
Lithium	$4{,}7 \pm 0{,}4$
Lithiumcarbonat	$1{,}0 \pm 0{,}3$
Beryllium	$34{,}0 \pm 0{,}7$
Bor (ca. 90%)	$4{,}2 \pm 0{,}3$
Graphit	$0{,}15 \pm 0{,}20$
Paracyan (CN)x	$0{,}20 \pm 0{,}24$
Magnesium	$1{,}0 \pm 0{,}2$
Aluminium	$1{,}3 \pm 0{,}2$
Silber	$0{,}03 \pm 0{,}27$

d. h. die Zahl der erzeugten γ-Strahlen pro absorbiertes α-Teilchen. Die beigefügten statistischen mittleren Fehler geben ein Maß für die Sicherheit der Resultate; die von Fall zu Fall verschiedene Ungenauigkeit des Radiumvergleiches ist darin nicht enthalten. Hiernach geben Li, Be und B eine verhältnismäßig intensive, Mg und Al eine fast an der Grenze der Meßbarkeit liegende Strahlung, während bei C, N, Ag und O (unter Berücksichtigung des Li-Gehaltes von Li_2CO_3) keine Strahlung nachgewiesen werden konnte; für N und O ist allerdings der Nachweis nicht ganz so empfindlich, weil sie als Verbindungen untersucht werden mußten.

Die sichere Feststellung der Strahlungen erforderte ausgedehnte Registrierungen, zumal das Po-Präparat selbst noch eine γ-Strahlung aussandte, welche intensiver war als die Mehrzahl der zu messenden Sekundärstrahlungen und deren Natur noch nicht aufgeklärt werden konnte.

Wurde zwischen Präparat und Zähler eine Bleischicht von 1 cm Dicke gebracht, so ergab eine erste rohe Messung eine Intensitätsabnahme der B- und Be-Strahlung von 44 bzw. 20%, während die gleich stark gefilterte γ-Strahlung des Ra(B + C) um 52% geschwächt wurde. Die neuen Strahlungen sind also so hart, daß es wohl keinem Zweifel unterliegt, daß sie aus dem Kern der getroffenen Atome kommen. Die Diskussion der Ergebnisse bezüglich Entstehung und Zusammenhang dieser Strahlung mit anderen Kerneigenschaften wie Atomgewicht, Zertrümmerbarkeit und Packungseffekt muß für die ausführliche Arbeit vorbehalten bleiben, welche in der Z. Physik erscheint.

Am Blei konnte eine Sekundärstrahlung von der Intensität und Härte, wie sie vor längerer Zeit SLATER [1] angegeben hat, nicht gefunden werden.

Der eine von uns (H. B.) hat der Notgemeinschaft der Deutschen Wissenschaft für die Gewährung eines Forschungsstipendiums zu danken.

Physikalisch-Technische Reichsanstalt,
Berlin-Charlottenburg

Eingegangen am 30. Juni 1930

Literatur

[1] F. P. SLATER, Philosophic Mag. **42** (1921) 904.

3. I. CURIE und F. JOLIOT

Eine unter Einfluß durchdringender γ-Strahlung von wasserstoffhaltigen Substanzen ausgehende Protonenstrahlung hoher Geschwindigkeit[1])

Wir haben gezeigt [1], daß die durch α-Strahlen des Poloniums in Beryllium und Bor angeregte γ-Strahlung durch einen kleineren Massenabsorptionskoeffizienten charakterisiert ist als die Strahlung radioaktiver Körper mit dem höchsten Durchdringungsvermögen $[(\mu/\varrho)_{Pb} = 0{,}013$ und $(\mu/\varrho)_{Pb} = 0{,}02]$. Diese Zahlen beziehen sich auf sehr große Energiewerte der in den durchdringendsten Strahlen der radioaktiven Elemente und in kosmischen Strahlen auftretenden Quanten.

Wir haben diese Strahlung mit Hilfe der Ionisation untersucht, die sie in einer mit einem HOFFMANNschen Elektrometer verbundenen Kammer verursacht. Die Strahlen traten durch ein Aluminiumfenster in die Kammer ein. Wir konnten feststellen, daß sich der Ionisationsstrom, der von diesen Strahlen verursacht wurde, nachdem sie ein 1,5 cm dickes Bleifilter durchlaufen hatten, nicht wesentlich ändert, wenn man vor dem Kammereingang dünne Folien aus verschiedenen Stoffen (C, Al, Cu, Ag, Pb) anbringt. Im Gegensatz dazu wird der Strom wesentlich stärker, wenn diese Folien aus wasserstoffhaltigen Stoffen, z. B. Paraffin, Wasser, Zellophan, bestehen. Der stärkste Effekt wurde in Paraffin beobachtet. In diesem Fall erhöht sich der Strom um fast das Doppelte. Indem wir zwischen Paraffin und Kammer dünne Aluminiumblättchen setzten, konnten wir feststellen, daß die Zunahme des Stromes durch eine

---

1) IRÈNE CURIE, F. JOLIOT, Emission de protons de grande vitesse par les substances hydrogénées sous l'influence des rayons γ frès pénétrants. C. f. Acad. Sci. Paris **194** (1932) 273. (Deutsche Übersetzung nach der russischen Ausgabe des vorliegenden Bandes.)

Strahlung hervorgerufen wurde, die von einer 0,2 mm dicken Aluminiumschicht vollständig absorbiert wird.

Da man diese zusätzliche Strahlung nur mit Folien aus wasserstoffhaltigen Stoffen beobachtet, vermuteten wir, daß es sich um H-Strahlen handelt. Diese Hypothese wurde durch folgende Versuche bestätigt:

1. Nachdem wir die experimentelle Apparatur geändert hatten, überzeugten wir uns davon, daß diese absorbierbare Strahlung durch ein Magnetfeld nicht abgelenkt wird. Folglich handelt es sich nicht um Elektronenstrahlen.

2. Eine vergleichende Untersuchung der Absorption zeigte, daß bei gleicher Oberflächendichte des Absorbers die Strahlung von Silber schwächer absorbiert wird als von Aluminium. Das widerlegt die Annahme, daß es sich um elektromagnetische Strahlung handelt, entspricht aber dem Verhalten von H-Strahlen.

Die Intensität dieser Strahlung ändert sich proportional zur γ-Intensität der Quelle. Die Emission von H-Strahlen setzt eine ungewöhnlich starke Absorption von γ-Strahlen durch die wasserstoffhaltigen Stoffe voraus; die zur Zeit durchgeführten Versuche bestätigten diese Schlußfolgerung.

Bei unter analogen Bedingungen mit ThC″-Strahlen durchgeführten Versuchen wurde der geschilderte Effekt nicht beobachtet.

Die maximale Entfernung, die bei Beschuß von Beryllium und Bor mit γ-Strahlung entstandene Protonen in Luft durchlaufen können, beträgt 26 cm bzw. 8 cm; das entspricht einer Protonenenergie von etwa $4{,}5 \cdot 10^6$ eV. Die langsamsten Protonen werden durch die Strahlung mit dem geringsten Durchdringungsvermögen emittiert, im vorliegenden Fall durch die Strahlung von Bor.

Die Erklärung dieser Erscheinung wird dadurch erschwert, daß die Energie der von Beryllium und Bor ausgestrahlten Photonen nur sehr grob abgeschätzt werden kann. Setzt man voraus, daß die Photonen einen Teil ihrer Energie über einen dem Compton-Effekt analogen Prozeß auf die Protonen übertragen können, so erhält man für die Strahlung von Be und B Energien der Größenordnung von $50 \cdot 10^6$ eV bzw. $35 \cdot 10^6$ eV. Die größte Abweichung zwischen diesen und den früher angegebenen Werten von 15 bis $20 \cdot 10^6$ eV und $11 \cdot 10^6$ eV sind kein ausreichender Grund dafür, diese Hypothese abzulehnen, da bei der Bestimmung der Energie der Quanten dieser stark durchdringenden Strahlen nach ihrem Absorptionskoeffizienten erhebliche Fehler auftreten können.

Wie die Erklärung dieser Erscheinung auch sein mag, so ist es durchaus wahrscheinlich, daß sie für alle hochenergetischen Strahlungen, insbesondere für kosmische Strahlen elektromagnetischer Natur gilt.[1]) Das sollte sich wesentlich auf die Interpretation von Messungen der Absorptionskoeffizienten dieser Strahlen in Wasser auswirken. Im Ergebnis der vorliegenden Versuche kann man allem Anschein nach feststellen, daß elektromagnetische Strahlung hoher Frequenz die Fähigkeit besitzt, aus wasserstoffhaltigen Stoffen Protonen freizusetzen und ihnen hohe Geschwindigkeiten zu verleihen.

11. Januar 1932

Literatur

[1] I. Curie, C. r. Acad. Sci. Paris 193 (1931) 1412;
F. Joliot, C. r. Acad. Sci. Paris 193 (1931) 1415.

---

[1]) In einem kürzlich in Paris gehaltenen Vortrag teilte Millican mit, daß man auf den nach der Methode von Wilson in einem starken Magnetfeld angefertigten Fotografien mitunter Bahnen eines Protons und eines Elektrons beobachtet. Über diese Erscheinung sind wir noch nicht ausreichend informiert.

4. J. CHADWICK

Über die mögliche Existenz eines Neutrons[1])

Von BOTHE u. a. wurde gezeigt, daß Beryllium nach Beschuß mit α-Teilchen des Poloniums eine sehr durchdringende Strahlung aussendet, die einen Absorptionskoeffizienten in Blei von etwa 0,3 cm^{-1} besitzt. Kürzlich fanden Mme. CURIE-JOLIOT und M. JOLIOT bei der Messung der Ionisation, die diese Beryllium-Strahlung in einer Kammer mit dünnem Fenster erzeugt, daß die Ionisation zunimmt, wenn man vor dem Fenster eine wasserstoffhaltige Substanz anbringt. Es stellte sich heraus, daß der Effekt durch die Emission von Protonen mit Maximalgeschwindigkeiten von nahezu $3 \cdot 10^9$ cm/s hervorgerufen wird. Sie nahmen an, daß die Energieübertragung auf das Proton durch einen dem COMPTON-Effekt ähnlichen Prozeß vor sich geht, und schätzten ab, daß die Quanten der Beryllium-Strahlung eine Energie von $50 \cdot 10^6$ eV hatten.

Ich habe einige Experimente durchgeführt, um die Eigenschaften dieser in Beryllium angeregten Strahlung zu untersuchen. Der Detektor bestand aus einer kleinen Ionisationskammer in Verbindung mit einem Verstärker. Die plötzliche Ionenerzeugung beim Eintritt eines Protons oder α-Teilchens wurde durch die Ablenkung eines Oszillographen nachgewiesen. Diese Experimente haben gezeigt, daß die Strahlung aus Wasserstoff, Helium, Lithium, Beryllium, Kohlenstoff, Luft und Argon Teilchen herauslöst. Die aus Wasserstoff austretenden Teilchen verhalten sich hinsichtlich Reichweite und Ionisationsstärke wie Protonen mit Geschwindigkeiten bis zu etwa $3{,}2 \cdot 10^9$ cm s^{-1}. Die von anderen Elementen ausgehenden Teilchen besitzen eine hohe Ionisationsstärke und scheinen in jedem Fall Rückstoßatome dieser Elemente zu sein.

---

[1]) J. CHADWICK, Possible Existence of a Neutron. Nature **129** (1932) 312.

Schreibt man die Protonenemission dem COMPTON-Rückstoß eines Quants mit der Energie $52 \cdot 10^6$ eV zu, dann sollte das bei einem ähnlichen Prozeß auftretende Rückstoßatom des Stickstoffs eine Energie nicht größer als etwa 400000 eV haben, nicht mehr als 10000 Ionen erzeugen und in Luft unter Normalbedingungen eine Reichweite von etwa 1,3 mm besitzen. In Wirklichkeit erzeugen einige der Rückstoßatome in Stickstoff mindestens 30000 Ionen. In Zusammenarbeit mit Dr. FEATHER habe ich die Rückstoßatome in einer Expansionskammer beobachtet; ihre visuell abgeschätzte Reichweite lag unter Normalbedingungen bei 3 mm.

Bleiben Energie und Impuls beim Stoß erhalten, dann ist es sehr schwierig, diese und andere Ergebnisse, die ich im Verlauf der Arbeiten erzielte, mit der Annahme zu erklären, daß die Beryllium-Strahlung eine Quantenstrahlung ist. Die Schwierigkeiten verschwinden jedoch, wenn man annimmt, daß die Strahlung aus Teilchen mit der Masse 1 und der Ladung 0, aus Neutronen, besteht. Der Einfang eines α-Teilchens durch den ^{9}Be-Kern könnte zur Bildung eines ^{12}C-Kerns und zur Emission des Neutrons führen. Nach den Energiebeziehungen für diesen Prozeß könnte die Geschwindigkeit der in Vorwärtsrichtung emittierten Neutronen sehr wohl etwa $3 \cdot 10^9$ cm s^{-1} betragen. Die Stöße dieses Neutrons mit den Atomen, auf die es trifft, führen zu Rückstoßatomen.

Die beobachteten Energien der Rückstoßatome stimmen mit diesem Bild recht gut überein. Außerdem habe ich festgestellt, daß die Protonen, die aus Wasserstoff durch die in entgegengesetzter Richtung zur anregenden α-Strahlung emittierte Strahlung herausgelöst werden, eine viel geringere Reichweite besitzen als die durch die Vorwärtsstrahlung erzeugten Protonen. Dieses Ergebnis läßt sich durch die Neutronen-Hypothese wiederum einfach erklären.

Nimmt man an, daß die Strahlung aus Quanten besteht, dann wird beim Einfang des α-Teilchens durch den

^{9}Be-Kern ein ^{13}C-Kern gebildet. Der Massendefekt von ^{13}C ist hinreichend genau bekannt. Die Energie des Quants, das in diesem Prozeß emittiert wird, kann danach nicht größer als $14 \cdot 10^6$ eV sein. Es ist schwierig, ein solches Quant für den beobachteten Effekt verantwortlich zu machen.

Man kann erwarten, daß ein Neutron und ein hochenergetisches Quant beim Durchgang durch Materie ähnliche Effekte hervorrufen. Es ist nicht einfach, eine endgültige Entscheidung zwischen beiden Hypothesen zu treffen. Bis jetzt sprechen alle Hinweise für das Neutron, während die Quanten-Hypothese nur aufrecht erhalten werden kann, wenn man die Energie- und Impulserhaltung an einigen Stellen aufgibt.

Cavendish-*Laboratorium, Cambridge*

17. Februar 1932

5. D. Iwanenko

Die Neutronen-Hypothese[1])

Dr. J. Chadwicks Erklärung [1] der mysteriösen Beryllium-Strahlung ist für theoretische Physiker sehr attraktiv. Sollte es nicht möglich sein, daß Neutronen auch beim Aufbau der Kerne eine wichtige Rolle spielen, wobei alle Elektronen des Kerns in α-Teilchen oder Neutronen enthalten sein könnten? Das Fehlen einer Theorie der Kerne macht diese Annahme natürlich ziemlich unsicher. Vielleicht klingt sie aber nicht so unwahrscheinlich, wenn wir daran denken, daß die Elektronen ihre Eigenschaften beim Eintritt in den Kern stark ändern und sozusagen ihre Individualität, zum Beispiel ihren Spin und ihr magnetisches Moment, verlieren. Besonders interessant ist dabei, inwieweit die Neu-

[1]) D. Iwanenko, The Neutron Hypothesis. Nature 129 (1932) 798.

tronen (ähnlich wie Protonen oder Elektronen) als Elementarteilchen angesehen werden können. Man kann leicht die Zahl der α-Teilchen, Protonen und Neutronen für einen gegebenen Kern berechnen und auf diese Weise zu einer Vorstellung über das Moment des Kerns kommen (wenn man für das Neutron ein Moment 1/2 annimmt). Es ist merkwürdig, daß Beryllium-Kerne keine freien Protonen, sondern nur α-Teilchen und Neutronen liefern.[1])

Physikalisch-Technisches Institut, Leningrad
21. April 1932

Neutronen kann man auf zweierlei Art und Weise in den Kern einführen: entweder indem man die angenommene Zahl von α-Teilchen im Kern nicht ändert und nicht mehr als drei Elektronen neutralisiert (F. PERRIN und P. AUGER [2]), oder indem man alle Elektronen neutralisiert. Die erste Methode führt meiner Meinung nach wiederum auf die früheren Schwierigkeiten hinsichtlich der Größe des Spins, besonders bei solchen schweren Elementen wie Bi, J und anderen. Darüberhinaus entsteht von einem bestimmten Element an ein Elektronenüberschuß, und das Fehlen des entsprechenden Spins bei diesen Kernen erscheint recht geheimnisvoll. Demgegenüber scheint die zweite, bereits früher vorgeschlagene Methode die genannten Schwierigkeiten zu überwinden. Die Vorteile dieser Methode, die die Idee von L. DE BROGLIE über die Existenz einer tiefen Analogie zwischen Strahlung und Stoff verallgemeinert, sollen hier nicht allgemein erörtert werden. Elektronen im

---

[1]) Ausführlicher wurden die Grundlagen des Kernaufbaus aus Protonen und Neutronen im Artikel von D. IWANENKO „Über den Bau der Atomkerne" dargelegt, der von M. DE BROGLIE der französischen Akademie der Wissenschaften am 8. August 1932 unterbreitet wurde (D. IWANENKO, C. r. Acad. sci. Paris 195 (1932) 439). Es folgt eine auszugsweise Übersetzung dieses Artikels nach der russischen Ausgabe des vorliegenden Bandes.

Kerninneren sind in der Tat in vieler Hinsicht absorbierten Photonen analog [4], und die Emission eines β-Teilchens durch den Kern ähnelt der Erzeugung eines neuen Teilchens, das im absorbierten Zustand keine Individualität aufweist. Wir wollen uns nun mit der Berechnung der Zahl der Neutronen, Protonen und α-Teilchen in einem gegebenen Kern beschäftigen, wobei wir annehmen, daß zwei Protonen und zwei Neutronen stets ein α-Teilchen bilden. Die Frage des Elektronenspins spielt dabei keinerlei Rolle.

Für leichte Kerne bis zu ^{37}Cl unterscheidet sich die Zahl der α-Teilchen im Kern entsprechend dem von uns vertretenen Standpunkt nicht von den üblichen Annahmen, weshalb auch die Neutronenzahl die gleiche ist wie im Modell von PERRIN und AUGER. Anstatt jedoch für ^{37}Cl das Auftreten des ersten freien Elektrons anzunehmen (anstelle von ^{37}Cl betrachtet AUGER das Isotop ^{41}K), müssen wir ein α-Teilchen in seine Grundbestandteile zerlegen und dieses Elektron durch ein Proton neutralisieren. Wir führen den Kernaufbau zweier Chlorisotope entsprechend der alten Ansicht (I) und den beiden neuen Thesen (II) und (III) an (ω bedeutet ein Neutron):

$$^{35}\mathrm{Cl} = 8\alpha + 3\pi + 2\varepsilon(\mathrm{I}), \quad 8\alpha + 1\pi + 2\omega(\mathrm{II}),$$
$$8\alpha + 1\pi + 2\omega(\mathrm{III});$$
$$^{37}\mathrm{Cl} = 9\alpha + 1\pi + 2\varepsilon(\mathrm{I}), \quad 9\alpha + 1\omega + 1\varepsilon(\mathrm{II}),$$
$$8\alpha + 1\pi + 4\omega(\mathrm{III}).$$

(Die Isotope des gegebenen Elements unterscheiden sich nur durch die Zahl der Neutronen.) Nach AUGER müßten wir bereits bei ^{37}Cl und nicht erst bei ^{41}K mit der Möglichkeit spontaner Radioaktivität rechnen.

In schweren Kernen sollte die Zerlegung der α-Teilchen in ihre Grundbestandteile ziemlich intensiv sein. Wir erhalten z. B. für Bi:

$$^{201}\mathrm{Bi} = 52\alpha + 1\pi + 22\varepsilon(\mathrm{I}), \quad 52\alpha + 1\omega + 21\varepsilon(\mathrm{II}),$$
$$41\alpha + 1\pi + 44\omega(\mathrm{III}).$$

Danach kann man zu verschiedenen Schlußfolgerungen über die Größe des Spins kommen, da wir von einem bestimmten Schema noch weit entfernt sind.

Es sei noch bemerkt, daß die Zerlegung der α-Teilchen in ihre Grundbestandteile offenbar nichts mit der Frage des Spins zu tun hat [5].

Wir betrachten das Neutron nicht als Elektron-Proton-System, sondern als Elementarteilchen. Das zwingt uns, Neutronen als Teilchen mit dem Spin 1/2 zu betrachten, die folglich die FERMI-DIRAC-Statistik befolgen. Der gleiche Wert des Neutronenspins ergibt sich aus dem vorgeschlagenen Schema für den Kernaufbau. Beispielsweise muß dem Kern ^{14}N ($= 3\alpha + 1\pi + 1\omega$) der Spin 1 zugesprochen werden, da Stickstoffkerne der BOSE-EINSTEIN-Statistik zu gehorchen scheinen. Das wird nun verständlich, da ^{14}N 14 Elementarteilchen, das heißt eine gerade Anzahl, und nicht wie im alten Schema 21 Teilchen enthält.

Alle diese Annahmen, und seien sie noch so vorläufig, erlauben es offensichtlich, zu einer völlig neuen Ansicht sowohl über das Kernmodell als auch über die relativistischen Quantentheorien zu gelangen, die die Existenz individueller Elektronen voraussetzen.

Literatur

[1] J. CHADWICK, Nature **129** (1932) 312.
[2] F. PERRIN, P. AUGER, C. r. Acad. sci. Paris **194** (1932) 1343.
[3] D. IWANENKO, Nature **129** (1932) 798; J. CHADWICK, Proc. Roy. Soc. **A 136** (1932) 692.
[4] V. AMBARZUMJAN, D. IWANENKO, C. r. Acad. sci. Paris **190** (1930) 582.
[5] A. J. RUDGERS, Nature **129** (1932) 361.

6. W. Heisenberg

Über den Bau der Atomkerne I[1])

Es werden die Konsequenzen der Annahme diskutiert, daß die Atomkerne aus Protonen und Neutonen ohne Mitwirkung von Elektronen aufgebaut seien. § 1. Die Hamilton-Funktion des Kerns. § 2. Das Verhältnis von Ladung und Masse und die besondere Stabilität des He-Kerns. § 3. bis 5. Stabilität der Kerne und radioaktive Zerfallsreihen. § 6. Diskussion der physikalischen Grundannahmen.

Durch die Versuche von Curie und Joliot und deren Interpretation durch Chadwick [2] hat es sich herausgestellt, daß im Aufbau der Kerne ein neuer fundamentaler Baustein, das Neutron, eine wichtige Rolle spielt. Dieses Ergebnis legt die Annahme nahe, die Atomkerne seien aus Protonen und Neutronen ohne Mitwirkung von Elektronen aufgebaut [3]. Ist diese Annahme richtig, so bedeutet sie eine außerordentliche Vereinfachung für die Theorie der Atomkerne. Die fundamentalen Schwierigkeiten, denen man in der Theorie des β-Zerfalls und der Stickstoffkernstatistik begegnet, lassen sich nämlich dann reduzieren auf die Frage, in welcher Weise ein Neutron in Proton und Elektron zerfallen kann und welcher Statistik es genügt, während der eigentliche Aufbau der Kerne nach den Gesetzen der Quantenmechanik aus den Kraftwirkungen zwischen Protonen und Neutronen beschrieben werden kann.

§ 1. Für die folgenden Überlegungen wird angenommen, daß die Neutronen den Regeln der Fermi-Statistik folgen und den Spin $\frac{1}{2}\frac{h}{2\pi}$ besitzen. Diese Annahme wird notwendig sein, um die Statistik des Stickstoffkerns zu erklären, und entspricht den empirischen Ergebnissen

[1]) Z. Physik 77 (1932) 1–11. (Hier in Auszügen wiedergegeben.)

über die Kernmomente. Wollte man das Neutron als zusammengesetzt aus Proton und Elektron auffassen, so müßte man daher dem Elektron BOSE-Statistik und Spin Null zuschreiben. Es erscheint aber nicht zweckmäßig, ein solches Bild näher auszuführen. Vielmehr soll das Neutron als selbständiger Fundamentalbestandteil betrachtet werden, von dem allerdings angenommen wird, daß er unter geeigneten Umständen in Proton und Elektron aufspalten kann, wobei vermutlich die Erhaltungssätze für Energie und Impuls nicht mehr anwendbar sind [4].

Von den Kraftwirkungen der elementaren Kernbausteine aufeinander betrachten wir zunächst die zwischen Neutron und Proton. Bringt man Neutron und Proton in einen mit Kerndimensionen vergleichbaren Abstand, so wird — in Analogie zum H_2^+-Ion — ein Platzwechsel der negativen Ladung eintreten, dessen Frequenz durch eine Funktion $\frac{l}{h} J(r)$ des Abstandes r der beiden Teilchen gegeben ist. Die Größe $J(r)$ entspricht dem Austausch- oder richtiger Platzwechselintegral der Molekültheorie. Diesen Platzwechsel kann man wieder durch das Bild der Elektronen, die keinen Spin haben und den Regeln der BOSE-Statistik folgen, anschaulich machen. Es ist aber wohl richtiger, das Platzwechselintegral $J(r)$ als eine fundamentale Eigenschaft des Paares Neutron und Proton anzusehen, ohne es auf Elektronenbewegungen reduzieren zu wollen.

Ähnlich wird die Wechselwirkung zweier Neutronen durch eine Wechselwirkungsenergie $K(r)$ beschrieben werden, wobei man wegen der Analogie zum H_2-Molekül annehmen kann, daß diese Energie zu einer Anziehungskraft zwischen den Neutronen führt.[1]) Endlich bezeichnen wir den Massendefekt des Neutrons relativ zum Proton

[1]) Für den Hinweis hierauf und für manche anderen wertvollen Diskussionen möchte ich Herrn W. PAULI herzlich danken.

(im Energiemaß) mit D. Es wird nun weiter angenommen, daß außer den durch die Funktionen $J(r)$ und $K(r)$ gegebenen Kraftwirkungen und der COULOMBschen Abstoßung e^2/r zwischen je zwei Protonen keine merklichen Kraftwirkungen zwischen den Bausteinen des Kerns auftreten sollen. Ferner sollen alle relativistischen Effekte, also auch die Wechselwirkungen zwischen Spin und Bahn, vernachlässigt werden. Über die Funktionen $J(r)$ und $K(r)$ lassen sich nur einige ganz allgemeine Aussagen machen. Man wird vermuten, daß sie in Bereichen der Ordnung 10^{-12} cm mit wachsendem r rasch nach Null absinken. Ferner soll in Analogie zu den Molekülen angenommen werden, daß für normale Werte von r die Funktion $J(r)$ größer ist als $K(r)$; diese Annahme erweist sich später als wichtig. Der Massendefekt D des Neutrons dürfte klein gegen die gewöhnlichen Massendefekte der Elemente sein.

Um nun die HAMILTON-Funktion des Atomkerns aufzuschreiben, erweisen sich folgende Variablen als zweckmäßig: Jedes Teilchen im Kern wird charakterisiert durch fünf Größen, die drei Ortskoordinaten $(x, y, z) = \mathfrak{r}$, den Spin σ^ζ in der z-Richtung und durch eine fünfte Zahl ϱ^ζ, die der beiden Werte $+1$ und -1 fähig ist. $\varrho^\zeta = +1$ soll bedeuten, das Teilchen sei ein Neutron, $\varrho^\zeta = -1$ bedeutet, das Teilchen sei ein Proton. Da in der HAMILTON-Funktion wegen des Platzwechsels auch Übergangselemente von $\varrho^\zeta = +1$ nach $\varrho^\zeta = -1$ vorkommen, erweist es sich als zweckmäßig, auch die Matrizen

$$\varrho^\xi = \begin{pmatrix} 0 & 1 \\ 1 & 0 \end{pmatrix}, \quad \varrho^\eta = \begin{pmatrix} 0 & -i \\ i & 0 \end{pmatrix}, \quad \varrho^\zeta = \begin{pmatrix} 1 & 0 \\ 0 & -1 \end{pmatrix}$$

einzuführen. Der Raum der ξ, η, ζ hat aber natürlich nichts mit dem wirklichen Raum zu tun.

In diesen Variablen lautet die vollständige HAMILTON-Funktion der Kerne (M Protonenmasse, $r_{kl} = |\mathfrak{r}_k - \mathfrak{r}_l|$,

p_k Impuls des Teilchens k):

$$\left.\begin{aligned} H = \frac{1}{2M} \sum_k p_k^2 - \frac{1}{2} \sum_{k>l} J(r_{kl}) (\varrho_k^\xi \varrho_l^\xi + \varrho_k^\eta \varrho_l^\eta) \\ - \frac{1}{4} \sum_{k>l} K(r_{kl}) \cdot (1 + \varrho_k^\zeta)(1 + \varrho_l^\zeta) \\ + \frac{1}{4} \sum_{k>l} \frac{e^2}{r_{kl}} (1 - \varrho_k^\zeta)(1 - \varrho_l^\zeta) \\ - \frac{1}{2} D \sum_k (1 + \varrho_k^\zeta). \end{aligned}\right\} \quad (1)$$

Von den fünf Gliedern bedeutet das erste die kinetische Energie der Teilchen, das zweite die Platzwechselenergien, das dritte die Anziehungskräfte der Neutronen, das vierte die Coulombsche Abstoßung der Protonen, das fünfte die Massendefekte der Neutronen.

Es entsteht nun die rein mathematische Aufgabe, aus Gleichung (1) Schlüsse über den Bau der Kerne zu ziehen.

§ 2. Wir betrachten im folgenden einen Kern, der aus n Partikeln besteht, und zwar aus n_1 Neutronen und n_2 Protonen. $n_1 = \frac{1}{2} \sum_k (1 + \varrho_k^\zeta)$ ist mit H in Gleichung (1) vertauschbar, also eine Integrationskonstante, ebenso n_2. Vernachlässigt man zunächst die letzten drei Glieder in (1) und behält nur die beiden ersten bei, so bleibt die Energie bei Vorzeichenumkehr von $\sum \varrho_k^\zeta$ aus Symmetriegründen unverändert. Dem Wert $\sum_k \varrho_k^\zeta = 0$ entspricht also sicher ein Extremwert der Energie. Da für $\sum_k \varrho_k^\zeta = n$ in dieser Näherung überhaupt keine Bindungsenergie auftritt, so wird im allgemeinen der Minimalwert aller Energien zu $\sum_k \varrho_k^\zeta = 0$ gehören. Man kann den Sachverhalt auch so ausdrücken: Die ersten beiden Glieder der Hamilton-Funktion sind völlig symmetrisch in Protonen und Neutronen. Das durch Platzwechselintegrale erreichbare Minimum der Energie bekommt man daher dann, wenn der Kern aus ebenso vielen Neutronen wie Protonen besteht. Dieses Resultat paßt gut zu dem experimentellen Befund, daß die Masse der Atomkerne im allgemeinen etwa doppelt so groß ist wie ihre Ladung (in den Einheiten von Ladung und Masse des Protons). Durch die drei letzten Glieder der Gleichung (1) wird das dem Energieminimum entsprechende Verhältnis von Neutronenzahl zu Protonenzahl zugunsten der ersteren verschoben, und zwar mit wachsender Gesamtanzahl n in immer steigendem Maße wegen der COULOMB-Kräfte der Protonen. Eine ins einzelne gehende Anwendung dieses Ergebnisses auf die Frage, welche Atomkerne in der Natur vorkommen können und welche nicht, setzt eine ausführliche Diskussion der Kernstabilität voraus und soll erst in § 3. bis 5. durchgeführt werden.

Der einzige Kern, für den sich die Lösung von (1) noch unmittelbar angeben läßt, ist das UREYsche Wasserisotop [5] vom Gewicht 2. Es besteht aus einem Proton und einem Neutron, und die Wellenfunktion $\psi(\boldsymbol{r}_1\varrho_1{}^\zeta, \boldsymbol{r}_2\varrho_2{}^\zeta)$, welche Gleichung (1) löst, läßt sich in Analogie zum Helium-Problem der Quantenmechanik stets in der Form schreiben:

$$\psi(\boldsymbol{r}_1\varrho_1{}^\zeta, \boldsymbol{r}_2\varrho_2{}^\zeta) = \varphi(\boldsymbol{r}_1\boldsymbol{r}_2)\cdot\left(\alpha(\varrho_1{}^\zeta)\,\beta(\varrho_2{}^\zeta) \pm \alpha(\varrho_2{}^\zeta)\,\beta(\varrho_1{}^\zeta)\right). \tag{2}$$

Hier ist zur Abkürzung gesetzt:

$$\left.\begin{aligned}\alpha(\varrho) &= \varrho_{\varrho,1},\\ \beta(\varrho) &= \varrho_{\varrho,-1}.\end{aligned}\right\} \tag{3}$$

Anziehung der beiden Teilchen resultiert, wenn in der Klammer der rechten Seite von (2) das positive Zeichen gewählt wird. $\varrho(\boldsymbol{r}_1\boldsymbol{r}_2)$ genügt dann der Wellengleichung:

$$\left\{\frac{1}{2M}(\boldsymbol{p}_1{}^2 + \boldsymbol{p}_2{}^2) - J(r_{12}) - D - W\right\}\varphi(\boldsymbol{r}_1\boldsymbol{r}_2) = 0. \tag{4}$$

Im energetisch tiefsten Zustand ist $\psi(\boldsymbol{r}_1\boldsymbol{r}_2)$ symmetrisch in $\boldsymbol{r}_1$ und $\boldsymbol{r}_2$, was wegen des Spins trotz der FERMI-Statistik der Teilchen möglich ist.

Eine genauere mathematische Untersuchung des He-Kerns nach Gleichung (1) soll einstweilen nicht unternommen werden. Nur folgende qualitative Überlegungen sollen hier Platz finden: Betrachtet man zunächst Kerne, die nur aus Neutronen bestehen, so erkennt man, daß ein Kern aus zwei Neutronen nach Gleichung (1) ein besonders stabiles Gebilde sein müßte, da die Eigenfunktion des Systems in *zwei* Neutronen (d. h. in ihren Koordinaten $\boldsymbol{r}$ und ϱ), aber wegen des PAULI-Prinzips nicht mehr als zwei Neutronen, symmetrisch sein darf. [Der Umstand, daß solche nur aus Neutronen bestehende Kerne aus anderen, nicht in Gleichung (1) enthaltenen Gründen labil sind, soll erst später besprochen werden und spielt für das Folgende keine Rolle.] Aus demselben Grund wird man annehmen dürfen, daß der He-Kern, der aus zwei Protonen und zwei Neutronen besteht, wegen des PAULI-Prinzips die Rolle einer „abgeschlossenen Schale" spielt und besonders stabil ist, wie ja auch die Erfahrung lehrt. Dem entspricht auch, daß sein Gesamtspin verschwindet.

Ferner soll die Kraftwirkung untersucht werden, die zwei Kerne in größerem Abstand aufeinander ausüben. Es sei angenommen, daß für jeden der beiden Kerne $\sum \varrho\zeta = 0$, d. h. die Neutronenzahl gleich der Protonenzahl ist. Die Wechselwirkungsenergie der Kerne, die als kleine Störung betrachtet werden kann, hat nach (1) die Form

$$\left.\begin{aligned} H^{(1)} = & -\frac{1}{2}\sum_{kk'} J(r_{kk'})\,(\varrho_k^{\xi}\varrho_{k'}^{\xi} + \varrho_k^{\eta}\varrho_{k'}^{\eta}) \\ & -\frac{1}{4}\sum_{kk'} K(r_{kk'})\,(1+\varrho_k^{\zeta})\,(1+\varrho_{k'}^{\zeta}) \\ & +\frac{1}{4}\sum_{kk'}\frac{e^2}{r_{kk'}}\,(1-\varrho_k^{\zeta})\,(1-\varrho_{k'}^{\zeta}) \end{aligned}\right\} \quad (5)$$

Hierbei bezieht sich der Index k auf die Teilchen des einen, der Index k' auf die Teilchen des anderen Kerns. Bildet man den zeitlichen Mittelwert von (5) über die ungestörte Bewegung der Kerne, so bleibt eine mittlere COULOMBsche Abstoßung der Kerne und eine mittlere Anziehung der Neutronen übrig, wobei die erstere für große, die letztere für kleine Abstände überwiegt. Der zeitliche Mittelwert des an sich größten ersten Gliedes in (5) verschwindet, da der Erwartungswert von $\varrho\xi$ verschwindet, wenn $\sum \varrho^\zeta = 0$ bekannt ist (dies folgt am einfachsten aus der Symmetrie des Problems im (ξ, η, ζ) -Raum um die ζ-Achse). Führt man dagegen die Störungsrechnung bis zur zweiten Näherung durch, so geben die Übergangselemente des ersten Gliedes in (5) Anlaß zu einer Anziehung vom Typus der VAN DER WAALSschen Kräfte; denn die Energiestörung zweiter Ordnung hat stets die Form:

$$W_k^{(2)} = -\sum_l \frac{|H_{kl}^{(1)}|^2}{h\nu_{kl}}. \tag{6}$$

Zwei Kerne stoßen sich also in großem Abstand vermöge ihrer Ladung ab, in kleinem Abstand werden sie durch eine VAN DER WAALSsche Anziehung und durch die Anziehung der Neutronen aneinander gebunden.

§ 3. Nach den bisher durchgeführten Überlegungen wird man sich den Kern vorstellen dürfen als ein Gebilde, das im allgemeinen etwas mehr Neutronen als Protonen enthält und in dem je zwei Protonen und zwei Neutronen zu besonders stabilen Konfigurationen, den α-Teilchen, zusammengefaßt sind. Es soll nun die Frage untersucht werden, unter welchen Bedingungen ein solcher Kern stabil ist und in welcher Weise er bei Instabilität zerfallen kann.

Betrachten wir zunächst einen Kern, der nur aus Neutronen besteht; wegen der durch das dritte Glied in Gleichung (1) gegebenen Neutronenanziehung wäre ein solcher Kern scheinbar stabil, da es Arbeit kosten würde, ein Neutron aus dem Kern zu entfernen. Wohl aber würde man Energie gewinnen, wenn man ein Neutron aus dem Kern entfernen und ein Proton hinzufügen würde, da der Gewinn beim Zufügen des Protons den Verlust bei Wegnahme des Neutrons überkompensiert; dies gilt unter unserer Annahme, daß die Platzwechselkräfte die Anziehungskräfte zwischen den Neutronen überwiegen. Man wird daher annehmen dürfen, daß ein solcher Kern durch Aussendung von β-Strahlung zerfallen würde. Obwohl also die Anwendbarkeit von Energie- und Impulssatz auf den Zerfall eines Neutrons nach den experimentellen Befunden über die kontinuierlichen β-Strahlspektren durchaus fraglich erscheint, so soll hier doch insoweit von einer Energiebilanz der β-Strahlung Gebrauch gemacht werden, als behauptet wird: Ein β-Zerfall findet dann und nur dann statt, wenn die Ruhmasse des betrachteten Kerns größer ist als die Summe der Ruhmasse des durch β-Zerfall entstehenden Kerns und der Ruhmasse des Elektrons. Diese Annahme ist auch bisher in der Theorie des Atomkerns üblich gewesen [6]. Zu ihrer Begründung kann man anführen, daß ein Neutron in Analogie zu quantenmechanischen Systemen wohl auch bei Einwirkung eines starken elektrischen Feldes ab und zu spontan zerfallen würde. Ist nun die Energiebilanz im oben beschriebenen Sinne positiv, so bedeutet dies: Auf das Neutron wirkt im Kern ein Kraftfeld, das es — ähnlich, wie ein elektrisches Feld dies tut — zu zerlegen sucht. Ist die Energiebilanz (die ja stets scharf definiert ist) negativ, so wirkt keine solche Kraft.

Unter Voraussetzung der eben diskutierten Annahme über die Stabilität der Kerne gegenüber dem β-Zerfall wird man daher schließen dürfen: Der zunächst nur aus Neutronen bestehende Kern wird solange Neutronen in Protonen durch Aussendung von β-Strahlen verwandeln, bis die Energie, die durch Zufügung eines Protons gewonnen wird, genau gleich groß ist wie die Energie, die beim Abreißen des Neutrons aufgewendet werden muß, also bis das Minimum der bei konstanter Teilchenzahl gezeichneten Energiekurve erreicht ist. Bei noch geringeren Neutronenzahlen ist der Kern jedenfalls gegen β-Zerfall stabil.

Die Lage des Minimums als Funktion der Ordnungszahl kann man etwa folgendermaßen abschätzen: Der Gewinn an Platzwechselenergie, die beim Zufügen eines Protons frei wird, kann — wenn man annimmt, daß die Funktion $J(r)$ mit wachsendem Abstand hinreichend rasch verschwindet — bei schweren Kernen im wesentlichen nur von dem Verhältnis n_1/n_2 der Neutronenzahl zur Protonenzahl abhängen; er wird also durch eine Funktion $f(n_1/n_2)$ gegeben sein. Ebenso wird der Energieverlust, der mit dem Abreißen eines Neutrons verbunden ist, für schwere Kerne einem nur von n_1/n_2 abhängigen Wert $g(n_1/n_2)$ zustreben. Schließlich ist beim Zufügen des Protons noch gegen die elektrostatischen Kräfte die Energie

$$\frac{n_2 e_2}{R} \sim \text{const} \cdot \frac{n_2}{\sqrt[3]{n}}$$

aufzuwenden (R bedeutet den Kernradius und wird hier näherungsweise proportional $\sqrt[3]{n}$ gesetzt). Die Lage des Minimums wird also durch die Gleichung gegeben:

$$f\left(\frac{n_1}{n_2}\right) = g\left(\frac{n_1}{n_2}\right) + \text{const}\,\frac{n_2}{\sqrt[3]{n}}. \tag{7}$$

Nimmt man an, daß $f(n_1/n_2)$ und $g(n_1/n_2)$ näherungsweise als lineare Funktionen von n_1/n_2 betrachtet werden, so erhält man in dieser Näherung

$$\frac{n_1}{n_2} = C_1 + C_2\,\frac{n_2}{\sqrt[3]{n}}, \tag{8}$$

wobei C_1 und C_2 Konstanten sind.

In der Abbildung ist zu jeder Kernladungszahl der Maximalwert und der Minimalwert des Verhältnisses

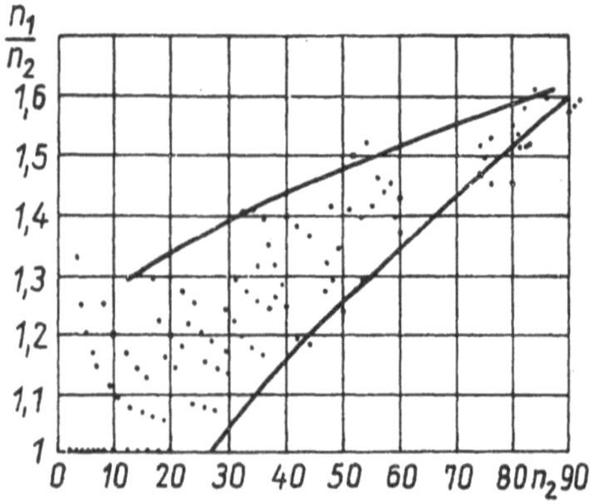

n_1/n_2 aufgetragen, der für das betreffende Element beobachtet ist. Diese Werte schwanken noch sehr stark, was zum Teil darauf zurückzuführen ist, daß für viele Elemente noch stabile Isotope existieren können, die wegen ihrer Seltenheit bisher nicht bemerkt wurden. Zum Vergleich mit (8) wurde durch die höchstgelegenen Punkte eine Kurve vom Typus (8) mit den Konstanten $C_1 = 1{,}173$, $C_2 = 0{,}0225$ gezogen. Der qualitative Verlauf des Verhältnisses n_1/n_2 im System der Kerne wird also durch eine Kurve der Art (8) gut wiedergegeben.

Eingegangen aus Leipzig am 7. Juni 1932

Literatur

[1] I. Curie u. F. Joliot, C. r. Acad. sci. Paris **194** (1932) 273, 876.
[2] J. Chadwick, Nature **129** (1932) 312.
[3] D. Iwanenko, Nature **129** (1932) 798.
[4] N. Bohr, Faraday Lecture, Journ. Chem. Soc. 1932, S. 349.
[5] H. Urey, F. Brickwedde u. G. Murphey, Phys. Rev. **39** (1932) 164; **40** (1932) 1, 464.
[6] G. Gamow, Der Bau des Atomkerns und die Radioaktivität, Leipzig 1932.

7. E. Fermi

Versuch einer Theorie der β-Strahlen I[1])

Eine quantitative Theorie des β-Zerfalls wird vorgeschlagen, in welcher man die Existenz des Neutrinos annimmt, und die Emission der Elektronen und Neutrinos aus einem Kern beim β-Zerfall mit einer ähnlichen Methode behandelt, wie die Emission eines Lichtquants aus einem angeregten Atom in der Strahlungstheorie. Formeln für die Lebensdauer und für die Form des emittierten kontinuierlichen β-Strahlenspektrums werden abgeleitet und mit der Erfahrung verglichen.

Grundannahmen der Theorie

Bei dem Versuch, eine Theorie der Kernelektronen sowie der β-Emission aufzubauen, begegnet man bekanntlich zwei Schwierigkeiten. Die erste ist durch das kontinuierliche β-Strahlenspektrum bedingt. Falls der Erhaltungssatz der Energie gültig bleiben soll, muß man annehmen, daß ein Bruchteil der beim β-Zerfall frei werdenden Energie unseren bisherigen Beobachtungsmöglichkeiten entgeht. Nach dem Vorschlag von W. Pauli kann man z. B. annehmen, daß beim β-Zerfall nicht nur ein Elektron, sondern auch ein neues Teilchen, das sogenannte „Neutrino“ (Masse von der Größenordnung oder kleiner als die Elektronenmasse; keine elektrische Ladung) emittiert wird. In der vorliegenden Theorie werden wir die Hypothese des Neutrinos zugrunde legen.

Eine weitere Schwierigkeit für die Theorie der Kernelektronen besteht darin, daß die jetzigen relativistischen Theorien der leichten Teilchen (Elektronen oder Neutrinos) nicht imstande sind, in einwandfreier Weise zu erklären, wie welche Teilchen in Bahnen von Kerndimensionen gebunden werden können.

---

[1]) Z. Physik 88 (1934) 161 – 177. (Hier in Auszügen wiedergegeben.)

Es scheint deswegen zweckmäßiger, mit Heisenberg [1] anzunehmen, daß ein Kern nur aus schweren Teilchen, Protonen und Neutronen, besteht. Um trotzdem die Möglichkeit der β-Emission zu verstehen, wollen wir versuchen, eine Theorie der Emission eines Lichtquants aus einem angeregten Atom beim gewöhnlichen Strahlungsprozeß aufzubauen. In der Strahlungstheorie ist die totale Anzahl der Lichtquanten keine Konstante: Lichtquanten entstehen, wenn sie von einem Atom emittiert werden, und verschwinden, wenn sie absorbiert werden. In Analogie hierzu wollen wir der β-Strahlentheorie folgende Annahmen zugrunde legen:

a) Die totale Anzahl der Elektronen, sowie der Neutrinos, ist nicht notwendigerweise konstant. Elektronen (oder Neutrinos) können entstehen und verschwinden. Diese Möglichkeit hat jedoch keine Analogie zum Entstehen oder Verschwinden eines Paares aus einem Elektron und einem Positron; falls man das Positron als Diracsches „Loch" interpretiert, kann man in der Tat diesen letzten Prozeß einfach als einen Quantensprung eines Elektrons zwischen einem Zustand mit negativer Energie und einem Zustand mit positiver Energie mit Erhaltung der totalen (unendlich großen) Anzahl der Elektronen auffassen.

b) Die schweren Teilchen, Neutronen und Protonen, können wie bei Heisenberg als zwei innere Quantenzustände des schweren Teilchens betrachtet werden. Wir formulieren dies durch die Einführung einer inneren Koordinate ϱ des schweren Teilchens, welche nur zwei Werte annehmen kann: $\varrho = 1$, falls das Teilchen ein Neutron ist; $\varrho = -1$, falls das Teilchen ein Proton ist.

c) Die Hamilton-Funktion des aus schweren und leichten Teilchen bestehenden Systems muß so gewählt werden, daß jedem Übergang von Neutron zu Proton das Entstehen eines Elektrons und seiner Neutrinos zugeordnet ist. Dem umgekehrten Prozeß, Verwandlung eines Protons in ein Neutron, soll dagegen das Verschwinden eines Elektrons und eines Neutrinos zugeordnet sein.

Man bemerke, daß hierdurch die Erhaltung der Ladung gesichert ist.

Eingegangen aus Rom am 16. Januar 1934

Literatur

[1] W. Heisenberg, Z. Physik **77** (1932) 1.

8. I. Tamm

Austauschkräfte zwischen Neutronen und Protonen und die Fermi-Theorie[1])

Kürzlich entwickelte Fermi [1] eine erfolgreiche Theorie der β-Radioaktivität. Sie beruht auf der Annahme, daß Umwandlungen eines Neutrons in ein Proton und umgekehrt möglich sind, wobei ein Elektron und ein Neutrino entstehen oder verschwinden.

Diese Theorie ermöglicht die Ableitung der Austauschkräfte zwischen Neutronen und Protonen, die von Heisenberg mehr oder weniger phänomenologisch eingeführt wurden. (Diese Idee hatte völlig unabhängig auch mein Freund Dr. Iwanenko, mit dem ich diese Frage diskutieren konnte.) Wir betrachteten zwei schwere Teilchen a und b, a sei in einem Neutron- und b in einem Protonzustand. Die Energie ändert sich nicht, wenn a ein Proton und b ein Neutron wird. Diese beiden entarteten Zustände des Systems können nun durch einen Zweistufenprozeß miteinander verknüpft sein: Emission eines Elektrons und eines Neutrinos durch das Neutron a, das sich in ein Proton umwandelt, und nachfolgende Absorption dieser beiden Teilchen durch das Proton b, aus dem ein Neutron wird. Im Zwischenzustand bleibt die Energie des Systems in a nicht erhalten (vgl. die

---

[1]) I. Tamm, Exchange Forces between Neutrons and Protons and Fermi's Theory. Nature **133** (1934) 981.

Theorie der Dispersion). Emission und Absorption eines Positrons und eines Neutrinos können ebenfalls auftreten [2]. Auf diese Weise spalten die beiden entarteten Zustände des betrachteten Systems in zwei Eigenzustände auf, die sich durch das Vorzeichen der Austauschenergie unterscheiden.

Die Rolle der leichten Teilchen (ψ-Feld), die eine Wechselwirkung zwischen schweren Teilchen liefern, entspricht genau der Rolle der Photonen (elektromagnetisches Feld), die eine Wechselwirkung zwischen Elektronen hervorrufen. Deshalb können wir für unsere Zwecke die Methoden verwenden, die in der Quantenelektrodynamik benutzt wurden, um den Ausdruck für die COULOMB-Kräfte abzuleiten.

Setzt man $\psi = \psi_0 + g\psi_1 + g^2\psi_2 + \ldots$, wobei g die FERMI-Konstante ($\sim 4 \cdot 10^{-50}$ erg $\cdot$ cm^3) ist, wendet die Störungstheorie an und beschränkt sich auf den Teil von ψ, der Anfangs- und Endzuständen entspricht, dann erhält man

$$\left(H_0 - i\hbar \frac{\partial}{\partial t}\right) \psi_2 \sim \left(K \mp \frac{1}{116\pi^3 \hbar c r^5} I(r)\right) \psi_0.$$

Dabei ist K eine Konstante, r bezeichnet den Abstand zwischen a und b und $I(r)$ ist eine mit r abfallende Funktion, die gleich Eins wird, wenn $r \ll \hbar/mc$ gilt (m: Elektronenmasse). Vernachlässigt man K, dann würde sich das gleiche Resultat ergeben, wenn man eine Austauschenergie $A(r)$ unmittelbar in die Wellengleichung für die schweren Teilchen einführt:

$$A(r) = \pm \frac{g^2}{16\pi^3 \hbar c r^5} I(r).$$

Das Vorzeichen von $A(r)$ hängt von der Symmetrie von ψ bezüglich a und b ab. Setzt man für $\hbar$, c und g die entsprechenden Werte ein, dann ergibt sich

$$|A(r)| \ll 10^{-85} r^{-5} \text{ erg}.$$

Somit ist $A(r)$ viel zu klein, um die bekannte Wechselwirkung von Neutronen und Protonen bei Abständen der Größenordnung $r \sim 10^{-13}$ cm erklären zu können.

Wenn die Massendifferenz von Neutron und Proton größer als die Summe der Elektronen- und Neutronenmasse ist, dann kann die Emission leichter Teilchen ohne Verletzung der Energieerhaltung vor sich gehen. Der entsprechende Wert der Austauschenergien ist aber wiederum zu klein.

$$|A(r)| < g\left(\frac{mc}{\hbar}\right)^3 \sim 10^{-18}\ \text{erg}.$$

Unser negatives Ergebnis weist darauf hin, daß entweder die FERMI-Theorie wesentlich abgeändert werden muß (eine geringfügige Modifizierung scheint die Resultate nur unerheblich zu ändern) oder daß der Ursprung der Kräfte zwischen Neutron und Proton nicht in ihrer gegenseitigen Umwandlung liegt, wie das aus dem ursprünglichen Vorschlag von HEISENBERG folgt und im einzelnen von FERMI betrachtet wurde.

Physikalisches Institut der Moskauer Staatlichen Universität

Literatur

[1] E. FERMI, Z. Phys. 88 (1934) 161.
[2] G. C. WICK, Rend. R. Nat. Accad. Lincei **19** (1934) 319.

9. D. IWANENKO

Neutron-Proton-Wechselwirkung[1])

Da Kerne bei einigen Reaktionen Elektronen und Positronen aussenden, kann man versuchen, diese *leichten* Teilchen genauso zu behandeln wie die von Atomen emittierten Photonen. Die Wechselwirkung der *schweren* Teilchen (Protonen, Neutronen) läuft dann über leichte Teilchen, die durch Gleichungen für ein ψ-Feld beschrieben werden, in gleicher Weise ab, wie elektromagnetische (COULOMB-)Wechselwirkung durch ein elektromagnetisches Feld oder Photonen vermittelt wird.

Die Effekte *erster* Ordnung sind die Emission (oder Absorption) eines Elektrons oder eines Positrons, wobei der erste Fall kürzlich von FERMI behandelt wurde. Wir weisen darauf hin, daß die Anwendung des FERMI-Formalismus auf den Positronenzerfall leichter Kerne (den wir durch Vorzeichenwechsel und entsprechende Wahl der Ladungszahl erhalten) Ergebnisse liefert, die das beobachtete Verhältnis zwischen der Halbwertszeit und der Maximalenergie des beim Zerfall emittierten Teilchens wiedergibt, wenn auch nicht sehr genau [1]. Obwohl quantitativ eine Abweichung der (auf Positronen angewandten) FERMI-Theorie vom Positronenzerfall zu bestehen scheint, unterstützen andererseits die für K und Rb berechneten Werte FERMIS Annahme über die Existenz eines Quadrupolübergangs der schweren Teilchen, der verglichen mit den üblichen Dipolzerfällen zu große Werte für die Halbwertszeiten liefert. Die Ausnahmestellung von K und Rb ist in gewisser Weise ziemlich *anschaulich*. Wir verweisen darauf, daß die SARGENT-FERMI-Regel, im Gegensatz zum GEIGER-NUTTALL-Gesetz, eine weniger ausgeprägte Abhängigkeit von der Ladungszahl zeigt, so daß für qualitative Betrachtungen sogar die Wellenfunktionen freier Teilchen benutzt werden können.

---

1) D. IWANENKO, Interaction of Neutrons and Protons. Nature **133** (1934) 981.

Die Effekte *zweiter* Ordnung liefern insbesondere die Wahrscheinlichkeit für Paarproduktion, die für das ψ-Feld geringer ist als im elektromagnetischen Fall, da die elektrische Ladung e viel größer ist als der FERMI-Koeffizient g („Ladung" für das ψ-Feld). Der wichtigste Effekt zweiter Ordnung ist die aufeinanderfolgende Erzeugung und Vernichtung eines Elektrons und Positrons im Feld von Proton und Neutron. Dieser Prozeß führt in der Wechselwirkung zwischen Proton und Neutron zu einer *Austauschenergie* (HEISENBERG-*Austausch*), genauso wie die COULOMB-Wechselwirkung zwischen zwei Elektronen als Geburt und Absorption eines Photons aufgefaßt werden kann. Anstelle von e^2/r erhält man hier g^2/chr^5, wie sich leicht an der Dimension überprüfen läßt. Die ersten genauen Rechnungen führte Professor I. TAMM aus, der auch an der Entwicklung dieser Methode beteiligt war. Mit dem Wert $g \sim 10^{-50}$, der aus den empirischen Daten über schwere radioaktive Körper folgt, erhalten wir eine Wechselwirkungsenergie von einer Million Volt nicht bei einem Abstand von 10^{-13} cm, sondern nur bei $r \sim 10^{-15}$ cm, was nicht akzeptabel ist. (Die Rechnungen wurden von W. MAMASSACHLISSOW durchgeführt.) Wir können nach dem Wert von r fragen, der eine richtige *Selbstenergie* der Wechselwirkung in der Größenordnung der Energie eines schweren Teilchens ergeben würde. Dieser Wert ist von der Größenordnung 10^{-16} cm. Er entspricht dem klassischen Protonenradius.

Solche geringen Abstände sind sehr überraschend. Sie lassen sich nur durch völlig neue Annahmen umgehen. FERMIS charakteristischer Koeffizient g scheint ebenfalls mit Abständen dieser Größenordnung zusammenzuhängen.

Physikalisch-Technisches Institut, Leningrad

Literatur

[1] D. IWANENKO (Д. ИВАНЕНКО), ДАН СССР (C. R. Ac. Sci. USSR) 9 (1934) 2.

10. H. YUKAWA

Über die Wechselwirkung von Elementarteilchen I[1])

§ 1. Einleitung

Beim gegenwärtigen Stand der Quantentheorie ist über die Natur der Wechselwirkung zwischen Elementarteilchen wenig bekannt. HEISENBERG hat die „Platzwechsel"-Kraft zwischen dem Neutron und dem Proton als für die Kernstruktur bedeutsam angesehen [1].

Kürzlich behandelte FERMI das Problem des β-Zerfalls auf der Grundlage der „Neutrino"-Hypothese [2]. Nach dieser Theorie können Neutron und Proton durch Emission und Absorption eines Elektron-Neutrino-Paares wechselwirken. Leider ist die unter solchen Annahmen berechnete Wechselwirkungsenergie viel zu klein, um die Bindungsenergien von Neutronen und Protonen im Kern erklären zu können [3].

Um diesen Mangel zu beheben, erscheint es als natürlich die Theorie von HEISENBERG und FERMI wie folgt zu modifizieren:

Der Übergang eines schweren Teilchens vom Neutron- zum Protonzustand ist nicht immer von einer Emission leichter Teilchen, d. h. eines Neutrinos und eines Elektrons, begleitet, sondern die bei dem Übergang freigesetzte Energie wird manchmal von einem anderen schweren Teilchen übernommen, das seinerseits vom Proton- in den Neutronzustand überführt wird.

Wenn die Wahrscheinlichkeit für den letztgenannten Prozeß viel größer als für den ersteren ist, dann wird die Neutron-Proton-Wechselwirkung viel größer als im

---

1) H. YUKAWA, On the Interaction of Elementary Particles. Proc. Phys.-Math. Soc. Japan **17** (1935) 48. Hier in Auszügen wiedergegeben. Geringfügig überarbeitete deutsche Übersetzung aus D. M. BRINK, Kernkräfte – Einführung und Originaltexte, Wissenschaftliche Taschenbücher, Band 80, Akademie-Verlag Berlin, 1971.

FERMI-Prozeß sein, während die Wahrscheinlichkeit für die Emission leichter Teilchen nicht wesentlich beeinflußt wird.

Man kann nun eine solche Wechselwirkung zwischen den Elementarteilchen mit Hilfe eines Kraftfeldes beschreiben, so wie die Wechselwirkung zwischen geladenen Teilchen durch das elektromagnetische Feld beschrieben wird. Die obigen Betrachtungen zeigen, daß schwere Teilchen mit diesem Feld viel stärker wechselwirken als leichte Teilchen.

In der Quantentheorie sollte dieses Feld von einer neuen Art von Quanten begleitet sein, so wie das elektromagnetische Feld von dem Photon begleitet wird.

In der vorliegenden Arbeit werden die mögliche Natur dieses Feldes und des damit verknüpften Quants kurz diskutiert; ihre Beziehung zur Kernstruktur wird ebenfalls untersucht.

Außer einer solchen Austauschkraft und den gewöhnlichen elektrischen und magnetischen Kräften können zwischen den Elementarteilchen noch andere Kräfte wirken, die wir im Moment aber nicht betrachten.

Ein ausführlicher Bericht wird in der nächsten Veröffentlichung gegeben.

§ 2. Das die Wechselwirkung beschreibende Feld

In Analogie zum skalaren Potential des elektromagnetischen Feldes führen wir eine Funktion $U(x, y, z, t)$ zur Beschreibung des Feldes zwischen dem Neutron und dem Proton ein. Diese Funktion wird einer Gleichung genügen, die der Wellengleichung für das elektromagnetische Potential ähnlich ist.

Nun besitzt die Gleichung

$$\left\{\Delta - \frac{1}{c^2}\frac{\partial^2}{\partial t^2}\right\} U = 0 \tag{1}$$

nur eine statische Lösung mit Zentralsymmetrie $1/r$, abgesehen von additiven und multiplikativen Konstanten.

Das Potential der Kraft zwischen dem Neutron und dem Proton sollte jedoch nicht vom COULOMB-Typ sein, sondern mit der Entfernung rascher abnehmen. Es kann z. B. durch

$$+ \text{ oder } - g^2 \frac{e^{-\lambda r}}{r} \tag{2}$$

ausgedrückt werden, wobei g eine Konstante mit der Dimension der elektrischen Ladung, d. h. $cm^{3/2}s^{-1}g^{1/2}$, ist und λ die Dimension cm^{-1} hat.

Da diese Funktion eine statische zentralsymmetrische Lösung der Wellengleichung

$$\left\{\Delta - \frac{1}{c^2}\frac{\partial^2}{\partial t^2} - \lambda^2\right\} U = 0 \tag{3}$$

ist, wollen wir diese Gleichung als die korrekte Gleichung für U im Vakuum annehmen. Bei Anwesenheit der schweren Teilchen wechselwirkt das U-Feld mit ihnen und bewirkt den Übergang vom Neutron- zum Protonzustand.

Führt man nun die Matrizen [1] (I)

$$\tau_1 = \begin{pmatrix} 0 & 1 \\ 1 & 0 \end{pmatrix}, \quad \tau_2 = \begin{pmatrix} 0 & -i \\ i & 0 \end{pmatrix}, \quad \tau_3 = \begin{pmatrix} 1 & 0 \\ 0 & -1 \end{pmatrix}$$

ein und bezeichnet den Neutron- und Protonzustand mit $\tau_3 = 1$ bzw. $\tau_3 = -1$, dann ist die Wellengleichung gegeben durch

$$\left\{\Delta - \frac{1}{c^2}\frac{\partial^2}{\partial t^2} - \lambda^2\right\} U = -4\pi g \tilde{\Psi} \frac{\tau_1 - i\tau_2}{2} \Psi. \tag{4}$$

Hierin bezeichnet Ψ die Wellenfunktion des schweren Teilchens, die eine Funktion der Zeit, des Ortes, des Spins und der Größe τ_3 ist, welche die Werte 1 oder -1 annimmt.

Weiterhin wird die konjugiert komplexe Funktion

$\tilde{U}(x, y, z, t)$ eingeführt, die der Gleichung

$$\left\{\Delta - \frac{1}{c^2}\frac{\partial^2}{\partial t^2} - \lambda^2\right\}\tilde{U} = -4\pi g\tilde{\Psi}\,\frac{\tau_1 + i\tau_2}{2}\,\Psi \tag{5}$$

genügt und dem inversen Übergang vom Proton- zum Neutronzustand entspricht.

Eine ähnliche Gleichung wird für die Vektorfunktion gelten, die das Analogon zum Vektorpotential des elektromagnetischen Feldes darstellt. Wir vernachlässigen diese jedoch im Moment, da es keine korrekte relativistische Theorie für die schweren Teilchen gibt. Deshalb wird für das schwere Teilchen eine einfache, nichtrelativistische Wellengleichung unter Vernachlässigung des Spins wie folgt benutzt:

$$\left\{\frac{\hbar^2}{4}\left(\frac{1+\tau_3}{M_N} + \frac{1-\tau_3}{M_P}\right)\Delta + i\hbar\frac{\partial}{\partial t} - \frac{1+\tau_3}{2}M_N c^2 \right.$$
$$\left. - \frac{1-\tau_3}{2}M_P c^2 - g\left(\tilde{U}\,\frac{\tau_1 - i\tau_2}{2} + U\,\frac{\tau_1 + i\tau_2}{2}\right)\right\}\Psi = 0. \tag{6}$$

Dabei ist $\hbar$ die PLANCKsche Konstante, dividiert durch 2π, und M_N, M_P sind die Massen des Neutrons bzw. des Protons. Der Grund für die Wahl des negativen Vorzeichens bei g wird später erwähnt.

Die Gleichung (6) entspricht dem HAMILTON-Operator

$$H = \left(\frac{1+\tau_3}{4M_N} + \frac{1-\tau_3}{4M_P}\right)\boldsymbol{p}^2 + \frac{1+\tau_3}{2}M_N c^2$$
$$+ \frac{1-\tau_3}{2}M_P c^2 + g\left(\tilde{U}\,\frac{\tau_1 - i\tau_2}{2} + U\,\frac{\tau_1 + i\tau_2}{2}\right), \tag{7}$$

wobei $\boldsymbol{p}$ der Impuls des Teilchens ist. Setzt man $M_N c^2 - M_P c^2 = D$ und $M_N + M_P = 2M$, dann wird Gleichung (7) näherungsweise

$$H = \frac{\boldsymbol{p}^2}{2M} + \frac{g}{2}\{\tilde{U}(\tau_1 - i\tau_2) + U(\tau_1 + i\tau_2)\} + \frac{D}{2}\tau_3. \quad (8)$$

Dabei ist der konstante Term Mc^2 weggelassen.

Wir betrachten nun zwei schwere Teilchen an den Punkten (x_1, y_1, z_1) und (x_2, y_2, z_2) und nehmen an, daß ihre Relativgeschwindigkeit klein ist. Die Felder am Ort (x_1, y_1, z_1), die von dem Teilchen bei (x_2, y_2, z_2) herrühren, sind nach (4) und (5)

$$\left.\begin{aligned} U(x_1, y_1, z_1) &= g\,\frac{e^{-\lambda r_{12}}}{r_{12}}\,\frac{(\tau_1^{(2)} - i\tau_2^{(2)})}{2}, \\ \text{und}\quad \tilde{U}(x_1, y_1, z_1) &= g\,\frac{e^{-\lambda r_{12}}}{r_{12}}\,\frac{(\tau_1^{(2)} + i\tau_2^{(2)})}{2}. \end{aligned}\right\} \quad (9)$$

Die Matrizen $(\tau_1^{(1)}, \tau_2^{(1)}, \tau_3^{(1)})$ und $(\tau_1^{(2)}, \tau_2^{(2)}, \tau_3^{(2)})$ beziehen sich auf das erste bzw. zweite Teilchen, und r_{12} ist der Abstand zwischen ihnen.

Der HAMILTON-Operator für das System bei Abwesenheit äußerer Felder ist gegeben durch

$$\begin{aligned} H = {} & \frac{\boldsymbol{p}_1^2}{2M} + \frac{\boldsymbol{p}_2^2}{2M} + \frac{g^2}{4}\{(\tau_1^{(1)} - i\tau_2^{(1)})(\tau_1^{(2)} + i\tau_2^{(2)}) \\ & + (\tau_1^{(1)} + i\tau_2^{(1)})(\tau_1^{(2)} - i\tau_2^{(2)})\}\,\frac{e^{-\lambda r_{12}}}{r_{12}} \\ & + (\tau_3^{(1)} + \tau_3^{(2)})\,D \qquad (10) \\ = {} & \frac{\boldsymbol{p}_1^2}{2M} + \frac{\boldsymbol{p}_2^2}{2M} + \frac{g^2}{2}(\tau_1^{(1)}\tau_1^{(2)} + \tau_2^{(1)}\tau_2^{(2)})\,\frac{e^{-\lambda r_{12}}}{r_{12}} \\ & + (\tau_3^{(1)} + \tau_3^{(2)})\,D, \end{aligned}$$

wobei $\boldsymbol{p}_1$, $\boldsymbol{p}_2$ die Teilchenimpulse sind.

Dieser HAMILTON-Operator ist HEISENBERGS HAMILTON-Operator (1) [1] (I) äquivalent, wenn wir für das „Platzwechselintegral“

$$J(r) = -g^2\,\frac{e^{-\lambda r}}{r} \quad (11)$$

setzen, abgesehen davon, daß die Wechselwirkung zwischen den Neutronen und die elektrostatische Abstoßung zwischen den Protonen nicht berücksichtigt wurden. HEISENBERG wählte das positive Vorzeichen für $J(r)$, so daß der Spin des Grundzustandes von H^2 gleich Null war, während in unserem Fall infolge des negativen Zeichens vor g^2 der Zustand niedrigster Energie den Spin 1 besitzt, was vom Experiment gefordert wird.

Die beiden Konstanten g und λ in den obigen Gleichungen sollten durch Vergleich mit dem Experiment bestimmt werden. Wir können z. B. mit Hilfe des HAMILTON-Operators (10) für die schweren Teilchen den Massendefekt des Deuterons und die Wahrscheinlichkeit für die Neutron-Proton-Streuung berechnen, vorausgesetzt, daß die Relativgeschwindigkeit klein gegenüber der Lichtgeschwindigkeit ist.[1])

Eine grobe Abschätzung zeigt, daß die berechneten Werte mit den experimentellen Ergebnissen übereinstimmen, wenn wir für λ einen Wert zwischen 10^{12} cm^{-1} und 10^{13} cm^{-1} und für g einen Wert, der einige Male größer als die Elementarladung e ist, einsetzen, obwohl in den vorangegangenen Betrachtungen keine direkte Beziehung zwischen g und e angedeutet wurde.

§ 3. *Die Natur der das Feld begleitenden Quanten*

Das oben betrachtete U-Feld sollte entsprechend der allgemeinen Methode der Quantenmechanik quantisiert werden. Da Neutron und Proton beide der FERMI-Statistik gehorchen, sollten die Quanten, die das U-Feld begleiten, der BOSE-Statistik genügen, und die Quantisierung läßt sich in ähnlicher Weise wie beim elektromagnetischen Feld durchführen.

---

[1]) Diese Rechnungen wurden früher nach der HEISENBERGschen Theorie von Herrn TOMONAGA gemacht, dem der Autor vieles verdankt. In unserem Fall ist eine kleine Abänderung erforderlich. In der nächsten Arbeit wird darüber ausführlich berichtet.

Das Gesetz der Erhaltung der elektrischen Ladung erfordert, daß das Quant die Ladung $+e$ oder $-e$ haben sollte. Die Feldgröße U entspricht dem Operator, der die Anzahl der negativ geladenen Quanten um eins erhöht und die Anzahl der positiv geladenen Quanten um eine Einheit verringert. Die zu U komplex konjugierte Größe $\tilde{U}$ entspricht dem inversen Operator.

Mit den Beziehungen

$$p_x = -i\hbar \frac{\partial}{\partial x}, \quad \text{etc.,} \quad W = i\hbar \frac{\partial}{\partial t},$$

$$m_U c = \lambda \hbar$$

kann man die Wellengleichung für U im freien Raum in der Form

$$\left\{p_x^2 + p_y^2 + p_z^2 - \frac{W^2}{c^2} + m_U c^2\right\} U = 0 \tag{12}$$

schreiben. Das dem Feld zugeordnete Quant hat dann die Ruhmasse $m_U = \lambda\hbar/c$. Nehmen wir $\lambda = 5 \cdot 10^{12}$ cm^{-1} an, so ergibt sich für m_U ein Wert, der $2 \cdot 10^2$ mal so groß wie die Elektronenmasse ist. Da ein solches Quant mit großer Masse und positiver oder negativer Ladung niemals im Experiment gefunden wurde, scheint die obige Theorie abwegig zu sein. Wir können aber zeigen, daß ein solches Quant bei einer gewöhnlichen Kernumwandlung nicht in den äußeren Raum emittiert werden kann.

Wir wollen als Beispiel den Übergang von einem Neutronenzustand mit der Energie W_N zu einem Protonenzustand der Energie W_P betrachten, wobei beide Größen W die Ruhenergie mit erhalten. Diese Zustände können durch die Wellenfunktionen

$$\Psi_N(x, y, z, t, 1) = u(x, y, z)\mathrm{e}^{-iW_N t/\hbar}, \quad \Psi_N(x, y, z, t, -1) = 0$$

und

$$\Psi_P(x, y, z, t, 1) = 0, \quad \Psi_P(x, y, z, -1) = v(x, y, z)\mathrm{e}^{-iW_P t/\hbar}$$

ausgedrückt werden, so daß auf der rechten Seite der Gleichung (4) der Term

$$-4\pi g\tilde{v}u\, e^{-it(W_N-W_P)/\hbar}$$

auftritt.

Setzt man $U = U'(x, y, z)\, e^{i\omega t}$, dann erhalten wir wir aus (4)

$$\left\{\Delta - \left(\lambda^2 - \frac{\omega^2}{c^2}\right)\right\} U' = -4\pi g\tilde{v}u, \tag{13}$$

wobei $\omega = (W_N - W_P)/\hbar$ ist. Durch Integration erhalten wir eine Lösung

$$U'(\boldsymbol{r}) = g\iiint \frac{e^{-\mu|\boldsymbol{r}-\boldsymbol{r}'|}}{|\boldsymbol{r}-\boldsymbol{r}'|}\, \tilde{v}(\boldsymbol{r}')\, u(\boldsymbol{r}')\, dv' \tag{14}$$

mit $\mu = \sqrt{\lambda^2 - \omega^2/c^2}$.

Für $\lambda > |\omega|/c$ oder $m_U c^2 > |W_N - W_P|$ ist μ reell, und HEISENBERGS Funktion $J(r)$ hat die Form $-g^2 e^{-\mu r}/r$, in der μ jedoch von $|W_N - W_P|$ abhängt und immer kleiner wird, wenn diese Größe gegen $m_U c^2$ geht. Das bedeutet, daß die Reichweite der Wechselwirkung zwischen einem Neutron und einem Proton mit wachsendem Wert von $|W_N - W_P|$ zunimmt.

Nun läßt sich die (elastische oder unelastische) Streuung eines Neutrons an einem Kern als Ergebnis des folgenden zweifachen Prozesses betrachten: Das Neutron fällt in ein Protonniveau des Kerns, und ein darin befindliches Proton springt in einen Neutronenzustand positiver kinetischer Energie, wobei die Gesamtenergie in diesem Prozeß erhalten bleibt. Das obige Argument zeigt dann, daß die Wahrscheinlichkeit für die Streuung in manchen Fällen mit der Geschwindigkeit des Neutrons zunehmen kann.

Nach dem Experiment von BONNER [4] wächst der Stoßquerschnitt des Neutrons beim Blei tatsächlich mit der Geschwindigkeit, während er im Fall des Kohlenstoffs und Wasserstoffs abnimmt, wobei die Abnahme beim ersteren langsamer erfolgt als bei letzterem. Die

Ursache für diesen Effekt ist nicht klar, aber die obigen Betrachtungen widersprechen ihm zumindest nicht. Wenn die Bindungsenergie des Protons im Kern mit $m_U c^2$ vergleichbar wird, dann wächst die Reichweite der Neutron-Proton-Wechselwirkung beträchtlich. In diesem Fall wird der Querschnitt langsamer abnehmen als im Fall des Wasserstoffs, d. h. eines freien Protons. Nun hat die Bindungsenergie des Protons im ^{12}C, die aus der Massendifferenz von ^{12}C und ^{11}B abgeschätzt wird, den Wert

$$12{,}0036 - 11{,}0110 = 0{,}9926.$$

Das entspricht einer Bindungsenergie von 0,0152 (in Masseneinheiten) und ist gleich dem 30fachen der Elektronenmasse. Bei Kohlenstoff können wir daher den von BONNER beobachteten Effekt erwarten. Diese Argumente sind nur als Versuch anzusehen, andere Erklärungen sind natürlich nicht ausgeschlossen.

Für $\lambda < |\omega|/c$ oder $m_U c^2 < |W_N - W_P|$ wird μ rein imaginär, und U beschreibt eine ungedämpfte Kugelwelle. Das besagt, daß beim Übergang des schweren Teilchens vom Neutron- in den Protonzustand ein Quant mit einer Energie größer als $m_U c^2$ in den Außenraum emittiert werden kann, vorausgesetzt, daß $|W_N - W_P| > m_U c^2$ gilt.

Die Geschwindigkeit der U-Welle ist größer und die Gruppengeschwindigkeit kleiner als die Lichtgeschwindigkeit, so wie im Fall der Elektronenwelle.

Der Grund, warum solche massive Quanten, falls sie überhaupt existieren, noch nicht entdeckt wurden, mag der Tatsache zugeschrieben werden, daß die Masse m_U so groß ist, daß die Bedingung $|W_N - W_P| > m_U c^2$ bei einer gewöhnlichen Kernumwandlung nicht erfüllt ist.

Universität Osaka

Eingegangen am 30. November 1934

Literatur

[1] W. HEISENBERG, Z. Phys. **77** (1932) 1; **78** (1932) 156; **80** (1933) 587. Wir bezeichnen die erste dieser drei Arbeiten mit (I).
[2] E. FERMI, Z. Phys. **88** (1934) 161.
[3] I. TAMM, Nature **133** (1934) 981; D. IWANENKO, Nature **133** (1934) 981.
[4] T. W. BONNER, Phys. Rev. **45** (1934) 606.

11. E. FERMI

Neutroneninduzierte Radioaktivität[1])

Es wurden Experimente zur Bestimmung einer neutroneninduzierten Radioaktivität durchgeführt, die zu instabilen, unter Emission von β-Teilchen zerfallenden Produkten führt. Über vorläufige Ergebnisse wurde in einem Brief an La Scientifica, **5** (1934) 282, berichtet.

Die Neutronenquelle besteht aus einem geschlossenen Glasrohr, das Radiumemanation und Berylliumpulver enthält. Der Anteil an Radiumemanation variierte in den verschiedenen Experimenten von 30 bis 630 Millicurie. Wir sind Professor G. C. TRABACCHI, Laboratorio Fisico della Santia Publica, für die Bereitstellung dieser starken Quellen sehr zu Dank verpflichtet.

Die Elemente, oder in einigen Fällen Verbindungen, lagen in Form kleiner Zylinder vor. Nach einer Bestrahlungszeit von einigen Minuten bis zu mehreren Stunden wurden sie um einen GEIGER-Zähler mit Wänden aus dünner Aluminiumfolie (Dicke etwa 0,2 mm) aufgestellt und die Zahl der Impulse pro Sekunde registriert.

Bisher konnten wir bei folgenden Elementen einen Effekt nachweisen:

Phosphor — Starker Effekt. Halbwertszeit etwa 3

[1]) E. FERMI, Radioactivity Induced by Neutron Bombardement. Nature 133 (1934) 757.

Stunden. Die Elektronen aus dem Zerfall konnten in einer WILSON-Kammer fotografiert werden. Die chemische Trennung der aktiven Produkte zeigte, daß das beim Beschuß gebildete instabile Element wahrscheinlich Silizium ist.

Eisen — Periode etwa 2 Stunden. Nach der chemischen Abtrennung des aktiven Produkts handelt es sich wahrscheinlich um Magnesium.

Silizium — Sehr starker Effekt. Periode etwa 3 Minuten. Elektronen in der WILSON-Kammer fotografiert.

Aluminium — Starker Effekt. Periode etwa 12 Minuten. Elektronen in der WILSON-Kammer fotografiert.

Chlor — Zeigt einen Effekt mit einer Periode, die größer als die aller bisher betrachteten Elemente ist.

Vanadium — Periode etwa 5 Minuten.

Kupfer — Ziemlich schwacher Effekt. Periode 6 Minuten.

Arsen — Periode etwa 2 Tage.

Silber — Starker Effekt. Periode etwa 2 Minuten.

Tellur — Periode etwa 1 Stunde.

Jod — Intensiver Effekt. Periode etwa 6 Minuten. Elektronen in der WILSON-Kammer fotografiert.

Barium — Schwacher Effekt. Periode etwa 2 Minuten.

Fluor — Periode etwa 10 Sekunden.

Bei folgenden Elementen wurden ebenfalls Hinweise auf einen Effekt gefunden: Natrium, Magnesium, Titan, Zirkonium, Zink, Strontium, Antimon, Selen und Brom. Bei einigen Elementen treten zwei oder mehrere Halbwertszeiten auf, die teilweise durch verschiedene Isotopenzusammensetzung und teilweise durch aufeinanderfolgende radioaktive Umwandlungen bedingt sein können.

Die Experimente werden fortgesetzt, um diese Ergebnisse zu bestätigen und die Untersuchungen auf andere Elemente auszudehnen.

Die Kernreaktion, die diese Erscheinung hervorruft, kann in den verschiedenen Fällen unterschiedlich sein. Die bei Eisen und Phosphor vorgenommene chemische Trennung scheint darauf hinzuweisen, daß zumindest in diesen beiden Fällen das Neutron absorbiert und ein Proton emittiert wird. Das instabile Produkt geht unter Emission eines β-Teilchens in das ursprüngliche Element über.

Die chemischen Trennungen führte Dr. O. D'AGOSTINO durch. An den physikalischen Untersuchungen waren Dr. E. AMALDI und Dr. E. SEGRÈ beteiligt.

Physikalisches Institut, Königliche Universität Rom
10. April 1934

12. O. HAHN und F. STRASSMANN

Über den Nachweis und das Verhalten der bei der Bestrahlung des Urans mittels Neutronen entstehenden Erdalkalimetalle[1])

In einer vor kurzem an dieser Stelle erschienenen vorläufigen Mitteilung [1] wurde angegeben, daß bei der Bestrahlung des Urans mittels Neutronen außer den von MEITNER, HAHN und STRASSMANN im einzelnen beschriebenen Trans-Uranen — den Elementen 93 bis 96 — noch eine ganze Anzahl anderer Umwandlungsprodukte entstehen, die ihre Bildung offensichtlich einem sukzessiven zweimaligen α-Strahlenzerfall des vorübergehend entstandenen Urans 239 verdanken. Durch einen solchen Zerfall muß aus dem Element mit der Kernladung 92 ein solches mit der Kernladung 88 entstehen,

[1]) Die Naturwissenschaften **27** (1939) 11 – 15. (Hier in Auszügen wiedergegeben.)

also ein Radium. In der genannten Mitteilung wurden in einem noch als vorläufig bezeichneten Zerfallschema 3 derartiger isomerer Radiumisotope mit ungefähr geschätzten Halbwertszeiten und ihren Umwandlungsprodukten, nämlich drei isomeren Actiniumisotopen, angegeben, die ihrerseits offensichtlich in Thorisotope übergehen.

Zugleich wurde auf die zunächst unerwartete Beobachtung hingewiesen, daß diese unter α-Strahlenabspaltung über ein Thorium sich bildenden Radiumisotope nicht nur mit schnellen, sondern auch mit verlangsamten Neutronen entstehen.

Der Schluß, daß es sich bei den Anfangsgliedern dieser drei neuen isomeren Reihen um Radiumisotope handelt, wurde darauf begründet, daß diese Substanzen sich mit Bariumsalzen abscheiden lassen und alle Reaktionen zeigen, die dem Element Barium eigen sind. Alle anderen bekannten Elemente, angefangen von den Trans-Uranen über das Uran, Protactinum, Thorium bis zum Actinium haben andere chemische Eigenschaften als das Barium und lassen sich leicht von ihm trennen. Dasselbe trifft zu für die Elemente unterhalb Radium, also etwa Wismut, Blei, Polonium, Ekacäsium.

Es bleibt also, wenn man das Barium selbst außer Betracht läßt, nur das Radium übrig.

Im folgenden soll kurz die Abscheidung des Isotopengemisches und die Gewinnung der einzelnen Glieder beschrieben werden. Aus dem Aktivitätsverlauf der einzelnen Isotope ergibt sich ihre Halbwertszeit und lassen sich die daraus entstehenden Folgeprodukte ermitteln. Die letzteren werden in dieser Mitteilung aber im einzelnen noch nicht beschrieben, weil wegen der sehr komplexen Vorgänge – es handelt sich um mindestens 3, wahrscheinlich 4 Reihen mit je 3 Substanzen – die Halbwertszeiten aller Folgeprodukte bisher noch nicht erschöpfend festgestellt werden konnten.

Das in unserer ersten Mitteilung gebrachte Schema muß dadurch eine gewisse Korrektur erfahren. Das folgende Schema trägt dieser Änderung Rechnung und gibt für die Anfangsglieder der Reihen die nunmehr genauer bestimmten Halbwertszeiten:

„Ra II"? $\xrightarrow[<1\,\text{Min.}]{\beta}$ Ac I $\xrightarrow[<30\,\text{Min.}]{\beta}$ Th?

„Ra II" $\xrightarrow[14\pm 2\,\text{Min.}]{\beta}$ Ac II $\xrightarrow[\sim 2{,}5\,\text{Std.}]{\beta}$ Th?

„Ra III" $\xrightarrow[86\pm 6\,\text{Min.}]{\beta}$ Ac III $\xrightarrow[\sim\text{mehrere Tage?}]{\beta}$ Th?

„Ra IV" $\xrightarrow[250\text{–}300\,\text{Std.}]{\beta}$ Ac IV $\xrightarrow[<40\,\text{Std.}]{\beta}$ Th?

Die große Gruppe der „Transurane" steht bisher in keinem erkennbaren Zusammenhang mit diesen Reihen.

Die in dem vorliegenden Schema mitgeteilten Umwandlungsreihen sind in ihren genetischen Beziehungen wohl zweifellos als richtig anzusehen. Von den am Ende der isomeren Reihen als „Thorium" angegebenen Endgliedern haben wir auch schon einige nachweisen können. Aber da über ihre einzelnen Halbwertszeiten noch keine genauen Angaben gemacht werden können, haben wir bei ihnen vorerst überhaupt auf eine Angabe verzichtet.

Nun müssen wir aber noch auf einige neuere Untersuchungen zu sprechen kommen, die wir der seltsamen Ergebnisse wegen nur zögernd veröffentlichen. Um den Beweis für die chemische Natur der mit dem Barium abgeschiedenen und als „Radiumisotop" bezeichneten Anfangsglieder der Reihen über jeden Zweifel hinaus zu erbringen, haben wir mit den aktiven Bariumsalzen fraktionierte Kristallisationen und fraktionierte Fällungen vorgenommen, in der Weise, wie sie für die Anreicherung (oder auch Abreicherung) des Radiums in Bariumsalzen bekannt sind.

Bariumbromid reichert das Radium bei fraktionierter Kristallisation stark an, Bariumchromat bei nicht zu schnellem Herauskommen der Kriställchen noch mehr. Bariumchlorid reichert weniger stark an als das Bromid, Bariumkarbonat reichert etwas ab. Entsprechende Versuche, die wir mit unseren von Folgeprodukten gereinigten aktiven Bariumpräparaten gemacht haben, verliefen ausnahmsweise negativ: Die Aktivität blieb gleichmäßig auf alle Bariumfraktionen verteilt, wenigstens soweit wir dies innerhalb der nicht ganz geringen Versuchsfehlermöglichkeiten angeben können. Es wurden dann ein paar Fraktionierungsversuche mit dem Radiumisotop ThX und mit dem Radiumisotop $MsTh_1$ gemacht. Sie verliefen genau so, wie man aus allen früheren Erfahrungen mit dem Radium erwarten sollte. Es wurde dann die „Indikatorenmethode" auf ein Gemisch des gereinigten langlebigen „RaIV" mit reinem, radiumfreien $MsTh_1$ angewandt: das Gemisch mit Bariumbromid als Trägersubstanz wurde fraktioniert kristallisiert. Das $MsTh_1$ wurde angereichert, das „RaIV" nicht, sondern seine Aktivität blieb bei gleichem Bariumgehalt der Fraktionen wieder gleich. Wir kommen zu dem Schluß: Unsere „Radiumisotope" haben die Eigenschaften des Bariums; als Chemiker müßten wir eigentlich sagen, bei den neuen Körpern handelt es sich nicht um Radium, sondern um Barium; denn andere Elemente als Radium oder Barium kommen nicht in Frage.

Schließlich haben wir auch einen Indikatorversuch mit unserem rein abgeschiedenen „AcII" (H. Z. rund 2,5 Stunden) und dem reinen Actiniumisotop $MsTh_2$ gemacht. Wenn unsere „Ra-Isotope" kein Radium sind, dann sind die „Ac-Isotope" auch kein Actinium, sondern sollten Lanthan sein. Nach dem Vorgehen von Curie [2] haben wir eine Fraktionierung von Lanthanoxalat, das die beiden aktiven Substanzen enthielt, aus salpetersaurer Lösung vorgenommen. Das $MsTh_2$ fand sich, wie von Curie angegeben, in den Endfraktionen stark angereichert. Bei unserem „Ac II" war von einer Anreicherung am Ende nichts zu merken. In Übereinstimmung mit Curie und Savitch [3] über ihren allerdings nicht einheitlichen 3,5-Stunden-Körper finden wir also, daß das aus unserem aktiven Erdalkalimetall durch β-Strahlenemission entstehende Erdmetall kein Actinium ist. Den von CURIE und SAVITCH angegebenen Befund, daß sie die Aktivität im Lanthan anreicherten, der also gegen eine Gleichheit mit Lanthan spricht, wollen wir noch genauer experimentell prüfen, da bei dem dort vorliegenden Gemisch eine Anreicherung vorgetäuscht sein könnte.

Ob die aus den „Ac-La-Präparaten" entstehenden, als „Thor" bezeichneten Endglieder unserer Reihen sich als Cer herausstellen, wurde noch nicht geprüft.

Was die „Trans-Urane" anbelangt, so sind diese Elemente ihren niedrigeren Homologen Rhenium, Osmium, Iridium, Platin zwar chemisch verwandt, mit ihnen aber nicht gleich. Ob sie etwa mit den noch niedrigeren Homologen Masurium, Ruthenium, Rhodium, Palladium chemisch gleich sind, wurde noch nicht geprüft. Daran konnte man früher ja nicht denken. Die Summe der Massenzahlen Ba + Ma, also z. B. 138 + 101, ergibt 239!

Als Chemiker mußten wir aus den kurz dargelegten Versuchen das oben gebrachte Schema eigentlich umbenennen und statt Ra, Ac, Th die Symbole Ba, La, Ce einsetzen. Als der Physik in gewisser Weise nahestehende „Kernchemiker" können wir uns zu diesem, allen bisherigen Erfahrungen der Kernphysik widersprechenden, Sprung noch nicht entschließen. Es könnten doch noch vielleicht eine Reihe seltsamer Zufälle unsere Ergebnisse vorgetäuscht haben.

Es ist beabsichtigt, weitere Indikatorenversuche mit den neuen Umwandlungsprodukten durchzuführen. Insbesondere soll auch eine gemeinsame Fraktionierung der aus Thor durch Bestrahlen mit schnellen Neutronen entstehenden, von MEITNER, STRASSMANN und HAHN [4] untersuchten Radiumisotope mit unseren aus dem Uran entstandenen Erdalkalimetallen versucht werden. An Stellen, denen starke künstliche Strahlenquellen zur Verfügung stehen, könnte dies allerdings wesentlich leichter geschehen.

Zum Schlusse danken wir Frl. Cl. Lieber und Frl. I. Bohne für ihre wirksame Hilfe bei den sehr zahlreichen Fällungen und Messungen.

Eingegangen am 22. Dezember 1938
Kaiser-Wilhelm-Institut für Chemie, Berlin-Dahlem

Literatur

[1] O. Hahn und F. Strassmann, Naturwissenschaften **26** (1938) 756.
[2] Pierre Curie, J. Chim. physique **27** (1930) 1.
[3] I. Curie und P. Savitch, C. r. Acad. Sci. Paris **206** (1938) 1643.
[4] L. Meitner, F. Strassmann und O. Hahn, Z. Physik **109** (1938) 538.

13. E. McMillan und P. H. Abelson

Radioaktives Element 93[1])

Im vergangenen Jahr wurde unter den Nachfolgeprodukten, die bei der Aktivierung von Uran durch Neutronen entstehen, eine Substanz mit einer Halbwertszeit von 2,3 Tagen entdeckt [1]. Ein Versuch [2], sie chemisch zu identifizieren, führte zu der Schlußfolgerung, daß es sich um ein Element der Seltenen Erden handelt.

Unter dem Eindruck der Schwierigkeiten, die dieser Nachweis aufwirft, entschieden die Autoren unabhängig voneinander, daß diese Frage weiterer Untersuchungen bedarf. In Berkeley wurde folgendes gezeigt:

1. Wenn eine Schicht $(NH_4)_2U_2O_7$ mit einem etwa 0,1 mm Luft äquivalenten Bremsvermögen, die auf einem Kolloidfilm mit einem 2 mm Luft äquivalenten Bremsvermögen aufgebracht ist, durch Neutronen vom Zyklotron aktiviert wird, dann tritt die Aktivität mit

1) E. McMillan, P. H. Abelson, Radioactive Element 93. Phys. Rev. **57** (1940) 1185–1186.

der Halbwertszeit von 2,3 Tagen in der Uranschicht stark, im Kollodium aber überhaupt nicht auf. Das Kollodium zeigt eine Zerfallskurve, die parallel zur Zerfallskurve eines „Spaltproduktauffängers" aus Papier verläuft und siebenfach schwächer als diese ist. Einen Tag nach dem Beschuß hat die Uranschicht die fünffache Aktivität des Spaltproduktauffängers. Diese Beobachtung zeigt, daß die Substanz mit der Halbwertszeit von 2,3 Tagen eine Reichweite 0,01 mm in Luft und eine Intensität besitzt, die größer ist als die aller langlebigen Spaltprodukte zusammengenommen.

2. Umgibt man die zu beschießende dünne Uranschicht mit Kadmium, dann ändert sich die Intensität der Spaltprodukte sehr stark, während die Intensität der Strahlungen mit Halbwertszeiten von 2,3 Tagen und 23 Minuten (Uran) nur geringfügig geändert werden, wobei ihr Verhältnis konstant bleibt. Auch die Absorption von Resonanzneutronen durch Uran ändert dieses Verhältnis nicht, was auf eine genetische Beziehung zwischen ihnen hinweist und die Identifizierung der längerlebigen Substanz mit dem Element 93 zur Folge hat. In Washington fand man, daß die Substanz mit der Halbwertszeit von 2,3 Tagen wahrscheinlich kein Element der Seltenen Erden ist. Die Versuche, sie zusammen mit den Seltenen Erden aus aktiviertem Uran auf chemischem Wege zu konzentrieren, schlugen fehl, obwohl sie bekanntlich eine Intensität besitzt, die groß ist gegenüber der Intensität der unter den Spaltprodukten auftretenden Seltenen Erden.

Bei diesem Stand der Untersuchung kam einer der Autoren (P. H. A.) nach Berkely, und das Problem wurde gemeinsam angegangen. Mit reiner 2,3-Tage-Substanz aus dünnen Uranschichten wurden die chemischen Eigenschaften untersucht, und ein sehr charakteristischer Unterschied zu den Seltenen Erden war bald gefunden: Die Substanz fällt nämlich nicht mit HF in Gegenwart eines Oxydationsmittels (Bromat in starker Säure) aus. In Gegenwart eines Reduktionsmittels (SO_2) fällt sie quantitativ mit HF aus. Als Träger wurde Cer verwendet. Diese Eigenschaft erklärt den Fehler der bisherigen chemischen Experimente, bei denen das Oxydationsvermögen der Lösung nicht kontrolliert wurde. Weitere chemische Experimente zeigten, daß die Substanz in reduziertem Zustand mit Thorium als Träger mit Jodat, und in oxydiertem Zustand mit Uran in Form von Natriumuranylazetat ausfällt. Es fällt auch mit Thorium bei Zusatz von H_2O_2 aus. In basischer Lösung fällt es aus, wenn Karbonat sorgfältig ausgeschlossen wird. Diese Eigenschaften weisen darauf hin, daß die beiden Valenzzustände den Valenzzuständen von Uran (U^{++++} und UO_2^{++} oder $U_2O_7^{--}$) sehr ähnlich sind. Der Hauptunterschied zu diesem Element besteht im Oxydationspotential zwischen den beiden Wertigkeiten, so daß in dem neuen Element der niedrige Zustand stabiler ist. Es ist interessant zu bemerken, daß das neue Element nur eine geringe, wenn überhaupt eine Ähnlichkeit mit seinem chemisch homologen Element Rhenium aufweist; es läßt sich in saurer Lösung nicht mit H_2S ausfällen, wird durch Zink in saurer Lösung nicht zum Metall reduziert und besitzt kein bei Rotglut flüchtiges Oxid. Diese Tatsache und die offensichtliche Ähnlichkeit mit Uran lassen vermuten, daß es eine zweite Gruppe von „Seltenen Erden“ gibt, die mit Uran beginnt.

Der endgültige Beweis, daß die 2,3-Tage-Substanz eine Tochtersubstanz des 23-Minuten-Urans ist, besteht im Nachweis, daß sie aus letzterem hervorgeht. Für dieses Experiment haben wir aktiviertes Uran durch Fällung als Natriumuranylazetat zweifach gereinigt. Der Niederschlag wurde in HF gelöst und mit SO_2 gesättigt. Dann wurden im Abstand von zwanzig Minuten gleiche Mengen Cer zugegeben und der Niederschlag filtriert. Das erste, unmittelbar nach der Reinigung gewonnene Filtrat enthielt alle Verunreinigungen der HF-Fällung und wurde weggeworfen. Seine geringe Aktivität wies auf eine hohe Reinheit hin. Die Aktivitäten der übrigen Filtrate sind in der Abbildung aufgetragen.

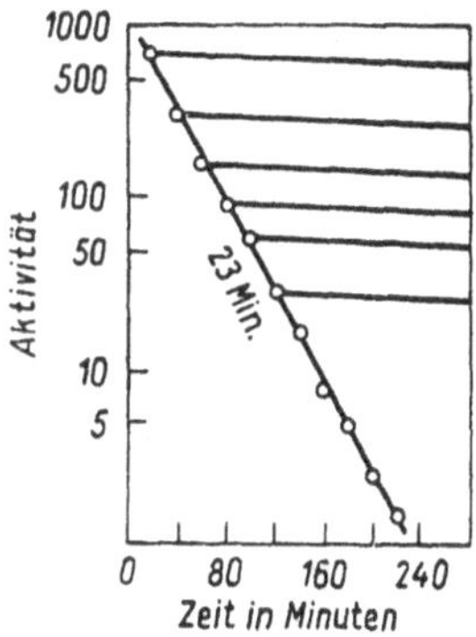

Bildung des 2,3-Tage-Elements 93^{239} aus dem 23-Minuten-U^{239}. Die Punkte geben die Aktivitäten der aufeinanderfolgenden Fluorid-Extraktionen an, aufgetragen über dem Zeitpunkt der Extraktion. Zerfallsmessungen wurden einen Tag später an den ersten sechs Fraktionen durchgeführt, die entsprechenden Steigungen sind in der Abbildung enthalten

Eine vorläufige Untersuchung der Strahlungen des Elements 93^{239} zeigt, daß es negative β-Teilchen kontinuierlicher Energie mit einem oberen Grenzwert von 0,47 MeV, ein schwaches, komplexes Spektrum niederenergetischer Gammastrahlen ($< 0,3$ MeV) und wahrscheinlich Röntgenstrahlen aussendet. Die Frage nach dem Verhalten der Tochtersubstanz 94^{239} stellt sich sofort. Unser erster Gedanke war, daß dieses Element unter Aussendung eines α-Teilchens in Actinouran übergeht. Wir haben danach gesucht, indem wir eine starke Probe (11 Millicurie) des reinen Elements 93 an einen Linearverstärker brachten, der sich in einem Magnetfeld befindet, um die β-Teilchen abzulenken. Wenn α-Teilchen emittiert werden, dann schließen wir aus diesem Experiment, daß die Halbwertszeit von der Größenordnung eine Million Jahre oder größer sein muß; tritt spontane Spaltung auf, dann zeigt das gleiche Experiment, daß die Halbwertszeit noch größer sein muß.

Wir möchten der ROCKEFELLER Foundation und der

Research Corporation danken, deren finanzielle Unterstützung diese Arbeit ermöglichte.

Radiation Laboratory, Department of Physics, University of California, Berkely
Department of Terrestrial Magnetism, Carnegie Institution of Washington, Washington, D. C.

27. Mai 1940

Literatur

[1] E. M. McMillan, Phys. Rev. **55** (1939) 510.
[2] E. Segrè, Phys. Rev. **55** (1939) 1104.

NAMENVERZEICHNIS

Das Buch

- analysiert wissenschaftshistorische und weltanschauliche Aspekte der Entdeckung des Neutrons

- behandelt den Einfluß der Entdeckung des Neutrons auf die weitere Entwicklung der Kernphysik

- läßt an der Entdeckung des Neutrons beteiligte Wissenschaftler mit ihren Erinnerungen zu Wort kommen

- stellt im Anhang grundlegende Originalarbeiten von Bothe und Becker, Chadwick, Iwanenko, Hahn und Strassmann, Fermi u. a. zusammen

WISSENSCHAFTLICHE TASCHENBÜCHER

MIX
Papier | Fördert gute Waldnutzung
FSC® C083411

Zeitfracht Medien GmbH
Ferdinand-Jühlke-Straße 7
99095 Erfurt, Deutschland
produktsicherheit@kolibri360.de